计算机类技能型理实一体化新形态系列

Python程序设计

应用教程

（微课版）

主　编　边楚女
副主编　王佑镁

清華大学出版社
北京

内容简介

本书按照Python程序语言特点、算法思维和实践应用逻辑，由浅入深，从零起点到基础、到精进提升，再到实践应用，以渐进式方式分成4篇10章。第1篇为Python基础入门，包括Python概述、Python基础语法、基本程序结构、Python常用数据结构、自定义函数与模块；第2篇为Python算法基础，包括Python常用算法；第3篇为数据结构的Python实现，包括数据结构；第4篇为Python应用开发模块，包括Python数据处理与分析、人工智能应用实践、Python应用开发。

每一章都配有讲解视频、典型例题、练习题和上机实践任务，并附赠示例程序、习题源代码和教学课件等电子资源。

本书既可以作为教育技术学、教育学(教育技术)、计算机(师范)相关专业及选修Python程序设计课程学生的教材，也可以作为中小学信息技术教师、青少年编程教育工作者、社会人士的自学书籍等。

图书在版编目(CIP)数据

Python程序设计应用教程：微课版/边楚女主编.—北京：清华大学出版社，2023.6
(计算机类技能型理实一体化新形态系列)
ISBN 978-7-302-63562-8

Ⅰ.①P… Ⅱ.①边… Ⅲ.①软件工具－程序设计－教材 Ⅳ.①TP311.561

中国国家版本馆CIP数据核字(2023)第088495号

责任编辑：张龙卿
封面设计：曾雅菲 徐巧英
责任校对：刘 静
责任印制：宋 林

出版发行：清华大学出版社
网 址：http://www.tup.com.cn，http://www.wqbook.com
地 址：北京清华大学学研大厦A座 **邮 编**：100084
社 总 机：010-83470000 **邮 购**：010-62786544
投稿与读者服务：010-62776969，c-service@tup.tsinghua.edu.cn
质量反馈：010-62772015，zhiliang@tup.tsinghua.edu.cn
课件下载：http://www.tup.com.cn，010-83470410
印 装 者：三河市君旺印务有限公司
经 销：全国新华书店
开 本：185mm×260mm **印 张**：19.5 **字 数**：472千字
版 次：2023年7月第1版 **印 次**：2023年7月第1次印刷
定 价：59.00元

产品编号：099761-01

前言

习近平总书记在二十大报告中指出“科技是第一生产力、人才是第一资源、创新是第一动力”。大国工匠和高技能人才作为人才强国战略的重要组成部分,在现代化国家建设中起着重要的作用。

Bruce Eckel 用“Life is short, you need Python.”来表达对 Python 编程语言的喜爱与肯定。想学 Python 的人很多,编者作为一线教学的工作者,一直想编写一本好学易用的教材与读者一起成长。

本书是在充分调研的基础上,根据读者学习需求,组织深耕教学一线的专业教授和名师团队策划共同编写。本书内容全面、案例丰富,注重思维培养和应用实践相结合,兼具专业性和普适性,从零起点到精进提升。

本书的特点如下。

(1) 内容全面。从 Python 基础到经典算法,再到数据结构和应用开发的精进提升,一本书就可以通达学习编程要掌握的非常基础、非常经典、非常重要的内容。

(2) 案例丰富。本书从易到难呈现几百个特别经典的程序和实际应用案例,对大部分程序和案例都有针对性地解析,助力读者厘清原理,培养逻辑。

(3) 培育思维。以问题为导向,经历编程解决的思维过程,知其然又知其所以然,提升计算思维。

(4) 强调应用。无论是简单的列表、字符串、字典,还是有难度的队列、栈、链表、树,抑或是大数据处理,都没有泛泛而谈,而是通过实例解析怎么用、怎么做。

本书编写团队成员分工如下。

边楚女教授担任主编,负责全书总策划、审稿统稿并编写第 1～3 章和第 4 章的第 4.1 节;王佑镁教授担任副主编,负责策划和审稿。另外,陈婵老师编写第 4 章的第 4.2～4.5 节和第 5 章,金万莲老师编写第 6 章的第 1、第 4～6 节和第 10 章的第 10.1 和第 10.2 节,刘盈盈老师编写第 6 章的第 6.2 和第 6.3 节,陈文聃老师编写第 7 章的第 7.1 和第 7.2 节,戴盛平老师编写第 7 章的第 7.3 和第 7.4 节,梁见斌老师编写第 8 章和第 10 章的第 10.3 节,林淼焱老师负责第 9 章和第 10 章的第 10.4 节。谢阳杰老师负责课件制作,马必威老师制作本书电子资源提供了帮助。

我们团队的企盼:

这是一本让每个人都能学会Python语法和编程的入门书;

这是一本精进提升Python编程能力和实战应用的一本通;

这是一本让你明白计算机是怎么用程序解决问题的经典书。

为了便于教学,本书提供的微课视频可以扫码观看,另外,本书提供的PPT课件、习题答案等教学资源以从清华大学出版社网站(http://www.tup.com.cn/)本书对应的下载区免费下载或联系编辑咨询。

由于编者水平有限,书中难免有不妥之处,诚恳企盼读者批评、指正。让我们共同成长,为提升全民的数字化素养而努力!

编　者

2023年3月

目录

第1篇 Python基础入门

第 2 篇 Python 算法基础

第 3 篇 数据结构的 Python 实现

第 4 篇 Python 应用开发模块

第 1 篇

Python 基础入门

第 1 章　Python 概述

本章导读

在 IEEE Spectrum 年度编程语言排行榜单多年排名第一的 Python 编程语言来了！你准备好了吗?

如果你第一次接触 Python,本章带你轻敲 Python 大门,以最简洁的语言描述步骤,让你学会下载和安装 Python。

安装好 Python 后,它的开发环境往往会让初学者摸不着头脑,建议你先在 IDLE 集成开发环境熟悉基本的用法,试着输入几个小程序,然后可以尝试用 PyCharm 集成开发环境来分类管理项目,感受 PyCharm 编辑程序的便捷和管理的效率。

如果你本来就有点基础,那不妨打开新的视界,了解其他几种 Python 编辑器,说不准能遇上更心仪的"她",助力你探索更广阔的应用。

每一种编程语言都有其编程规范,Python 也不例外,遵守其编程规范,你就已经站在了优秀程序员的起点了。

来吧,Python 大门为你打开了——

1.1　Python 语言简介

1989 年,荷兰人 Guido van Rossum(吉多・范罗苏姆)发明了 Python 编程语言。Python 是一种面向对象的解释型高级编程语言,它的语言优雅、明确、简单。经过几十年的发展,因其具有简单易学、免费开源、类库丰富、可移植、可嵌入等特点,广泛应用于大数据处理、人工智能、Web 开发、云计算、爬虫、游戏开发等方面。虽然其运行速度相对较慢,多线程问题难以有效解决,但瑕不掩瑜,在 IEEE Spectrum 2021 年度编程语言排行榜单(见图 1-1)中 Python 蝉联第一。

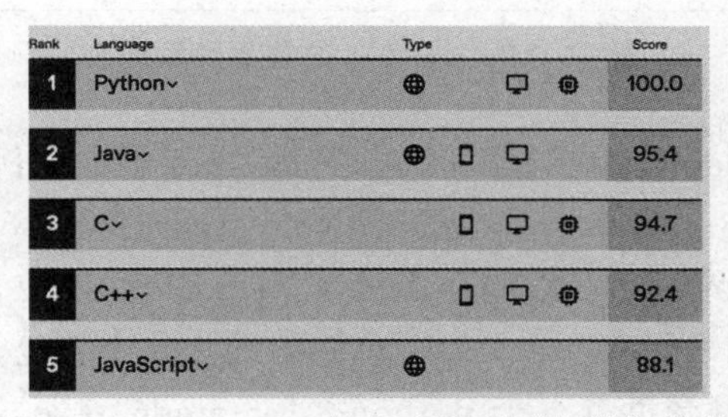

Rank	Language	Score
1	Python	100.0
2	Java	95.4
3	C	94.7
4	C++	92.4
5	JavaScript	88.1

图 1-1　IEEE Spectrum 2021 年度编程语言排行榜单前 5 名

1.2　Python 安装方法

1.2　Python 安装方法

Python 自发布以来，先后迭代了 3 个版本，1.0 版本已经出局，2.0 版本现已更新至 2.7.x，2008 年发布的 3.0 版本现已更新至 3.10.x。2.0 版本和 3.0 版本互不兼容，根据目前主流发展方向和应用现状，建议大家安装 3.7 版本以上，本书主要以 3.7 以上版本为例进行说明。

打开 Python 官方网站 https://www.python.org/downloads/，如图 1-2 所示，既可直接下载当前的最新版本 3.10.2，也可往下拉动网页，会出现如图 1-3 所示的界面，在里面下载你想要的版本。

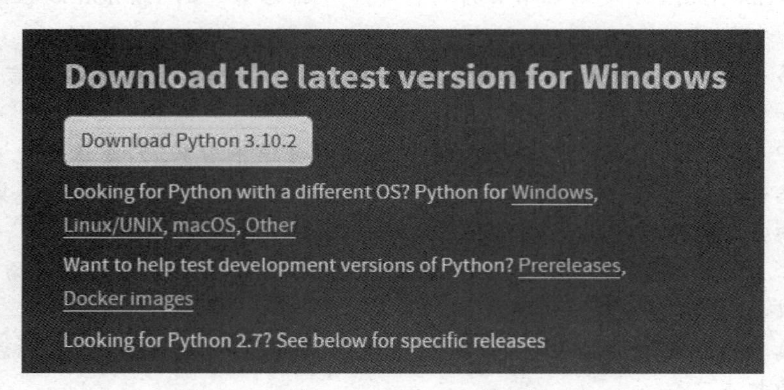

图 1-2　下载 Python 3.10.2 版本的界面

Looking for a specific release?

Python releases by version number:

Release version	Release date		Click for more
Python 3.9.10	Jan. 14, 2022	Download	Release Notes
Python 3.10.2	Jan. 14, 2022	Download	Release Notes
Python 3.10.1	Dec. 6, 2021	Download	Release Notes
Python 3.9.9	Nov. 15, 2021	Download	Release Notes
Python 3.9.8	Nov. 5, 2021	Download	Release Notes
Python 3.10.0	Oct. 4, 2021	Download	Release Notes
Python 3.7.12	Sept. 4, 2021	Download	Release Notes

View older releases

图 1-3　Python 3.×的其他版本列表

以在操作系统为 Windows 10 的计算机中下载 3.8.6 版本为例，在如图 1-3 所示的其他版本列表中找到 Python 3.8.6，单击右边的 Download，会打开 3.8.6 版本的相关页面，往下拉可找到如图 1-4 所示的界面。一般操作系统为 Windows 64 位，所以选择 Windows x86-64 executable installer，它表示 Windows 64 位系统的 exe 安装包。

下载完成后，在下载目录里有一个 python-3.8.6-amd64.exe 文件，双击运行该文件，出

Files

Version	Operating System	Description	MD5 Sum	File Size	GPG
Gzipped source tarball	Source release		ea132d6f449766623eee886966c7d41f	24377280	SIG
XZ compressed source tarball	Source release		69e73c49eeb1a853cefd26d18c9d069d	18233864	SIG
macOS 64-bit installer	macOS	for OS X 10.9 and later	68170127a953e7f12465c1798f0965b8	30464376	SIG
Windows help file	Windows		4403f334f6c05175cc5edf03f9cde7b4	8531919	SIG
Windows x86-64 embeddable zip file	Windows	for AMD64/EM64T/x64	5f95c5a93e2d8a5b077f406bc4dd96e7	8177848	SIG
Windows x86-64 executable installer	Windows	for AMD64/EM64T/x64	2acba3117582c5177cdd28b91bbe9ac9	28076528	SIG
Windows x86-64 web-based installer	Windows	for AMD64/EM64T/x64	c9d599d3880dfbc08f394e4b7526bb9b	1365864	SIG
Windows x86 embeddable zip file	Windows		7b287a90b33c2a9be55fabc24a7febbb	7312114	SIG
Windows x86 executable installer	Windows		02cd63bd5b31e642fc3d5f07b3a4862a	26987416	SIG
Windows x86 web-based installer	Windows		acb0620aea46edc358dee0020078f228	1328200	SIG

图 1-4　Python 3.8.6 版本下载界面

现如图 1-5 所示的安装界面。界面下方有两个选项，第一个已默认选中；第二个选项 Add Python 3.8 to PATH 非常重要，请务必选中，它的作用是把 Python 添加到环境变量中，使其在系统的任何目录下都能执行 Python 命令。单击 Install Now，按默认设置安装即可。安装过程需要几分钟，安装完成后会提示 Setup was successful，单击 close 按钮将安装向导关闭即可。

图 1-5　Python 3.8.6 安装界面

Python 安装完成后应该如何运行呢？最基本的运行方式是在 Python Shell 交互式解释器(提示符为>>>)中执行命令。

有两种方法可以进入该解释器：一是在桌面左下角命令行中输入 cmd，在命令提示符窗口中输入 python，就可以看到版本信息；也可以在>>>后，输入语句 print('Hello, world! ')并按 Enter 键，就会执行输出 Hello，world!，如图 1-6 所示。二是可以单击桌面左下角的“开始”按钮，在程序列表中找到名为 Python 3.8 的文件夹，单击文件夹里的 IDLE (Python 3.8 64bit)选项，即可进入 Python 自带的集成开发学习环境 IDLE，如图 1-7 所示。

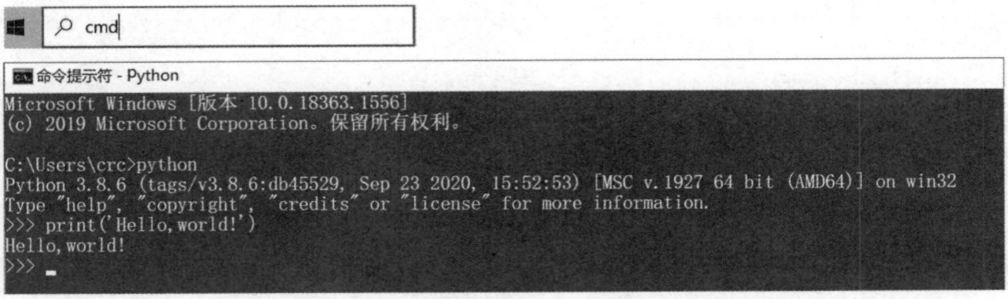

```
cmd
```

```
命令提示符 - Python
Microsoft Windows [版本 10.0.18363.1556]
(c) 2019 Microsoft Corporation。保留所有权利。

C:\Users\crc>python
Python 3.8.6 (tags/v3.8.6:db45529, Sep 23 2020, 15:52:53) [MSC v.1927 64 bit (AMD64)] on win32
Type "help", "copyright", "credits" or "license" for more information.
>>> print('Hello,world!')
Hello,world!
>>>
```

图 1-6 通过命令行工具进入交互式解释器执行代码

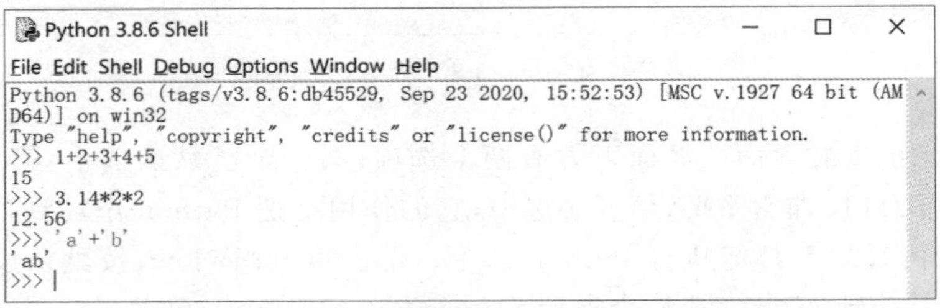

```
Python 3.8.6 Shell
File Edit Shell Debug Options Window Help
Python 3.8.6 (tags/v3.8.6:db45529, Sep 23 2020, 15:52:53) [MSC v.1927 64 bit (AM
D64)] on win32
Type "help", "copyright", "credits" or "license()" for more information.
>>> 1+2+3+4+5
15
>>> 3.14*2*2
12.56
>>> 'a'+'b'
'ab'
>>>
```

图 1-7 在 IDLE 集成开发环境提供的交互式解释器中执行代码

1.3 Python 开发环境

Python 是解释型高级编程语言,第 1.2 节中提到,可以通过命令行或 IDLE 进入 Python Shell 交互式解释器运行代码,在解释器>>>后输入一行代码,按 Enter 键运行代码后可以马上看到输出结果;继续输入下一行代码,按 Enter 键后输出结果。交互式解释器一般是在简单调试或少量语句执行时使用,这显然不能满足编程需要。在实际运用中,大家往往是在集成开发环境中通过相应的编辑器来编辑程序。本书重点介绍 IDLE 和 PyCharm 两种开发环境。

1. IDLE 集成开发环境

IDLE 是开发 Python 程序的基本 IDE(integrated development environment,集成开发环境),可进行语法加亮、段落缩进、基本文本编辑、Table 键控制、调试程序等,中小学教学或非商业 Python 开发可以选择 IDLE。当安装好 Python 后,IDLE 也已自动安装好。

在如图 1-7 所示的 IDLE 界面中,选择 File→New File 命令,新建一个源文件,输入如图 1-8 所示的程序代码,再选择 Flie→Save 命令保存程序。如果是新文件,会弹出“另存为”对话框,可以在该对话框中指定文件名和保存的位置。保存后,文件名会自动显示在顶部的蓝色标题栏中。选择 Run→Run Module 命令或按 F5 键运行程序,在运行程序界面输入相应的数据,就可以求出一元二次方程的根,如图 1-9 所示。

从 IDLE 编辑的程序可以看到,不同类型的代码块的颜色不同,这表示是语法高亮显示。默认情况下,关键字显示为橘红色,注释显示为红色,字符串显示为绿色,解释器的输出显示为蓝色。在输入代码时,会自动应用这些颜色突出显示。

```
import math
a = int(input("a="))
b = int(input("b="))
c = int(input("c="))
d = b ** 2 - 4 * a * c
if d >= 0:
    x1 = (-b + math.sqrt(d)) / (2 * a)
    x2 = (-b - math.sqrt(d)) / (2 * a)
    print('x1=', x1, 'x2=', x2)
else:
    print("无解")
```

图 1-8　求一元二次方程的根的程序

```
============ RESTART: C:/Users/razx.razx-PC/Desktop/求一元二次方程的根.py ============
a=2
b=3
c=-2
x1= 0.5 x2= -2.0
```

图 1-9　求一元二次方程的根的程序运行结果

2. PyCharm 集成开发环境

PyCharm 是由 JetBrains 公司（www.jetbrains.com）研发，用于开发 Python 的 IDE 开发环境，有调试、语法高亮、项目管理、代码跳转、智能提示、自动完成、单元测试、版本控制等多种功能，同时支持 Django 框架下的专业 Web 开发。

进入 https://www.jetbrains.com/pycharm/官方下载界面，可以看到 PyCharm 有两个版本，分别是 Professional（专业版）和 Community（社区版）。其中，专业版是收费的，可以免费试用 30 天；社区版是完全免费的，建议大家下载并安装社区版（Community），如图 1-10 所示。

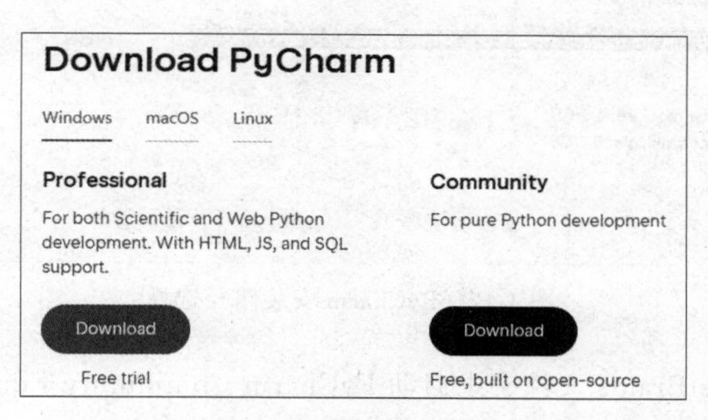

图 1-10　PyCharm 官方下载界面

单击 Download 按钮下载安装包，当前最新版本为 pycharm-community-2021.3.3，双击安装包开始安装。如图 1-11 所示，单击 Next 按钮，可以看到如图 1-12 所示界面，设置好 PyCharm 的安装路径后，单击 Next 按钮，在出现的界面中有“在桌面上建立快捷方式”“添加打开文件夹作为项目”“默认 py 结尾的脚本文件双击都是以 pycharm 打开”“添加 pycharm 的 bin 目录到环境变量 path 中”等若干功能，若无特殊需求，可都不选中。单击 Next 按钮，在出现的界面中，单击 Install 按钮，等待安装完成。

图 1-11　PyCharm 初始安装界面

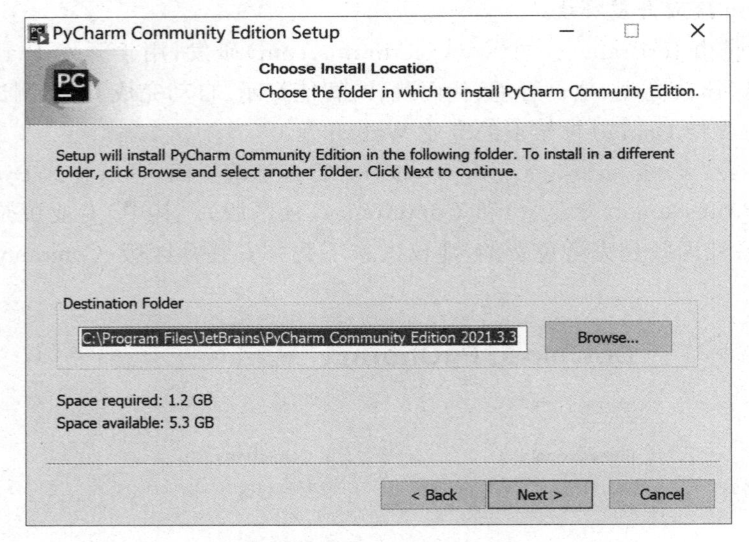

图 1-12　PyCharm 安装路径选择

在“开始”菜单 JetBrains 文件夹中启动 PyCharm Community Edition 2021.3.3,系统会自动进行配置,选择默认配置即可。该版本还会自动下载汉化包。

如何用 PyCharm 编写 Python 程序呢?由于 PyCharm 往往是通过项目来管理 Python 文件的,所以一般都会先新建一个项目。选择“文件”→“新建项目”命令,出现如图 1-13 所示的对话框。在位置选项里选择你要放置项目的文件夹,如你可选择已经建好的文件夹“第三章”,单击“创建”按钮,选择“新窗口”,左边就会出现一个项目管理区。在项目管理区里右击,选择“新建”→“Python 文件”命令,输入文件名,就可以编辑该 Python 文件了。编辑完成后,在右边的文件编辑区右击,在菜单栏里选择当前文件名就可以运行该文件。如图 1-14 所示,“第三章”文件夹里已经存放了多个 Python 文件,编辑、管理都很方便。

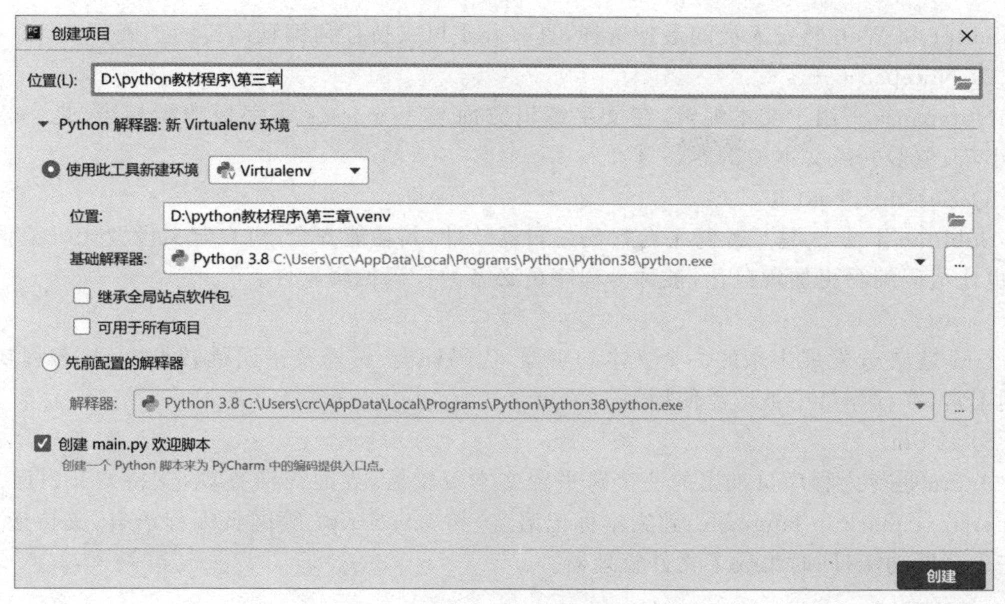

图 1-13　PyCharm 新建项目界面

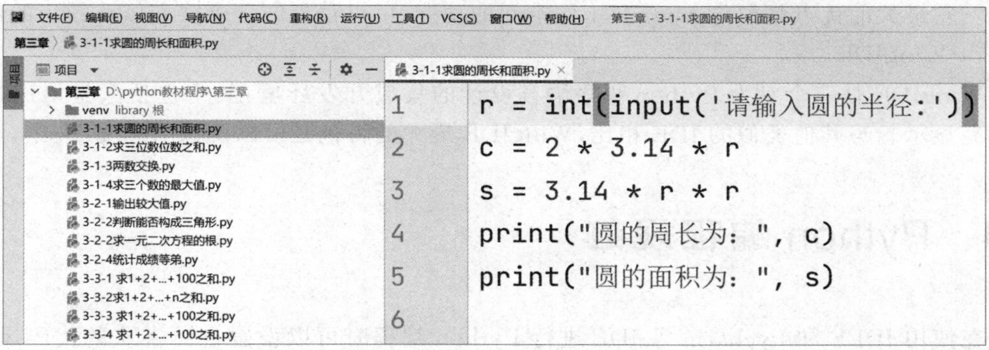

```
r = int(input('请输入圆的半径:'))
c = 2 * 3.14 * r
s = 3.14 * r * r
print("圆的周长为：", c)
print("圆的面积为：", s)
```

图 1-14　PyCharm 项目管理界面

需要注意的是，如果你安装的是之前的版本，首次启动 PyCharm 时，在弹出的界面右下角中如果出现 Configure 等内容，则还需要手动给 PyCharm 设置 Python 解释器。单击 Configure 选项，选择 Settings、No interpreter 表示未设置 Python 解释器；单击“设置”按钮，选择 add，在弹出的窗口中选择 System Interpreter（使用当前系统中的 Python 解释器），在右侧找到安装的 Python 目录，并找到 python.exe，然后单击 OK 按钮，界面会自动显示出可用的解释器，再次单击 OK 按钮即可。

由于 Python 源文件本质上是一个纯文本文件，且 Python 3.x 已经将 utf-8 作为默认的源文件编码格式，事实上你可以用记事本程序等任何文本编辑器来编辑，所以除了 IDLE 和 PyCharm 两个编辑器外，还有很多其他编辑器可供选择。以下简要介绍另外 7 种常用的 Python 程序编辑器。

1) Visual Studio Code

Visual Studio Code 是在 Windows、macOS 和 Linux 上运行的独立源代码编辑器，是

JavaScript 和 Web 开发人员的最佳选择，具有几乎可支持任何编程语言的扩展。

2）Notepad＋＋

Notepad＋＋用于文本编辑，在文字编辑方面与 Windows 写字板功能相当，是一款开源、小巧、免费的纯文本编辑器。

3）Sublime Text 3

Sublime Text 3 是一款跨平台代码编辑器软件，其功能齐全，可自定义设置代码编辑习惯，也让代码编写更加规范化，被称为程序员必备的代码编辑软件。

4）vim

vim 是从 vi 发展出来的一个文本编辑器，代码补全、编译及错误跳转很方便，编程功能特别丰富，在程序员中被广泛使用。

5）Atom

Atom 是专为程序员推出的一个跨平台文本编辑器，界面简洁直观，支持 CSS、HTML（hyper text markup language，超文本标记语言）和 JavaScript 等网页编程语言，支持宏，自动完成分屏功能，同时集成了文件管理器。

6）Spyder

Spyder 是一个跨平台、交互式 Python 语言开发环境，提供高级的代码编辑、交互测试、调试。它最大的优点是模仿 Matlab 工作空间的功能，可以很方便地观察和修改数组的值。

7）WingIDE

WingIDE 是一个专为 Python 程序语言设计的集成开发环境，其中包括大量语法标签的高亮显示。与其他类似的 IDE 相比，WingIDE 最大的特色是可以调试 Django 应用。

1.4 Python 编程规范

在使用 IDLE 和 Pycharm 等 IDE 进行 Python 编程时可以设置自己喜欢的代码风格，但是任何一种程序语言都有其编程规范，Python 也不例外。

1. 缩进规范

Python 对代码的缩进要求非常严格，一般以 4 个空格作为缩进，同一个级别代码块的缩进量必须一样，否则解释器会报错。常用的 IDE 都会有自动缩进机制，即输入“:”号之后，按 Enter 键会自动进行缩进，同时也支持用 Tab 键缩进。

在 IDLE 中还有一个批量缩进的快捷键，选中要缩进的若干行代码后，按 Ctrl＋[组合键实现左缩进，按 Ctrl＋]组合键实现右缩进。

2. 大小写敏感

Python 对编写程序中字母的大小写是敏感的，也就是说，Python 中是区分字母大小写的。如果你在输 True 时输成了 true，就会出现错误。变量名 T_1 和 t_1 也是两个不同的变量。

3. Python 注释

一个程序员往往习惯在程序体中加上注释，以增加程序的可读性。有时在程序运行过程中，注释还可以用来屏蔽暂时无用的代码。Python 支持单行注释和多行注释。

Python 使用井号“#”作为单行注释的符号，语法格式如下：

```
#  注释内容
```

说明多行代码的功能时，一般将注释放在代码的上一行；说明某一行代码的功能时，一般将注释放在该行代码的右边。如图 1-15 所示，# 后面一般会加一个空格。

```
for i in range(100, 1000):
    g = i % 10
    s = i // 10 % 10
    b = i // 100
    if g ** 3 + s ** 3 + b ** 3 == i:
        print(i, end=' ')// end表示不换行，输出时以空格隔开
```

图 1-15　Python 单行注释

多行注释指的是一次性注释程序中的多行内容，Python 使用 3 个单引号'''或者 3 个连续的双引号"""分别作为注释的开头和结尾。但这个操作起来不太方便，一般的编辑器都提供快捷键来进行注释。例如，用 IDLE 进行一行或多行注释时，可以选择相应语句，使用 Alt+3 组合键添加注释，用 Alt+4 组合键去掉注释。在 PyCharm 中，选择一行或多行语句，用 Ctrl+/组合键添加注释，再一次按 Ctrl+/组合键就可以取消注释。

4. utf-8 编码问题

为什么有时候会在别人的程序开头看到#　coding=utf-8 等语句呢？因为在 Python 2.x 版本文件中，默认的编码格式是英文字符 ASCII 格式，在读取中文时会报错，需要在程序开头加入#　coding=utf-8 或#　-*- coding: utf-8 -*-语句。Python 3.x 版本中不存在这个问题，因此无须添加该语句。

练习题

上机实践题

1. 在 Python 官网 https://www.python.org/downloads/上下载 Python 3.7 以上版本文件并正确安装，在交互式解释器中输入一些命令，体会它们的运行效果。

2. 进入 https://www.jetbrains.com/pycharm/官方下载页面，下载 PyCharm 社区版(Community)并正确安装，新建项目后再新建一个 Python 文件，输入如图 1-8 所示程序，体会其运行效果。

第 2 章　Python 基础语法

本章导读

相逢的人终会再相逢。

学完了第 1 章，你的计算机里已经有了 Python 的一席之地。但莫急，万丈高楼平地起，不妨先了解一些 Python 基础语法，为后续真正进入编程世界打下坚实的基础。

本章将介绍常量、变量和 5 种数据类型，并重点介绍算术运算符、关系运算符、逻辑运算符、位运算符的用法以及各类运算符的优先级、最基础的赋值语句和 Python 独特的赋值运算符。70 多个内置函数虽然让你看得眼花缭乱，但下次用到的时候，相信你会有豁然开朗的感觉。

如果你感觉语法点比较多，没关系，后续随着一个个问题的解决和程序编写训练，这些基础语法就是小菜一碟！

用运算符就可以找到数据列表中独一无二的数据，这是什么原理呢？去本章寻找独一无二的答案吧！

2.1　常量和变量

常量是程序运行过程中不会发生改变的量，如数值常量 3.14、字符常量'apple'等。变量是指在程序运行过程中值会发生变化的量，它的作用是保存数据，如 a＝3 这个语句，a 是变量，它保存了 3 这个数值。如果接下来再输入 a＝a＋3 语句，此时 a 这个变量的值就变成了 6。

Python 变量名可以由字母、数字、下画线组成，但不能以数字开头，字母区分大小写，如 a_1、A_1、b1、aaa 都是正确的变量名。由于 Python 对字母大小写很敏感，所以 a_1 和 A_1 是两个不同的变量，同时，函数、类、模块以及其他对象的名称也遵循变量的命名规则。无论是变量还是常量，在创建时都会在内存中开辟一块空间用来保存它的值。

Python 中的保留字已被赋予特定的含义，所以变量名不能使用保留字，以免混淆。可以在 IDLE 中输入以下两个语句来查看 Python 中的所有保留字，结果如下：

```
>>>import keyword
>>>keyword.kwlist
['False', 'None', 'True', 'and', 'as', 'assert', 'async', 'await', 'break', '
class', 'continue', 'def', 'del', 'elif', 'else', 'except', 'finally', 'for', '
from', 'global', 'if', 'import', 'in', 'is', 'lambda', 'nonlocal', 'not', 'or', '
pass', 'raise', 'return', 'try', 'while', 'with', 'yield']
```

如果你不小心用了保留字作为变量名，则解释器会提示 invalid syntax 的错误信息。如果你使用内置函数（如 print）作为变量名，则内置函数将会失效，需要重新启动 IDLE 才能将它们恢复。

2.2 数据类型

Python 常见的数据类型有整型、浮点型、字符串型和布尔型，如表 2-1 所示。

表 2-1 Python 常见数据类型

数据类型名	数据表示形式
整型（int）	包括正整数、零和负整数，如 100、0、－100 等。 十六进制整数用 0x 作前缀，如 0x1c 代表十进制数 28； 八进制数整数用 0o 作前缀，如 0o17 代表十进制数 15； 二进制数整数用 0b 作前缀，如 0b1100 代表十进制数 12
浮点型（float）	用于表示实数，如 0.123、－1.23 等，也可用科学计数法表示，如 0.0000123 可以写成 1.23e－5 等
字符串型（str）	用单引号、双引号或三引号表示单个或多个字符，如'001'、"summer"、'''a_1''' 等
布尔型（bool）	表示布尔逻辑值：True 或 False

虽然 Python 区分数据类型，但变量无须声明就可以直接赋值，数据类型也可以随时改变。可以用 type()内置函数检测某个变量的类型，例如：

```
>>>a=10
>>>type(a)
<class 'int'>
>>>a='apple'
>>>type(a)
<class 'str'>
>>>a=3.14
>>>type(a)
<class 'float'>
>>>a=3>4
>>>type(a)
<class 'bool'>
```

变量 a 的类型依次为整型（int）、字符串型（str）、浮点型（float）和布尔型（bool）。

不同类型进行运算时，编辑器会报错，可以用内置函数 int()、float()、str()进行相互转换。例如：

```
>>>12+'个'
TypeError: unsupported operand type(s) for +: 'int' and 'str'
>>>str(12)+'个'
'12个'
```

12+'个'由于类型不同,无法进行运算,把 12 转换为字符类型后,就实现了两个字符的连接运算。

2.3 常见运算符

2.3 常见运算符

Python 运算符主要包括算术运算符、关系运算符、逻辑运算符和位运算符。使用运算符可将不同类型的变量、常量按一定的规则组合成相应的表达式以完成特定的功能。

2.3.1 算术运算符

算术运算符主要处理四则运算,常用的算术运算符如表 2-2 所示。

表 2-2 Python 算术运算符

运算符	表达式	说明	示例	优先级
**	x**y	求 x 的 y 次幂	3**2 的结果为 9	1
*	x*y	将 x 与 y 相乘	3*2 的结果为 6	3
/	x/y	用 x 除以 y,产生实数值	3/2 的结果为 1.5	3
//	x//y	用 x 除以 y,取整数部分	3//2 的结果为 1	3
%	x%y	用 x 除以 y,取余数	3%2 的结果为 1	3
+	x+y	将 x 与 y 相加	3+2 的结果为 5	4
-	x-y	将 x 减去 y	3-2 的结果为 1	4

例如,ax^2+bx+c 这个表达式在 Python 中应该描述成 a*x**2+b*x+c,由于**的优先级优先于*,x**2 不需要括号,当然 x^2 写成 x*x 也没有问题。

除了常见的四则运算符,整除运算符(//)和求余运算符(%)也是程序中经常用到的运算符。例如,如何用算术运算符把一个三位数的各位数值分离出来呢?参考方法如下:

```
>>>a=789
>>>g=a%10
>>>s=a//10%10
>>>b=a//100
>>>print(g,s,b)
  9 8 7
```

2.3.2 关系运算符

关系运算符主要用来对变量或表达式之间的关系进行判断,关系成立,则结果为 True,否则为 False。常用的关系运算符如表 2-3 所示。

表 2-3　Python 关系运算符

运算符	表达式	说　明	示　例	优先级
＞	x＞y	x 大于 y	3＞2 的结果为 True	9
＜	x＜y	x 小于 y	3＜2 的结果为 False	9
＞＝	x＞＝y	x 大于或等于 y	3＞＝2 的结果为 True	9
＜＝	x＜＝y	x 小于或等于 y	3＜＝2 的结果为 False	9
＝＝	x＝＝y	x 等于 y	3＝＝2 的结果为 False	9
！＝	x！＝y	x 不等于 y	3！＝2 的结果为 True	9
in/not in	x in y	又称成员运算符，判断 x 是否是 y 的成员	"3"in"123"的结果为 True	11
is/is not	x is y	又称身份运算符，判断两个变量所引用的对象是否相同	＞＞＞ a=3 ＞＞＞ b=3 ＞＞＞ a is b True	10

注意："等于"关系运算符由两个等号＝＝组成，初学者在编程时往往容易输错。另外，表格中的 in/not in 和 is/is not 严格意义上讲不是关系运算符，in/not in 属于成员运算符，is/is not 属于身份运算符。is/is not 和＝＝、！＝的用法不要混淆，is/is not 对比的是两个变量的内存地址，＝＝、！＝ 对比的是两个变量的值。举例如下：

```
>>>a ="hi"
>>>b ="hi"
>>>print(a==b,a is b)
True True
>>>id(a),id(b) #   获取变量 a 和 b 的内存地
                   址(42502552, 42502552)
```

```
>>>a=["hi"]
>>>b=["hi"]
>>>print(a==b,a is b)
True False
>>>id(a),id(b) #   获取变量 a 和 b 的内存地
                   址(48951048, 54108744)
```

如上例所示，左边 a 和 b 的内存地址是一样的，值也是一样的，所以都为 True。右边的语句中，由于["hi"]列表属于可变对象，所以 a 和 b 虽然值一样，但内存地址是不一样的。

2.3.3　逻辑运算符

在问题解决中，往往要对某些表达式进行逻辑判断，此时需要用到逻辑运算符，3 个逻辑运算符功能如表 2-4 所示。

表 2-4　Python 逻辑运算符

运算符	表达式	描　述	示　例	优先级
and	x and y	当 x 和 y 两个表达式的值都为 True 时，结果才为 True，否则都为 False	10＞5 and 10＜20 的结果为 True	13
or	x or y	当 x 和 y 两个表达式的值都为 False 时，结果才为 False，否则都为 True	10＞5 or 10＞20 的结果为 True	14
not	not x	x 值为 True，结果为 False；x 值为 False，结果为 True	Not 10 ＞ 5 的结果为 False	12

逻辑运算符往往和关系运算符结合，把问题符号化后再做出逻辑判断。例如，要判断某一年是否为闰年（四年一闰，百年不闰，四百年再闰），它的逻辑表达式可以描述为：year%4==0 and year % 100! =0 or year % 400==0；如果要判断三条边能否组成三角形，逻辑表达式可以描述为：a+b>c and a+c>b and b+c>a。

2.3.4 位运算符

位运算符（见表 2-5）是直接对整数在内存中的二进制位进行操作，所以在运算前先把数据转换为二进制，然后执行相应的运算。

表 2-5 Python 位运算符

<table>
<tr><th>运算符</th><th>表达式</th><th>描　述</th><th>示　例</th><th>优先级</th></tr>
<tr><td>&</td><td>a & b</td><td>“按位与”运算，两个对应二进制位的值都为 1 时，结果为 1</td><td>23&66 输出结果 2，二进制解释：0000 0010</td><td>6</td></tr>
<tr><td>|</td><td>a | b</td><td>“按位或”运算，两个对应二进制位的值有一个为 1 时，结果为 1</td><td>23|66 输出结果 87，二进制解释：0101 0111</td><td>8</td></tr>
<tr><td>^</td><td>a ^b</td><td>“按位异或”运算，两个对应二进制位的值不同时，结果为 1</td><td>23^66 输出结果 85，二进制解释：0101 0101</td><td>7</td></tr>
<tr><td>~</td><td>~a</td><td>“按位取反”运算，对每个二进制位取反，即把 1 变 0，把 0 变 1，最高位如果为 1，则该位为负数，可以把结果看作 -(a+1)</td><td>~23 输出结果 -24。23 的二进制为 0001 0111，按位取反 1110 1000，值为 8+32+64-128=-24</td><td>2</td></tr>
<tr><td><<</td><td>a << 2</td><td>左移位运算符，把<<左边的数的二进位右移若干位，<<右边的数字指定移动位数，高位丢弃，低位补 0</td><td>23<<2 输出结果 92，二进制解释：0101 1100</td><td>5</td></tr>
<tr><td>>></td><td>a >> 2</td><td>右移位运算符，把>>左边的数的二进位右移若干位，>>右边的数字指定移动位数，低位丢弃，高位补 0</td><td>23>>2 输出结果 5，二进制解释：0000 0101</td><td>5</td></tr>
</table>

那么怎么运用位运算符来解决问题呢？下面举两个例子说明，相关程序语法可参见第 3 章。

【示例程序 2-1】 运用位运算符判断整数的奇偶性。

如果用位运算符来判断整数的奇偶性，只需要把该数与 1 进行“按位与”（&）运算，如果运算结果为 1，则该数为奇数；如果运算结果为 0，则该数为偶数。程序如下：

```
a=int(input())
if a&1==1:
    print('a 为奇数')
else:
    print('a 为偶数')
```

如果 a=23，与 1 进行按位与运算 00010111&00000001，最后结果肯定为 1，因为奇数的二进制最后一位为 1，1 的最后一位也是 1，1&1 的值为 1，其他位不管是 1 还是 0，都是与 0 进行 & 运算。判断偶数的原理也是一样的。

【示例程序 2-2】　寻找数据列表中独一无二的数据。

有一个数据列表(2n+1 个整数),只有一个数出现了 1 次,其余 n 个数都出现了 2 次。如何找到这个独一无二的数据列表呢?

可以通过异或运算符^来解决这个问题。异或运算有一个特性:任意数和自身异或的结果为 0;0 和任意数异或的结果还是其本身。那么,出现了 2 次的 n 个数异或的结果是 0,再与出现次数为 1 次的数异或的结果即为该数。所以对全部的数据进行异或操作,就能找到这个独一无二的数据。程序如下:

```
list=[1,2,3,4,5,6,5,4,3,2,1]
a=0
for i in list:
    a=a^i
print(a)
```

程序运行的结果为 6。你能理解其中的妙处吗?

2.3.5　运算符优先级

所谓运算符的优先级,是指在运算时哪一个运算符先计算,哪一个后计算,与数学的四则运算应遵循"先乘除,后加减"是一个道理。

Python 运算符的运算规则是:优先级高的运算先执行,优先级低的运算后执行,同一优先级的操作按照从左到右的顺序进行。也可以像四则运算那样使用小括号,括号内的运算最先执行。表 2-6 按从高到低的顺序列出了前面介绍过的 14 类运算符的优先级。

表 2-6　Python 常用运算符优先级

Python 运算符	运算符说明	优先级	
**	乘方	1	高
~	按位取反	2	
*、/、//、%	乘除、整除、求余	3	
+、-	加减	4	
>>、<<	移位	5	
&	按位与	6	
^	按位异或	7	
|	按位或	8	
==、!=、>、>=、<、<=	关系运算符	9	
is、is not	is 运算符	10	
in、not in	in 运算符	11	
not	逻辑非	12	
and	逻辑与	13	
or	逻辑或	14	低

例如,在求表达式 13//2>6 or 13//2<7 and 13/2>6 的运算结果时,按照优先级,先可

以先转换为 6>6 or 6<7 and 6.5>6,再转换为 False or True and True,由于 and 优先级比 or 高,所以转换为 False or True,最后结果为 True。

2.3.6 赋值语句和赋值运算符

赋值语句是 Python 最基本的语句,它的基本形式为"变量=值或表达式"。"="为赋值符号,它的作用是把右边的值或表达式计算后的结果赋值给左边的变量。如依次执行三个赋值语句 a=5,a=a+5,a=a-10,最后 a 的值变为 0。

除了"="这个基本的赋值符号,还可以通过赋值运算符来赋值。赋值运算符是对自身做某些运算后再赋值给自身。常用的赋值运算符如表 2-7 所示。

表 2-7 常用赋值运算符

运算符	说明	举例	展开形式
=	基本赋值运算	x=y	x=y
+=	加赋值	x+=y	x=x+y
-=	减赋值	x-=y	x=x-y
*=	乘赋值	x*=y	x=x*y
/=	除赋值	x/=y	x=x/y
%=	取余数赋值	x%=y	x=x%y
**=	幂赋值	x**=y	x=x**y
//=	整除赋值	x//=y	x=x//y

2.4 内置函数

对于特别常用的功能,可以将该功能对应的代码封装成一个内置函数放入 Python 解释器,从而实现模块化操作,以提升编程效率。这些内置函数可以直接使用,不需要导入某个模块。例如,使用最频繁的 print()和 input()函数就是内置函数。内置函数和标准库函数是不一样的,Python 标准库包含了很多模块,要想使用某个标准库里的函数,必须提前导入对应的模块,否则函数是无效的。例如,要使用平方根函数 sqrt(),必须使用 import math 命令导入 math 模块。Python 内置函数可完成数学运算、类型转换、序列操作和对象操作等功能,Python 3.x 版本的内置函数有 abs()、delattr()、hash()、memoryview()、set()、all()、dict()、help()、min()、setattr()、any()、dir()、hex()、next()、slicea()、ascii()、divmod()、id()、object()、sorted()、bin()、enumerate()、input()、oct()、staticmethod()、bool()、eval()、int()、open()、str()、breakpoint()、exec()、isinstance()、ord()、sum()、bytearray()、filter()、issubclass()、pow()、super()、bytes()、float()、iter()、print()、tuple()、callable()、format()、len()、property()、type() vchr()、frozenset()、list()、range()、vars()、classmethod()、getattr()、locals()、repr()、zip()、compile()、globals()、map()、reversed()、__import__()、complex()、hasattr()、max()、round()。

访问网址 https://docs.python.org/zh-cn/3/library/functions.html 可查看内置函数功

能，表 2-8 列出了常见内置函数的功能。

表 2-8　Python 3.x 常见内置函数功能

函　数	描　　述	举　　例
print(x)	输出 x 的值	print(a)输出变量 a 的值
input([prompt])	获取用户输入，prompt 表示输入提示	a=input('请输入 a 的值：')，把输入的值赋值给变量 a。注意：input 接收的数据类型为字符类型
int(x)	将字符串或数字类型转换成整型	int(4.5)的结果为 4
float(x)	将字符串或数字类型转换成实型	float(3)的结果为 3.0
abs(x)	返回 x 的绝对值	abs(−8)的结果为 8
len(seq)	返回序列的长度	len('123abc')返回结果为 6
str(x)	将 x 转换成字符串	str(123)的结果为'123'
chr(x)	返回 x(Unicode 编码)对应的字符	chr(65)的结果为'A'
ord(x)	返回单字符 x 对应的 Unicode 编码	ord('A')的结果为 65
hex(x)	将整数 x 转换为十六进制字符串	hex(18) 的结果为'0x12'，前缀 0x 表示的是十六进制
oct(x)	将整数 x 转换为八进制字符串	oct(18)的结果为'0o22'，前缀 0o 表示的是八进制
bin(x)	将整数 x 转换成二进制字符串	bin(23)的结果为 '0b10111'，前缀 0b 表示的是二进制
divmod(x,y)	返回 x 整除 y 的商和余数	divmod(10,3)的结果为(3,1)
pow(x,y)	返回 x 的 y 幂次值	pow(2,3)的值为 8
round(x[,n])	对 x 进行四舍五入，n 为要保留的小数位个数。当没填 n 值时，默认为 0，不保留小数部分	round(3.14159,4)的结果为 3.1416
sum()	对括号里的序列进行求和计算	sum([0,1,2])的结果为 3

练习题

一、选择题

1. 下列不可以作为 Python 变量名的是(　　)。

A. sum　　B. sum1　　C. sum_1　　D. while

2. 下列表达式的值最小的是(　　)。

A. 123%10*10+123//10　　B. 123%(10*10)+123//10

C. 123%(10*10)+123/10　　D. 123/(10*10)+123/10

3. 假定 x 是一个整型变量，那么下列表达式与 x%2==0 的功能相同的是(　　)。

A. x%2==1　　B. x//2==0　　C. x/2==0　　D. int(x/2)==x/2

4. 若 x、y 都是整数，且 x≥y，则下列逻辑值表达式值一定为真的是(　　)。

A. not(x<y)　　B. x! =y　　C. x==y　　D. x<=y

5. 已知变量 a、b 都为整型变量,下列条件表达式的值一定为 False 的是(　　)。

A. a==b　　B. a>b and b>a　　C. a! =b　　D. a>b or b>a

6. 有若干人围成一圈按 1~5 循环报数,能正确表示第 n 个人所报数字的 Python 表达式的是(　　)。

A. n　　B. n%5　　C. (n-1)%5+1　　D. (n+1)%5-1

7. 下列表达式中,结果为 True 的一项是(　　)。

A. int(2.5)> 2.5　　B. not(5/2 * * 3<=1)

C. 5>=3 or 3==3 and 3<=2　　D. "3"in"123" and False

8. 若 x 为整型变量,下列选项中,与表达式 not(x>=5 and x<9)等价的是(　　)。

A. x<5 and x>=9　　B. not(x>=5) and not(x<9)

C. x>=5 or x<9　　D. x<5 or x>=9

二、上机实践题

1. 请调试以下程序段:

```
a =3;b =4
a =a ^ b
b =b ^ a
a =a ^ b
print(a, b)
```

请问程序运行结果是什么?为什么通过三个异或语句可以实现两数的交换呢?请分析其中的原理。

2. 请调试以下程序段:

```
a1 =input('a1=')
b1 =input('b1=')
c1 =a1 +b1
a2 =int(input('a2='))
b2 =int(input('b2='))
c2 =a2 +b2
a3 =float(input('a3='))
b3 =float(input('b3='))
c3 =a3 +b3
print(c1, c2, c3)
```

a1、b1、a2、b2、a3、b3 依次输入 3、4、3、4、3、4,请问程序运行结果是什么?

第3章　基本程序结构

本章导读

进一寸有一寸的欢喜。

本章是你推门进入后看到的最重要的内容。程序是为解决问题而生的，所有的问题在计算机编程语言中都可以化成顺序、分支和循环三种基本的程序控制结构，只不过不同的语言对控制结构的描述方式不一样。

所以，在了解三种基本结构的执行方式上，明晰 Python 语言三种程序结构的语法描述，解决一个个小问题，你的 Python 之旅才算真正开始。

计算圆的周长和面积，实现两数交换，求一元二次方程的根，求水仙花数，百钱百鸡，用辗转相减法求最大公约数等，编写完本章中出现的二十几个小程序，相信你才能会意一笑：原来编程是这么一回事！

是的，编程就是这么一回事，坚持学下去，你会收获更多的惊喜！

Python 程序和其他所有结构化编程语言一样，都有三种基本的控制结构，即顺序结构、分支结构和循环结构。

3.1　顺序结构

顺序结构是指程序中的语句按照先后顺序依次执行，如图 3-1 所示。

【示例程序 3-1】　输入圆的半径，求圆的周长和面积。

程序如下：

```
r =float(input("请输入圆的半径: "))        #  接收数据
c =2 * 3.14 * r                            #  处理数据
s =3.14 * r * r                            #  处理数据
print("圆的周长为: ", c)                   #  输出结果
print("圆的面积为: ", s)                   #  输出结果
```

程序运行结果如下：

```
请输入圆的半径: 4
圆的周长为:   25.12
圆的面积为:   50.24
```

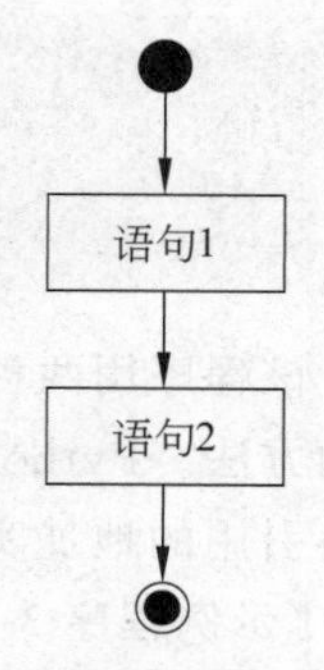

图 3-1　顺序结构流程图

【示例程序 3-2】 输入三位数,求该数各位数字之和。

例如,输入789,则输出24。程序如下:

```
a =int(input('请输入三位数:'))
g =a %10
s =a // 10 %10
b =a // 100
res =g +s +b
print("三个数位之和为", res)
```

程序运行结果如下:

```
请输入三位数: 125
三个数位之和为 8
```

【示例程序 3-3】 两数交换:输入两个数,交换两数后输出。

程序如下:

```
#  方法 1:
a =int(input('请输入 a:'))
b =int(input('请输入 b:'))
m =a
a =b
b =m
print("a=", a)
print("b=", b)
#  方法 2:
a =int(input('请输入 a:'))
b =int(input('请输入 b:'))
a, b =b, a
print("a=", a)
print("b=", b)
```

程序运行结果如下:

```
请输入 a:123
请输入 b:456
a=456
b=123
```

该程序用两种方法完成了两数交换:方法1用中间变量完成交换;方法2是Python特有的方法。Python的变量并不直接存储值,而只是引用一个内存地址,"a, b = b, a"通过交换引用的地址实现交换。

【示例程序 3-4】 输入三个数,输入时用逗号隔开,然后输出三个数的最大值。

程序如下:

```
str =input('请输入三个数,用逗号隔开: ')
#  通过 map 函数对指定序列做映射,把输入的三个数分别赋值给 a、b、c 三个变量
```

```
a, b, c =map(int, str.split(','))
print('最大数为: ', (max(a, b, c))) #  用内置函数 max 得出最大值
```

程序运行结果如下：

```
请输入三个数,用逗号隔开: 12,23,5
最大数为: 23
```

以上四个程序都是顺序结构，程序的每个语句都是依次执行，算法很简单，但符合编程的一般步骤，简称 IPO(input-processing-output)，即"输入—处理—输出"编程三步法。

3.2 分支结构

3.2 分支结构

当需要根据相应的条件做出相应的选择时，则需要用到分支结构，分支结构分单分支结构、双分支结构和多分支结构。

3.2.1 单分支结构

单分支结构流程图如图 3-2 所示。当条件表达式为真时，执行语句块，否则跳过语句块，继续执行语句块后面的内容。

单分支结构的语法形式如下：

```
if(条件表达式):
    语句/语句块
```

注意：*条件表达式后面一定要有冒号(:)，相应的语句/语句块缩进排列，表明这些语句都是在条件满足时需要执行的内容。*

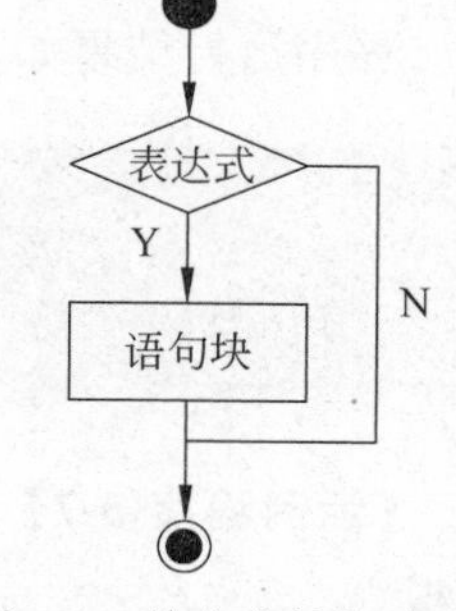

图 3-2 单分支结构流程图

【示例程序 3-5】 输入两个数，然后输出较大的数。

程序如下：

```
a =float(input('a='))
b =float(input('b='))
m =a
if a <b:
    m =b
print('较大值为', m)
```

程序运行结果如下：

```
a=123
b=456.3
较大值为 456.3
```

3.2.2 双分支结构

双分支结构流程图如图 3-3 所示。当条件表达式为真时，执行语句块 1，否则执行语句块 2。

双分支结构的语法形式如下：

```
if 条件表达式:
    语句块 1
else:
    语句块 2
```

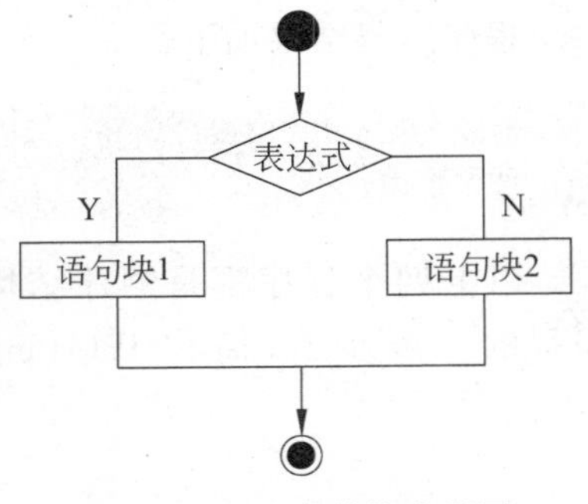

图 3-3 双分支结构流程图

【示例程序 3-6】 输入三条边的边长，判断能否构成三角形。

程序如下：

```
a =int(input("a="))
b =int(input("b="))
c =int(input("c="))
if a +b >c and a +c >b and b +c >a:
    print("能构成三角形")
else:
    print("不能构成三角形")
```

程序运行结果如下：

```
a=3
b=4
c=5
能构成三角形
```

【示例程序 3-7】 已知一元二次方程的三个系数，求一元二次方程 $ax^2+bx+c=0$ 的根。

程序如下：

```
import math
a =int(input("a="))
b =int(input("b="))
c =int(input("c="))
d =b * * 2 -4 * a * c
if d >=0:
    x1 =(-b +math.sqrt(d)) / (2 * a)
    x2 =(-b -math.sqrt(d)) / (2 * a)
    print('x1=', x1, 'x2=', x2)
else:
    print("无解")
```

程序运行结果如下：

```
b=5
c=-1
x1=0.17539052967910607 x2=-1.425390529679106
```

3.2.3　多分支结构

多分支结构流程图如图 3-4 所示，哪个条件表达式为真，就执行相应的语句块，否则执行 else 后的语句块，程序只会执行一个语句块。

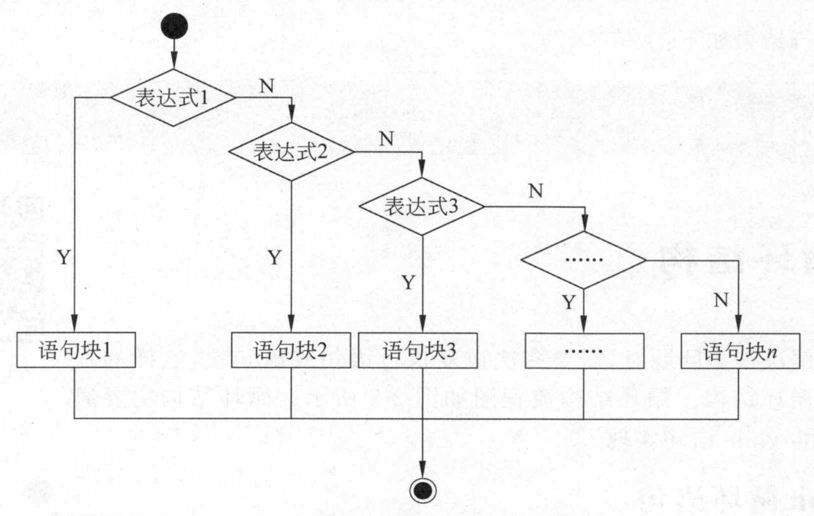

图 3-4　多分支结构流程图

多分支结构的语法形式如下：

```
if 条件表达式 1:
    语句块 1
elif 条件表达式 2:
    语句块 2
elif 条件表达式 3:
    语句块 3
...
else:
    语句块 n
```

【示例程序 3-8】　将整数成绩转换为字母等级制成绩。

输入一个 0～100 的整数表示成绩，然后转换为字母等级制成绩（90 分以上为 A，80～89 分为 B，70～79 分为 C，60～69 分为 D，60 分以下为 F）。程序如下：

```
score =int(input("请输入一个成绩: "))
if score >100 or score <0:
    print("成绩为 0～100")
elif score >=90:
```

```
    print("A")
elif score >=80:
    print("B")
elif score >=70:
    print("C")
elif score >=60:
    print("D")
else:
    print("F")
```

程序运行结果如下:

```
请输入一个成绩: 75
C
```

3.3 循环结构

3.3 循环结构

在编程解决很多问题时,需要多次重复执行语句或语句块,这样的程序结构称为循环结构。循环结构流程图如图 3-5 所示。循环结构主要通过 for 语句和 while 语句实现。

3.3.1 for 循环语句

for 语句格式如下:

```
for 变量 in 对象:
    循环语句/语句块
```

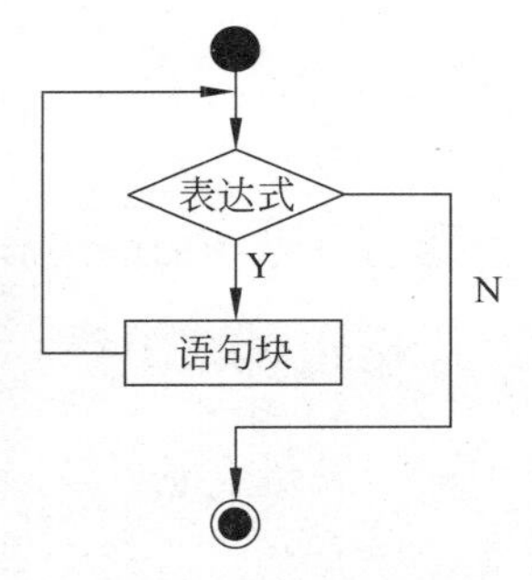

图 3-5 循环结构流程图

for 语句在执行时,会遍历对象中的元素,每一次遍历都会把对象中的每一个元素依次赋给变量,并分别执行一次循环语句或语句块。当遍历完最后一个元素时,循环结束。对象可以是字符串、列表和元组,也可以用 range()函数创建一个取值范围。

range()函数依次产生一个整数序列,由 1~3 个参数组成。

range(a):表示一个从 0 开始,结束值为 a－1 的连续整数序列。例如,range(10)表示产生从 0 到 9 的整数序列。

range(a,b):表示一个从 a 开始,结束值为 b－1 的连续整数序列。例如,range(1,10)表示产生从 1 到 9 的整数序列。

range(a,b,step):表示一个从 a 开始,以 step 为步长,结束值小于 b 的整数序列;如果 step 步长为负,表示从 a 开始,以 step 为步长,结束值必须大于 b 的整数序列。例如,range(1,10,2)表示产生"1,3,5,7,9"这一整数序列;range(10,1,－2)表示产生"10,8,6,4,2"这一整数序列。

【示例程序 3-9】 计算 1＋2＋3＋…＋100 的值。

程序如下：

```
s =0
for i in range(1, 101):
    s =s +i
print('s=', s)
```

程序运行结果：

```
s=5050
```

【示例程序 3-10】 计算 1+2+3+…+n 的值。

程序如下：

```
n =int(input('请输入 n 的值:'))
s =0
for i in range(1, n +1):
    s =s +i
print('s=', s)
```

程序运行结果：

```
请输入 n 的值:15
s=120
```

【示例程序 3-11】 计算 1+2+3+…+100 的值。

程序如下：

```
s =0
for i in range(101):
    s =s +i
print('s=', s)
```

程序运行结果：

```
s=5050
```

【示例程序 3-12】 计算 1+2+3+…+100 的值。

程序如下：

```
s =0
for i in range(100, 0, -1):
    s =s +i
print('s=', s)
```

程序运行结果：

```
s=5050
```

【示例程序 3-13】 计算 1+3+5+…+99 的值。

程序如下：

```
s =0
for i in range(1, 101, 2):
    s =s +i
print('s=', s)
```

程序运行结果：

```
s=2500
```

【示例程序 3-14】 求 1－2＋3－4＋…－100 的值。

程序如下：

```
s =0
i =1
for i in range(101):
    s =s +i * ((-1) * * (i +1))
print("s=", s)
```

程序运行结果：

```
s=-50
```

【示例程序 3-15】 输出 1000 内的水仙花数。

“水仙花数”是指一个三位数且其各位数字的立方和等于该数本身。例如，153 是“水仙花数”，因为 $153=1^3+5^3+3^3$。程序如下：

```
for i in range(100, 1000):
    g =i %10
    s =i // 10 %10
    b =i // 100
    if g * * 3 +s * * 3 +b * * 3 ==i:
        print(i,end=' ')
```

程序运行结果如下：

```
153  370  371  407
```

【示例程序 3-16】 “百钱买百鸡”问题。

我国古代数学家张丘建在《算经》一书中提出过著名的“百钱买百鸡”问题：鸡翁一，值钱五；鸡母一，值钱三；鸡雏三，值钱一；百钱买百鸡，则翁、母、雏各几何？程序如下：

```
for w in range(1, 21):
    for m in range(1, 34):
        x =100 -w -m
        if w * 5 +m * 3 +x / 3 ==100:
            print(w, m, x)
```

程序运行结果如下：

```
4 18 78
8 11 81
12 4 84
```

3.3.2　while 循环语句

while 语句格式如下：

```
while (条件表达式):
    循环语句/语句块
```

while 语句在运行时，会先判断条件表达式是否成立，如果成立，则执行循环语句/语句块。然后判断条件表达式是否成立，如果成立，再执行运行循环语句/语句块，直到条件表达式不成立时，循环才结束。

【示例程序 3-17】 用 while 语句完成 1+2+3+…+n 计算。

程序如下：

```
n =int(input("n="))
s =0
i =1
while i <=n:
    s =s +i
    i =i +1
print("s=", s)
```

程序运行结果如下：

```
n=15
s=120
```

【示例程序 3-18】 用辗转相减法求最大公约数。

程序如下：

```
m =int(input('m='))
n =int(input('n='))
while m !=n:
    if m >n:
        m =m -n
    else:
        n =n -m
print(n)
```

程序运行结果如下：

```
m=12
n=24
12
```

【示例程序 3-19】 求数的平均值。

从键盘输入若干个非负整数,以-1 表示输入结束,求这些数的平均值。程序如下:

```
s =0
c =0
while True:
    x =int(input())
    if x ==-1:
        break
    c +=1
    s +=x
ave =s / c
print(f'{c}个数的平均值为{ave:.2f}')
```

运行该程序时,依次输入若干个数,当输入-1 时,通过 break 语句中断执行,退出循环。程序运行结果如下:

```
1
2
3
345
-1
4 个数的平均值为 87.750
```

3.3.3 break 语句和 continue 语句

示例程序 3-19 中出现了一个 break 语句,它有什么用处呢?在循环语句执行过程中,有时需要提前终止循环,这时可以用 break 语句或 continue 语句来干预。break 语句用来终止整个循环,然后执行循环体后面的语句。但如果使用嵌套循环,break 语句只是停止执行最内层循环。而 continue 语句仅跳过当前循环的剩余语句,然后继续进行下一轮循环。break 语句和 continue 语句都可用在 for 和 while 循环中。

【示例程序 3-20】 求除以 3 余 2、除以 5 余 3、除以 7 余 2 的最小自然数。

《孙子算经》中有一个问题:“今有物不知其数,三三数之剩二,五五数之剩三,七七数之剩二,问物几何?”请问满足这样条件的最小自然数是多少?程序如下:

```
n =0
while True:
    n =n +1
    if n %3 ==2 and n %5 ==3 and n %7 ==2:
        break
print(n)
```

n 从 0 一直递增,每次加 1,当有一个数满足“三三数之剩二,五五数之剩三,七七数之剩二”时,break 语句用来终止当前的 while 循环语句,相当于退出了循环,接下来执行循环体后的语句 print(n),输出满足条件的数,该数为 23。

【示例程序 3-21】 输出不能被 3 整除的数。

程序如下：

```
n =7
while n >0:
    n =n -1
    if n %3 ==0:
        continue
    print('当前值 :', n)
```

以上程序执行后，会是什么结果呢？因为 continue 语句仅跳过当前循环的剩余语句，然后继续进行下一轮循环，所以当 n 能被 3 整除的时候，也就是当 n 的值为 3 或 6 时，不执行 print('当前值 :', n)语句。程序运行结果如下：

```
当前值 : 5
当前值 : 4
当前值 : 2
当前值 : 1
```

练习题

一、选择题

1. 某程序段如下，执行后输出的结果是(　　)。

```
a =10
b =20
a =a +b
b =a -b
a =a -b
print(a, b)
```

A. 10　20　　B. 20　10　　C. 30　10　　D. 20　30

2. 某程序段如下，执行后输出的结果是(　　)。

```
x, y, z =10, 20, 30
r =0
if x >y:
    r =y
elif x <z:
    r =z
else:
    r =x
r -=5
print(r)
```

A. 5　　B. 15　　C. 25　　D. 30

3. 某程序段如下，执行后 s 的值为(　　)。

```
s =4
if s <6:
    s =6
if s ==6:
    s =s +2
if s >8:
    s +=2
else:
s =4
```

A. 4　　　　　B. 6　　　　　C. 8　　　　　D. 10

4. 某程序段如下，执行后 sum 的值为（　　）。

```
s =[1, 3, 4, 3, 1]
m, sum =s[0], 0
for i in range(1, len(s)):
    if s[i] >m:
        m =s[i]
sum +=m
```

A. 15　　　　　B. 12　　　　　C. 11　　　　　D. 7

5. 某程序段如下，执行后输出的结果是（　　）。

```
for i in range(1, 6):
    for j in range(5, 0, -1):
        if j <=i:
            print(j, end=" ")
        else:
            print(" ", end=" ")
print()
```

A.	B.	C.	D.
1	1 2 3 4 5	1	1 2 3 4 5
1 2	1 2 3 4	2 1	1 2 3 4
1 2 3	1 2 3	3 2 1	1 2 3
1 2 3 4	1 2	4 3 2 1	1 2
1 2 3 4 5	1	5 4 3 2 1	1

6. 将 x 个苹果装进若干个箱子里，第一个箱子装 1 个，第二个箱子装 2 个……第 k 个箱子装 2^{k-1} 个，从中取走 m 个箱子。要算出取走的苹果个数的所有可能，下画线处应该填写的代码依次是（　　）。

```
x =int(input())
m =int(input())
t =0
for i in range(1, x +1):
    temp =i
    while temp !=0:
        if ________:
```

```
        t = t + 1
    temp //= 2
if ___________:
    print(i)
t = 0
```

① temp % 2 == 0　　② temp % 2 == 1　　③ t == m　　④ t = m + 1

A. ①④　　B. ②④　　C. ②③　　D. ①③

二、填空题

某程序段如下，执行后 k 的值为________。

```
k = 0
for i in range(1, 15):
    if i % 3 == 0 and i % 5 == 0:
        k += 1
print(k)
```

三、上机实践题

1. 已知重力加速度 g(g=9.8)和时间 t，计算自由落体运动物体下落高度(h)，计算公式为 $h=gt^2/2$。请编写相应程序。

2. 输入一个年份(大于 1582 的整数)，判断这一年是否为闰年，如果是闰年，输出 Yes，否则输出 No。判断闰年的规则为：四年一闰，百年不闰，四百年再闰。请编写相应程序。

3. 输入身高和体重，根据 BMI 判断身体情况，BMI＝体重(kg)除以身高(m)的平方，BMI 低于 18.5 为过轻；18.5～25 为正常；25～28 为超重；28～32 为肥胖。请编写相应程序。

4. 在印度有一个古老的传说：舍罕王打算奖赏国际象棋的发明人——宰相达依尔。国王问他想要什么，他对国王说："请您在棋盘的第 1 个小格里，赏给我 1 粒麦子，第 2 个小格里给 2 粒，第 3 小格给 4 粒，后面一格里的麦粒数量总是前面一格麦粒数的两倍。请您把这样摆满棋盘上 64 格的所有麦粒，都赏给您的仆人吧！"

国王觉得这要求太容易满足了，但他最后发现，就是把全印度的麦粒全拿来，也满足不了那位宰相的要求。那么，宰相要求得到的麦粒到底是多少呢？请编写相应程序。

5. 用 while 语句编写百钱百鸡程序。

6. 用辗转相除法求最大公约数。辗转相除法又称为欧几里得算法，用较大数除以较小数算出余数，然后用除数继续除以余数，求出新的余数，重复这样的方法，直到余数为 0，最后的除数就是这两个数的最大公约数。如 20 和 15 两个数，20 除以 15 的余数为 5，再用 15 除以 5，余数为 0，则当前的除数 5 就是最大公约数。请编写相应程序。

7. 输入一个十进制数，将其转换为二进制数(不要用内置函数)。

8. 如果一张纸的厚度为 0.5mm，对折一次纸的厚度增加 1 倍，请问对折多少次后，纸的厚度可以超过珠穆朗玛峰的高度(8848m)？请编写相应程序。

9. 卡拉兹(Callatz)猜想：对任何一个自然数 n，如果它是偶数，那么把它砍掉一半；如果它是奇数，那么把 $3n+1$ 砍掉一半。这样一直反复砍下去，最后一定在某一步得到 $n=1$。卡拉兹在 1950 年的世界数学家大会上公布了这个猜想，现在无须证明卡拉兹猜想，而是请编程求解：对给定的任一不超过 1000 的正整数 n，需要多少步(砍几下)才能得到 $n=1$？

10. 蒙特卡罗法是一种通过概率统计来得到问题近似解的方法,在很多领域都有重要的应用,其中就包括圆周率近似值的计算问题。假设有一块边长为 2 的正方形木板,在上面画一个单位圆,然后往木板上投飞镖,落点坐标必然在木板上(更多的时候是落在单位圆内),如果投的次数足够多,那么落在单位圆内的次数除以总次数再乘以 4,这个数字会无限逼近圆周率的值。

编写程序,模拟蒙特卡罗计算圆周率近似值的方法,输入投飞镖的次数,然后输出圆周率。观察实验结果,理解实验结果随着模拟次数的增多越来越接近圆周率的原因。示例程序里有统计程序运行时间的语句,可输入不同的次数,比较程序运行时间。

第4章　Python 常用数据结构

本章导读

大道至简，大巧不工。

数据处理通常会涉及很多数据，这些数据需要一个容器进行管理，这个容器就是数据结构。Python 的强大之处在于其内置的数据结构，常用的有字符串、列表、元组、字典和集合。

字符串是一组字符的序列；列表是按顺序排列的任意类型的数据序列；元组与列表基本相同，不同的是，元组一旦生成，就不能添加、删除或编辑；字典中存储的是一个键值对序列；集合是任意不重复的、无序的元素的集合。

希望通过本章的学习，你能对 Python 常用的数据结构有一个初步的了解，掌握其基本的用法，并能运用它们解决一些实际的问题。

4.1　字符串

4.1　字符串

4.1.1　字符串概述

字符串(str)是由 0 个或多个字符组成的序列，描述时需要在序列两边加上英文半角状态下的单引号或双引号，如'Hello, world! '、'12345'、"中国空间站"、"123abc"、"120"。120 和'120'是不一样的，前者是数值类型，后者是字符串类型。如果要表示多行字符串，用三引号'''就可以。

4.1.2　字符串处理常见函数与方法

1. 求字符串长度

len()：返回字符串的长度。例如，len("12345")返回结果为 5，len("Hello world")返回结果为 11。

2. 字符串统计

str.count()：返回指定字符串出现的次数。例如，s='hello world', s.count('o')返回结果为 2。

3. 去除指定字符或空格

str.strip()：删除字符串两边的指定字符，默认为空格、换行符、制表符等。

str.lstrip()：删除字符串左边的指定字符，默认为空格、换行符、制表符等。

str.rstrip()：删除字符串右边的指定字符，默认为空格、换行符、制表符等。

4. 字符串连接

(1) +：连接两个字符串。例如,'abc'+'123'返回结果为'abc123'。

(2) str.join()：用于将序列中的元素以指定的字符串连接成一个新的字符串。

注意：join()的参数可以是变量、字符串、列表、字典或元组对象。

5. 字符串索引和切片

字符串中的字符元素是通过索引来定位的。第一个元素的索引是0,第二个元素的索引是1,第 n 个元素的索引是 $n-1$。例如,s='hello world',则 s[0]的值为 'h',s[6]的值为 'w';也可反向索引,s[-1]的值为 'd',s[-7]的值为 'o',可参考表4-1。

表4-1 字符串索引

正向索引	s[0]	s[1]	s[2]	s[3]	s[4]
字符串	h	a	p	p	y
反向索引	s[-5]	s[-4]	s[-3]	s[-2]	s[-1]

也可以通过字符串切片方式从字符串中取出多个元素,以"字符串对象[开始索引:结束索引:步长]"的格式来表示。若步长为正,则从前往后正向索引;若步长为负,则从后往前反向索引。

注意：所有切片都不包括结束索引位置的元素,如 s='hello world',则 s[0:2]的值为 'he',s[-2:-5:-1]的值为'lro'。

【示例程序4-1】 字符串切片。

程序如下：

```
s ='0123456789'
print(s[3])            #  运行结果为 3
print(s[-3])           #  运行结果为 7
print(s[:])            #  截取所有字符,运行结果为 0123456789
print(s[0:3])          #  运行结果为 012
print(s[0:7:2])        #  以步长为 2,截取第 1、3、5、7 位的字符,运行结果为 0246
print(s[::-1])         #  获得逆序字符串,运行结果为 9876543210
print(s[:-3])          #  截取第 1 位至倒数第 4 位字符,运行结果为 0123456
print(s[5:1:-1])       #  逆序截取第 6 个字符到第 3 个字符,运行结果为 5432
```

6. 查找字符串

str.index()和 str.find()在 str 字符串中查找相应字符出现的索引号。index 和 find 功能相同,区别在于 find()找不到会返回-1,index()则会抛出异常。

7. 字母大小写转换

str.upper()：所有字母转换为大写。

str.lower()：所有字母转换为小写。

str.swapcase()：大小写互换。

str.capitalize()：首字母大写。

8. 字符串判断

str.startswith()：是否以某字符开头。

str.endswith()：是否以某字符结尾。

str.isalnum()：是否全为字母或者数字，没有其他字符。

str.isalpha()：是否全为字母。

str.isdigit()：是否全为数字。

str.isspace()：是否只包含空格。

str.islower()：是否全为小写。

str.isupper()：是否全为大写。

str.isnumeric()：是否只包含数字字符。

str.istitle()：是否为标题，即各单词首字母大写。

9. 字符串分割

str.split()：按指定字符(默认为空格)分割字符串，返回列表。

str.splitlines()：按换行符\n分割字符串，返回列表。

str.partition()：按指定字符分割为三个部分，返回元组。

10. 字符串替换

str.replace('')：用一个字符串替换另一个字符串。例如，print('an egg'.replace('egg','apple'))返回结果为an apple。

11. 格式化字符串

字符串需要根据一定的格式进行输出，往往采用以下两种方法。

(1) 用%作为占位符格式化输出。

%f：转换成浮点数(小数部分自然截断)。

%s：转换成字符串。

%d：转换成有符号十进制数。

(2) 用format()函数格式化输出。在format()函数中，使用"{}"符号当作格式化操作符。

【示例程序4-2】 格式化字符串。

程序如下：

```
# 用%作为占位符格式化输出
print('%s is %d years old' %('Andy', 12))
print('%s 身高为%5.1f 厘米' %('Andy', 168.25))
# 用 format()函数格式化输出
print('{0} is {1} years old'.format('Andy', 12))
                                        # format 里的两个参数依次替换{0}和{1}
print('{} is {} years old'.format('Andy', 12))   # format 里的两个参数依次替换两个{}
print('Hi, {0}! {0} is {1} years old'.format('Andy', 12))
                                        # 第 1 个参数替换两个{0},第 2 个参数替换{1}
print('{}身高为{:.1f}厘米'.format('Andy', 168.25))
                                        # 第 2 个参数以小数位为 1 位的浮点数输出
print('{name} is {age} years old'.format(name='Andy', age=12))
```

程序运行结果如下：

```
Andy is 12 years old
Andy 身高为 168.2 厘米
Andy is 12 years old
```

```
Andy is 12 years old
Hi, Andy! Andy is 12 years old
Andy 身高为 168.2 厘米
Andy is 12 years old
```

4.1.3 字符串应用实例

【示例程序 4-3】 输入任意字符串,输出最长连续相同子串长度。

例如,输入"1112132333155555",输出最长连续相同子串长度为 5。程序如下:

```
s =input('请输入字符串: ')
i , m , c =0 , 1 , 1
while i <len(s) -1:
    if s[i] ==s[i +1]:
        c +=1
    else:
        m =max(m,c)
        c =1
    i +=1
m =max(m,c)
print('最长连续子串长度为: ' +str(m))
```

程序运行结果如下:

```
请输入字符串: 1112132333155555
最长连续子串长度为: 5
```

【示例程序 4-4】 输入任意字符串,统计其大小写字母出现的频率。

程序如下:

```
s =input('请输入字符串: ')
cA , ca =0 , 0
for i in range(len(s)):
    if 'A' <=s[i] <='Z':
        cA +=1
    elif 'a' <=s[i] <='z':
        ca +=1
print('大写字母出现频率为: ' +'{:.2f}'.format(cA / len(s) * 100))
print('小写字母出现频率为: ' +'{:.2f}'.format(ca / len(s) * 100))
```

程序运行结果如下:

```
请输入字符串: Hello Python!
大写字母出现频率为: 15.38
小写字母出现频率为: 69.23
```

【示例程序 4-5】 输入任意字符串,统计其英文字母、数字、空格和其他字符出现的次数。

程序如下:

```
cAll = 0; cLetter = 0; cNumber = 0; cSpace = 0; cOther = 0
s = input('请输入字符串：')
for i in range(len(s)):
    sp = s[i]
    cAll += 1
    if (sp.isalpha()):
        cLetter += 1
    elif (sp.isdigit()):
        cNumber += 1
    elif (sp.isspace()):
        cSpace += 1
    else:
        cOther += 1
print('字符总数为:            ', cAll)
print('英文字母出现次数:      ', cLetter)
print('数字出现次数:          ', cNumber)
print('空格出现次数:          ', cSpace)
print('其他字符出现次数:      ', cOther)
```

程序运行结果如下：

```
请输入字符串：Hello Python3.0
字符总数为:          15
英文字母出现次数:    11
数字出现次数:        2
空格出现次数:        1
其他字符出现次数:    1
```

【示例程序 4-6】 读取一段英文内容的文本文件，统计其中的单词个数。

程序如下：

```
cword = 0
f = open('1.txt', 'r')              #  以只读方式打开文本文件
for line in f:
    words = line.split()            #  按行和空格分隔，结果以列表形式放入 words
    cword += len(words)
print('单词总数为:', cword)
f.close()                           #  关闭文件
```

程序运行结果如下：

```
单词总数为：252
```

练习题

一、选择题

1. 表达式'34' * 2 的结果为(　　)。

   A. '3434'　　　B. '3344'　　　C. '68'　　　D. 68

2. 已知 s='0123456789'，则 s[3:5]+s[-5:-3]的返回值为(　　)。

A. '2356'　　B. '345567'　　C. '3465'　　D. '3456'

3. 下列语句中,输出 56 的是(　　)。

A. print('5'+'6')　　B. print(len('56'))

C. print('56' in '5656')　　D. s='123456';print(s[5:6])

二、填空题

以下程序段完成十进制转换为十六进制的功能,请在下画线处填入合适的代码。

```
d =int(input('请输入一个整数: '))
s =''
while d >0:
    r =d %16
    if r <=9:
        s =str(r) +s
    else:
        s =______________
        d =d // 16
print(s)
```

三、上机实践题

1. 某压缩程序对字符串进行压缩,采用对重复的字符用"个数+字符"的方法表示,如"AAAaaaCCCCd",压缩后为"3A3a4C1d",请编程完成。

2. 恺撒密码起源于古罗马恺撒大帝用来对军事情报进行加密解密的办法。它是一种替换加密的技术,明文中的所有字母进行一定量的偏移后被替换成密文。例如,当偏移量是 3 的时候,所有的字母 A 将被替换成 D,B 变成 E……Z 变成 C,以此类推。请编程完成偏移量为 n 的加密和解密程序。

3. 18 位身份证号码从左至右依次为:6 位数字地址码、8 位数字出生日期码、3 位数字顺序码和 1 位数字校验码。编写程序,根据输入的 18 位身份证号码,输出该公民的出生日期和性别(倒数第二位数字是奇数的为男性、偶数的为女性)。

4.2　列表

4.2　列表

4.2.1　列表概述

不同类型的数据可以通过列表(list)来存储。列表的所有元素存放在一对中括号[]中,两个相邻元素间用逗号分隔,如['Andy', 18,'男',True]。

4.2.2　列表常见操作

1. 创建列表

(1) 用中括号[]创建列表。

(2) 用 list()方法创建列表。语法格式如下:

```
list(data)
```

data 可以是 range 对象、字符串、元组、集合、列表、字典等可迭代类型。

(3) 用列表推导式(又称列表解析式)创建列表。

【示例程序 4-7】 创建列表。

程序如下：

```
a =[1, '123',[1,2]]                 #  含整型、字符串、列表 3 种类型元素
b =list('元宇宙')                    #  创建列表中的元素
c =[i * 2 for i in range(5)]        #  将[0,4]范围内的数乘以 2
print(a)                            #  输出: [1, '123', [1, 2]]
print(b)                            #  输出: ['元', '宇','宙']
print(c)                            #  输出: [0, 2, 4, 6, 8]
```

2. 访问列表元素

通过"列表名[索引]"的形式提取单个元素。第一个元素索引值为 0,第二个元素索引值为 1,以此类推。当元素索引值为负时,表示倒数第几个元素。

通过"列表名[start:end:step]"切片形式提取多个元素,前两个参数代表起始和结束位置的索引值,但不包含结束位置。第三个参数代表步长(可默认),步长为正值,表示按从左到右的顺序计步,否则从右向左逆序计步。

【示例程序 4-8】 访问列表元素。

程序如下：

```
list1 =['爬虫', '云计算', '人工智能', 'Python']
print(list1[0])              #  输出: 爬虫
print(list1[-4])             #  输出: 爬虫
print(list1[1:4])            #  输出: ['云计算', '人工智能', 'Python']
print(list1[1:4:2])          #  隔一个元素取子序列,输出: ['云计算', 'Python']
print(list1[-2:])            #  提取最后两个元素,输出: ['人工智能', 'Python']
print(list1[3:1:-1])
                         #  提取索引号 3 元素到索引号 2 元素,输出: ['Python', '人工智能']
```

3. 查找列表元素

通过 index()方法从元素中找出第一个匹配的元素下标,否则抛出一个异常,表示没有找到对应值。

【示例程序 4-9】 查找列表元素。

程序如下：

```
list1 =['爬虫', '云计算', '人工智能', 'Python']
print(list1.index('云计算'))    #  输出: 1
print(list1.index('元宇宙'))    #  输出: ValueError: '元宇宙' is not in list
```

4. 增加列表元素

(1) append()：在末尾添加一个新元素。新元素可以是列表、字典、元组、集合、字符串等。

(2) extend()：将外部列表添加到列表末尾。

(3) insert()：向指定位置插入新元素。

(4) 对两个列表进行加法(+)操作,将两个列表连接成一个新列表。

(5) 使用乘法扩展列表,新列表元素是原列表元素的多次重复。

【示例程序 4-10】 增加列表元素。

程序如下:

```
list1 =['爬虫']
list1.append(['元宇宙',2022])
print(list1)                          #  输出:['爬虫', ['元宇宙',2022]]
list1.extend(['AI', 'Python'])  #  在 list1 尾部追加一个列表
print(list1)                          #  输出:['爬虫', ['元宇宙',2022], 'AI', 'Python']
list1.insert(1, '云计算')          #  在索引值为 1 的元素前面插入'云计算'
print(list1)              #  输出:['爬虫', '云计算', ['元宇宙',2022], 'AI', 'Python']
a =[1, 2, 3]
b =['Python', '人生苦短']
print(a +b)                           #  输出:[1, 2, 3, 'Python', '人生苦短']
print(b * 2)              #  输出:['Python', '人生苦短', 'Python', '人生苦短']
```

5. 修改列表元素

(1) 修改单个元素,通过'='赋值更新元素的值。

(2) 修改一组元素,通过切片方法给一组元素赋值。

【示例程序 4-11】 修改列表元素。

程序如下:

```
nums =[10, 36, 28, 2, 36, 100]
nums[2] =-15                         #  使用正数索引
nums[-3] =-3.14                      #  使用负数索引
print(nums)                          #  输出:[10, 36, -15, -3.14, 36, 100]
nums[1:4] =[3.14, -7, 66]            #  修改第 1~3 个元素的值(不包括第 4 个元素)
print(nums)                          #  输出:[10, 3.14, -7, 66, 36, 100]
```

6. 删除列表元素

(1) remove():移除与目标值相匹配的首个元素值。

(2) del 命令:删除某个位置上的元素。用"del 列表名"可删除整个列表。

(3) pop():移除指定位置上的元素,默认移除最后一个元素,也可以是一个索引值。

(4) clear():一次性清除所有元素。

【示例程序 4-12】 删除列表元素。

程序如下:

```
list1 =['爬虫', '云计算', '人工智能', '爬虫','Python']
list1.remove('爬虫')
print(list1)              #  输出:['云计算', '人工智能', '爬虫','Python']
del list1[1]
print(list1)              #  输出:['云计算', '爬虫','Python']
list1.pop()               #  删除最后一个元素
print(list1)              #  输出:['云计算', '爬虫']
list1.pop(1)              #  删除第 2 个元素
print(list1)              #  输出:['云计算']
list1.clear()
print(list1)              #  输出:[]
```

7. 排序列表元素

(1) sort()：对列表排序，默认升序。

(2) sorted()：对列表排序，排序后的新列表不会修改原列表的元素，默认升序。

(3) reverse()：将列表反向排列。

【示例程序 4-13】 排序列表元素。

程序如下：

```
a =[5, 2, 9, 3]
b =[5, 2, 9, 3]
a.sort()          #  升序排列
c =sorted(b)
print(a)          #  输出：[2, 3, 5, 9]
print(b)          #  输出：[5, 2, 9, 3]
print(c)          #  输出：[2, 3, 5, 9]
b.reverse()
print(b)          #  输出：[3, 9, 2, 5]
```

8. 其他常用函数

(1) len(list)：统计列表元素个数。例如，len([12,26,17,45])返回 4。

(2) min(list)：统计列表中最小值。例如，min([12,26,17,45])返回 12。

(3) max(list)：统计列表中最大值。例如，max([12,26,17,45])返回 45。

4.2.3 列表应用实例

【示例程序 4-14】 已知某市 2021 年 9 月的 30 个日平均气温数据，求该市 9 月的平均气温。

程序如下：

```
day =[31, 30, 32, 33, 31, 32, 30, 29, 30, 31, 32, 30, 28, 29, 30, 30, 31, 34, 33, 32,
29, 26, 27, 28, 28, 29, 30, 29, 30, 28]       #  使用列表存储 9 月的气温数据
avg =sum(day) / len(day)                      #  sum()用于序列求和，len()用于求序列长度
print("%.2f" %avg)                            #  保留两位小数输出
```

程序运行结果如下：

```
30.07
```

【示例程序 4-15】 小明同学想编一个背单词程序来检测单词的掌握程度。随机出 5 个单词，统计出答题情况和正确率。

程序如下：

```
from random import *
words =['cottage', 'count', 'hobby', 'option', 'frog', 'explore', 'royal']
means =['村舍', '计算', '爱好', '选择', '青蛙', '探险', '王室的']
n =0
for i in range(5):
    index =randint(0, 6)         #  随机生成[0,6]范围内的随机整数
    print(words[index])          #  输出相应单词
```

```
    x =input()
    if x ==means[index]:              #  判断是否正确
        print('正确')
        n =n +1                       #  统计正确个数
    else:
        print('错误')
result =(n / 5) * 100                 #  统计正确率
print(f'正确率{result}%')
```

程序运行结果如下:

```
option
选择
正确
royal
王室
错误
option
选择
正确
count
计算
正确
royal
王室的
正确
正确率 80.0%
```

思考:①实际一个单词会有多种解释,如何优化程序实现对多种不同解释的判定?②如何让随机产生的单词不重复?

【示例程序 4-16】 评"人气之星"。

某校园十佳歌手评选活动增设了"人气之星"投票环节,根据投票多少选出前 10 名作为评分的一部分。现有 n 个候选人(n>10),请按票数从多到少的顺序,输出前 10 名的票数。(注:请思考除 sort()或 sorted()函数之外的方法。)

程序如下:

```
n =int(input('请输入歌手数量 n:'))    #  输入歌手数量
nums =[]
tennums =[]
print('请输入每个人的投票数')
while len(nums) !=n:                  #  输入投票数,保证数据个数是指定个数
    nums =[int(i) for i in input().split()]
#  处理数据
for i in range(10):                   #  在剩余数据中每次挑出一个最大的数,重复 10 次
    m =max(nums)
    tennums.append(m)
    nums.remove(m)
print('十佳人气选手投票数为: ', tennums)        #  输出数据
```

程序运行结果如下：

```
请输入歌手数量 n:12
152 562 133 254 223 150 245 354 445 226 187 378
十佳人气选手投票数为：[562, 445, 378, 354, 254, 245, 226, 223, 187, 152]
```

【示例程序 4-17】 人机对战游戏——石头剪刀布。

1. 问题描述

石头剪刀布游戏规则：石头胜剪刀，布胜石头，剪刀胜布。玩家输入 1 表示剪刀，2 表示石头，3 表示布，计算机随机产生[1,3]内的整数，程序判断人机的输赢情况。

2. 问题分析

(1) 计算机如何随机出拳？

(2) 用什么方法判断人机输赢情况？

输赢结果如表 4-2 所示。

表 4-2　输赢结果

人出拳	编号	计算机出拳	编号	输赢结果	两者差值	结果加 2
石头	2	布	3	输	−1	1
剪刀	1	石头	2	输	−1	1
布	3	剪刀	1	输	2	4
石头	2	剪刀	1	赢	1	3
剪刀	1	布	3	赢	−2	0
布	3	石头	2	赢	1	3
石头	2	石头	2	平	0	2
剪刀	1	剪刀	1	平	0	2
布	3	布	3	平	0	2

3. 程序实现

程序如下：

```
from random import *                                  #  导入随机模块
choice =['', '剪刀', '石头', '布']
result =['你赢', '你输', '平', '你赢', '你输']
nc =int(input('请你出(1.剪刀; 2.石头; 3.布): '))   #  用户输入出拳结果
print("你出: ", choice[nc])
jc =randint(1, 3)                                     #  计算机产生 1～3 内的随机数
print("计算机出: ", choice[jc])
print(result[nc -jc +2])                              #  加 2 是为了对应 result 中的元素下标
```

程序运行结果如下：

```
请你出(1.剪刀; 2.石头; 3.布): 3
你出: 布
计算机出: 剪刀
你输
```

练习题

一、选择题

1. 若要存储某一个学生的姓名、性别、出生年月,适用的数据结构是(　　)。

A. 字符串　　B. 列表　　C. 字典　　D. 整型

2. 在某比赛中,一位叫小 A 的高二同学获得了一等奖,若要将这些信息存储在 stu 列表中,下列选项中正确的是(　　)。

A. stu = ['小 A', '高二', '一等奖']　　B. stu = [小 A, '高二', 一等奖]

C. stu = {'小 A', 高二,'一等奖'}　　D. ['小 A', 高二,'一等奖']

二、填空题

1. 语句 color=['red' , 'green' , 'black' , 'yellow'],则 print(color[0])的运行结果是____________,print(color.index('green'))的运行结果是____________,print('white' in color)的运行结果是____________。

2. 请完善程序,移除列表中的一个最大值和一个最小值,然后计算剩下元素的平均值。

```
scores =[85, 90, 92, 87, 91, 99, 100, 82, 84]
scores.sort()
scores.pop(____①____)
scores.pop(____②____)
average =____③____
print(round(average, 1))
```

三、上机实践题

假定一对大兔子每月能生下一对小兔子,且每对新生的小兔子经过一个月可以长成一对大兔子并具备繁殖能力。如果不发生死亡,且每次均生下一雄一雌,问一年后共有多少对兔子?请编程序实现。

4.3　字典

4.3　字典

4.3.1　字典概述

字典(dictionary)是一种映射类型,由若干"键:值"对组成,"键"和"值"之间用冒号隔开,所有键值对放在一对大括号内,访问字典的键,返回相对应的值。字典中的键可以使用数字、字符串、元组,但不能使用列表,值可以是任意类型的数据。

4.3.2　字典基本操作

1. 创建字典

(1) 使用大括号创建。语法格式如下:

```
字典名 ={键 1:值 1,键 2:值 2,...}
```

（2）使用 dict()函数或 dict(key=value)创建。

【示例程序 4-18】 创建字典。

程序如下：

```
dic ={'Tom': 18, 'Jhon': 13, 'Marry': 10}       #  创建一个有初始值的字典
dic1 =dict([['Tom', 18], ['Jhon', 13], ['Marry', 10]])
dic2 =dict(Tom=18, Jhon=13, Marry=10)           #  注意键不加引号,否则报错
print(dic)             #  输出: {'Tom': 18, 'Jhon': 13, 'Marry': 10}
print(dic1)            #  输出: {'Tom': 18, 'Jhon': 13, 'Marry': 10}
print(dic2)            #  输出: {'Tom': 18, 'Jhon': 13, 'Marry': 10}
```

2. 访问字典

（1）通过“字典名[键]”的形式获得对应的“值”。若键不存在，则抛出异常。

（2）get()方法可以安全访问字典元素。若键不存在，则返回一个空值，或者返回调用 get()方法时设定的默认值。

（3）通过 keys()获取所有的键，values()获取所有的值，items()获取所有的键值对。

【示例程序 4-19】 访问字典。

程序如下：

```
dic ={'name': 'Lucy', 'age': 18, 'hobby': 'painting'}
print(dic['name'])           #  输出: Lucy
print(dic.get('age'))        #  输出: 18
print(dic.get('job', 0))     #  找不到则返回默认值 0
print(dic['job'])            #  系统报错: KeyError: 'job'
print(dic.keys())            #  获取所有 key,输出 dict_keys(['name', 'age', 'hobby'])
print(dic.values())          #  获取所有值,输出 dict_values(['Lucy', 18, 'painting'])
print(dic.items())           #  获取所有键值对,输出 dict_items([('name', 'Lucy'),
                                ('age', 18), ('hobby', 'painting')])
```

3. 遍历字典

使用 for...in 可以遍历字典的各个键名和键值。

【示例程序 4-20】 遍历字典。

程序如下：

```
dic ={'name': 'Lucy', 'age': 18, 'hobby': 'painting'}
for k in dic:                  #  方法 1: 直接遍历字典的各个键名和元素值
    print(k,dic[k])
for k in dic.keys():           #  方法 2: keys()方法获取一个字典的所有键
    print(k, dic[k])
for k, v in dic.items():       #  方法 3: items()方法获取一个字典的所有元素(键值对)
    print(k, v)
```

程序运行结果如下（三种方法输出结果相同）：

```
name Lucy
age 18
hobby painting
```

4. 增加字典元素

(1) 通过“字典名[键]=元素值”的形式向字典中添加新元素。若“键”已经存在,则覆盖旧的键值对;若“键”不存在,则新增“键值对”。

(2) update():批量更新字典元素。

【示例程序 4-21】 增加字典元素。

程序如下:

```
dic1 ={'name': 'Lucy', 'age': 18}
dic1['hobby'] ='painting'  #  增加新的键值对
dic1['age'] =20             #  修改旧的键值对
print(dic1)                 #  输出: {'name': 'Lucy', 'age': 20, 'hobby': 'painting'}
dic2 ={'name': 'Amy', 'weight': 100}
dic1.update(dic2)           #  用字典形式更新 name 的值,添加 weight 键值对
print(dic1)   #  输出: {'name': 'Amy', 'age': 20, 'hobby': 'painting', 'weight': 100}
```

5. 删除字典元素

(1) pop():删除指定键值对,返回对应的“值”。如果键不存在,则系统报错。

(2) del():删除指定键值对。如果键不存在,则系统报错。

(3) popitem():返回并删除最后一个键值对。

(4) clear():清除所有键值对。

【示例程序 4-22】 删除字典元素。

程序如下:

```
dic ={'name': ' Lucy ', 'age': 18, 'hobby': 'painting', 'weight': 100}
dic1 =dic.pop('age')   #  删除 18
print(dic1)            #  输出: 18
print(dic)             #  输出: {'name': 'Lucy', 'hobby': 'painting','weight':
100}
del dic['name']        #  删除'name'的键值对
print(dic)             #  输出: {'hobby': 'painting','weight': 100}
dic1 =dic.popitem()    #  返回并删除字典中的最后一对键和值
print(dic1)            #  输出: ('weight': 100)
print(dic)             #  输出: {'hobby': 'painting'}
dic.clear()
print(dic)             #  输出: {}
```

6. 字典推导式

和列表、元组一样,可使用字典推导式快速生成字典。语法格式如下:

```
{键表达式: 值表达式 for 循环}
```

【示例程序 4-23】 字典推导式。

程序如下:

```
# 获取字典中 key 值是小写字母的键值对
dict1 = {'a': 10, 'B': 20, 'C': True, 'D': 'hello', 'e': 'python'}
dict2 = {key: value for key, value in dict1.items() if key.islower()}
print(dict2)                    # 输出结果为: {'a': 10, 'e': 'python'}
```

4.3.3 字典应用实例

【示例程序 4-24】 开发通信录程序。

开发一个通信录程序,实现添加联系人、查找联系人、删除联系人、修改电话号码、查看所有的联系人、查看所有的姓名与号码以及退出系统的功能。

程序如下:

```
print('------通信录------')
dic = {}                                # 创建一个空的字典
while True:
    num = input('请选择想要执行的操作(输入数字): \n1.添加联系人\n2.查找联系人\n3.删除联系人\n4.修改电话号码\n5.查看所有的联系人\n6.查看所有的姓名与号码\n7.退出系统\n')
    if num == '1':                      # 添加联系人
        word = input('输入要添加的联系人: ')
        tel = input('添加联系人的号码: ')
        dic[word] = tel
    elif num == '2':                    # 查找联系人
        word = input('请输入要查找的联系人: ')
        if word in dic:
            print('查找的联系人是>>>{}: {}'.format(word, dic[word]))
        else:
            print('查找的联系人不存在!')
    elif num == '3':                    # 删除联系人
        word = input('输入要删除的联系人: ')
        if word in dic:
            del (dic[word])
            print('联系人{}已经被删除'.format(word))
        else:
            print('要删除的联系人不存在!')
    elif num == '4':                    # 修改电话号码
        word = input('输入要修改的联系人: ')
        if word in dic:
            tel = input('输入新的号码: ')
            dic[word] = tel
        else:
            print('输入的联系人不存在!')
    elif num == '5':                    # 查看所有的联系人
        for word in dic.keys():
            print(word, end=' ')
        print()
    elif num == '6':                    # 查看所有的姓名与号码
        for k in dic.items():
            print('联系人: {},号码: {}'.format(k[0], k[1]))
    elif num == '7':                    # 退出系统
        print('系统已退出')
        break
```

程序运行结果如下：

```
------通信录------
请选择想要执行的操作(输入数字):
1.添加联系人
2.查找联系人
3.删除联系人
4.修改电话号码
5.查看所有的联系人
6.查看所有的姓名与号码
7.退出系统
1
输入要添加的联系人：张三
添加联系人的号码：135777776852
```

【示例程序 4-25】 统计字频。

对一段文字进行字频统计，即统计每个字出现的次数。

程序如下：

```
text ='南南有个篮篮,篮篮装着盘盘,盘盘放着碗碗,碗碗盛着饭饭'
word_dic ={}                                          #  定义一个空字典
for word in text:
    word_dic[word] =word_dic.get(word, 0) +1          #  统计每个字出现的次数
print(word_dic)
```

程序运行结果如下：

```
{'南': 2, '有': 1, '个': 1, '篮': 4, ',': 3, '装': 1, '着': 3, '盘': 4, '放': 1, '碗': 4,
'盛': 1, '饭': 2}
```

【示例程序 4-26】 合并文件。

已知有 cj1 和 cj2 两个文件，使用字典结构将其合并为一个完整的 cj 文件，两个文件的内容如图 4-1 所示。

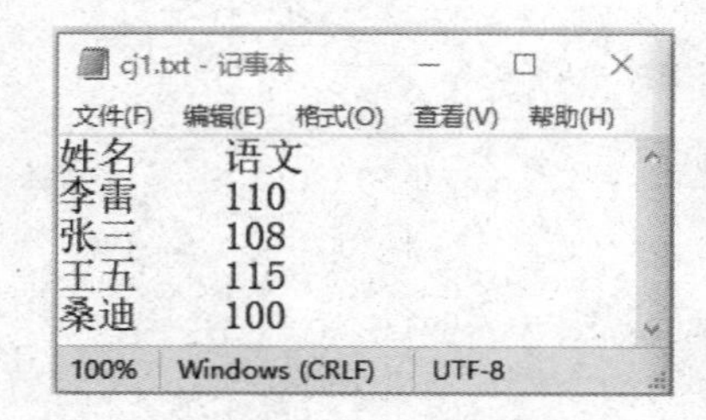

图 4-1 cj1 和 cj2 文件的内容

程序如下：

```
with open('cj1.txt', 'r',encoding='utf-8') as f1_read:   #  打开文件读取语文成绩
    f1_read.readline()                                    #  跳过第一行
    lines1 =f1_read.readlines()                           #  一行行读入
with open('cj2.txt', 'r',encoding='utf-8') as f2_read:   #  打开文件读取数学成绩
```

```
    f2_read.readline()                      #  跳过第一行
    lines2 =f2_read.readlines()             #  一行行读入
dic1 ={}                                    #  定义一个空字典,存储 cj1 中的数据
dic2 ={}                                    #  定义一个空字典,存储 cj2 中的数据
for line in lines1:                         #  获取第一个文本中的姓名和成绩信息
    element =line.split()                   #  以空格为分隔符
    dic1[element[0]] =element[1]            #  姓名为键,语文成绩为值
for line in lines2:                         #  获取第二个文本中的姓名和成绩信息
    element =line.split()
    dic2[element[0]] =element[1]            #  姓名为键,数学成绩为值
lines =[]
s ='姓名\t 语文\t 数学\n'                   #  生成新的数据表头
lines.append(s)
#  文本合并处理
for key in dic1.keys():                     #  遍历字典 dic1 中的姓名
    if key in dic2.keys():                  #  若 dic1 中的姓名也在字典 dic2 中
        s ='\t'.join([str(key), dic1[key], dic2[key]]) +'\n'
    else:                                   #  否则,字典 dic1 中的姓名不在字典 dic2 中
        s ='\t'.join([str(key), dic1[key], '--']) +'\n'
    lines.append(s)
for key in dic2.keys():                     #  处理字典 dic2 中剩余的姓名
    if key not in dic1.keys():
        s ='\t'.join([str(key), '--', dic2[key]]) +'\n'
        lines.append(s)
with open('cj.txt', 'w') as f3_write:      #  合并后的结果写入新文件中
    f3_write.writelines(lines)
```

程序运行结果如图 4-2 所示。

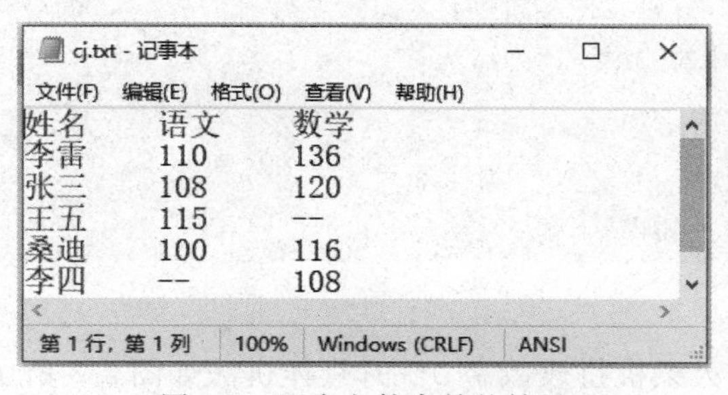

图 4-2 两个文件合并的结果

练习题

一、选择题

用某种数据结构存储小 A 的基本信息,包括姓名、学号、班级、性别和年龄,下列表述正确的是(　　)。

A. inf={小 A,20180350,1 班,男,16}

B. inf={'姓名':'小 A','学号':'20180350','班级':'1 班','年龄':'16'}

C. inf=[小 A,20180350,1 班,男,16]

E. inf=['小 A','20180350','1 班','男',16]

D. inf='小 A','20180350','1 班','男',16

二、填空题

1. 字典(dict)是以__________形式存放数据的容器。

2. 使用字典的__________方法可以安全地访问字典中的元素。

3. 天干地支源自中国远古时代对天象的观测,十天干和十二地支依次相配,组成六十个基本单位,两者固定的顺序相互配合,组成了天干地支纪年法。已知年份的最后一位数字对应天干,用已知年份除以12,求得的余数代表地支。对应关系如表 4-3 和表 4-4 所示。

表 4-3 数字与天干的对应关系

数字	4	5	6	7	8	9	0	1	2	3
天干	甲	乙	丙	丁	戊	己	庚	辛	壬	癸

表 4-4 数字与地支的对应关系

数字	4	5	6	7	8	9	10	11	0	1	2	3
地支	子	丑	寅	卯	辰	巳	午	未	申	酉	戌	亥

编写程序实现:输入某一年份,求相应的天干地支。请将下列代码补充完整。

```
year =int(input('请输入年份: '))
dic1 ={4: '甲', 5: '乙', 6: '丙', 7: '丁', 8: '戊', 9: '己', 0: '庚', 1: '辛', 2: '壬',
3: '癸'}
dic2 ={4: '子', 5: '丑', 6: '寅', 7: '卯', 8: '辰', 9: '巳', 10: '午', 11: '未', 0:
'申', 1: '酉', 2: '戌', 3: '亥'}
tg =____①____
dz =year %12
c =____②____
print('天干地支为: ', c)
```

三、上机实践题

1. 火柴棍游戏。用火柴棍拼成数字 0~9,具体拼法如图 4-3 所示。

图 4-3 火柴摆数

编写程序实现:输入任意一个三位数,计算需要用多少根火柴棍进行拼合。例如,输入 123,输出"共需火柴棍 12"(要求:输入火柴棍的数量是整型)。

2. 统计所输入字符串中单词的个数,单词之间用空格分隔。

4.4　元组

4.4　元组

4.4.1　元组概述

元组(tuple)的元素不可变，通常用于保存程序中不可修改的内容。所有元素都放在一对小括号中，相邻元素用逗号分隔。

4.4.2　元组基本操作

1. 创建元组

(1) 用小括号创建。语法格式如下：

```
元组名 =(a1, a2, ..., an)
```

(2) 用 tuple()创建。语法格式如下：

```
tuple(data),data
```

表示可以转换为元组的数据，可以是 range 对象、字符串、元组、集合、列表、字典等可迭代类型。

【示例程序 4-27】 创建元组。

程序如下：

```
a =('人生苦短', '我学 Python', 'AI') #  创建了存储字符串类型的元组
b =('AI',)                          #  只有 1 个元素的 tuple 定义时必须加一个逗号
c =tuple("abcd")
d =tuple(range(5))
print(a)                            #  输出: ('人生苦短', '我学 Python', 'AI')
print(b)                            #  输出: ('AI',)
print(c)                            #  输出: ('a', 'b', 'c', 'd')
print(d)                            #  输出: (0,1, 2, 3, 4)
```

2. 访问元组元素

(1) 通过“元组名[索引值]”的形式提取元组单个元素。

(2) 用切片方式提取元组多个元素，语法格式如下：

```
元组名(start:end:step)
```

【示例程序 4-28】 访问元组元素。

程序如下：

```
tup_1 =('爬虫', '云计算', '人工智能', 'Python')
print(tup_1[0])              #  输出: 爬虫
a =tup_1[1:4]
print(a)                     #  输出: ('云计算', '人工智能', 'Python')
```

3. 修改元组

元组中的元素值不允许修改,但可对元组连接组合,产生新的元组对象。

【示例程序 4-29】 修改元组。

程序如下:

```
tup1 =(12, 34.56)
tup2 =('abc', 'xyz')
tup3 =tup1 +tup2
print(tup3)          #  输出:(12, 34.56, 'abc', 'xyz')
```

4. 删除元组

元组中的元素值是不允许删除的,但可以使用 del 命令来删除整个元组。

【示例程序 4-30】 删除元组。

程序如下:

```
tup =('Bob', 'Jion', 1998, 2019)
del tup           #  删除元组
print(tup)        #  系统报错:NameError: name 'tup' is not defined
```

5. 元组常用方法

元组常用方法如表 4-5 所示。

表 4-5　元组常用方法

方　法	含　义	示　例
count(obj)	统计某个元素在列表中出现的次数	tup = (1, 2, 3, 4, 4) tup.count(4)　　#　返回 2
index(obj)	从列表中找出某个值第一个匹配项的索引位置	tup = (1, 2, 3, 4, 4) tup.index(4)　　#　返回 3

4.4.3　元组应用实例

【示例程序 4-31】 给定一个日期,计算出这一天是这一年的第几天。

程序如下:

```
def is_leap_year(year): #  判断指定的年份,平年则返回 False,闰年则返回 True
    return year %4 ==0 and year %100 !=0 or year %400 ==0
def which_day(year, month, date):
    #  因每个月天数固定,故用嵌套的元组保存平年和闰年每个月的天数
    days_of_month =(
        (31, 28, 31, 30, 31, 30, 31, 31, 30, 31, 30, 31),
        (31, 29, 31, 30, 31, 30, 31, 31, 30, 31, 30, 31)
        )
    #  平年会选中元组中的第一个列表(2 月是 28 天)
    #  闰年会选中元组中的第二个列表(2 月是 29 天)
    days =days_of_month[is_leap_year(year)]
    total =0
    for index in range(month -1):
```

```
        total +=days[index]
    return total +date
print(which_day(2022, 1, 1))          #  调用自定义函数计算天数
print(which_day(2021, 10, 5))
```

程序运行结果如下：

```
  1
278
```

练习题

一、选择题

1. 关于元组，下列说法中正确的是(　　)。

A. 元组属于可变序列　　B. 不能向元组中添加和修改元素

C. 元组不可以作为字典的键　　D. 能删除元组中的元素

2. 有如下程序段：

```
x =1, 2
print(x, end=' ')
x, y =(1, 2)
print(x, y)
```

则运行结果是(　　)。

A. 1,2　(1,2)　　B. (1,2)　1 2　　C. 1,2　1,2　　D. (1,2)　1,2

3. print(type((1,2,3)))的运行结果是(　　)。

A. <class 'tuple'>　B. <class 'dict'>　C. <class 'set'>　D. <class 'list'>

二、填空题

语句序列：

```
a=(1,2,3,'None',(),[]);print(len(a))
```

运行结果是________。

4.5　集合

4.5　集合

4.5.1　集合概述

集合(set)是没有顺序的简单对象的聚集，集合元素不能重复。所有元素放在一对{}中，相邻元素用逗号分隔，它与字典相似，区别在于字典保存键值对，集合只保存键，没有值。

4.5.2 集合基本操作

1. 创建集合

（1）用{}创建。语法格式如下：

```
setname={element1,element2,element3,...}
```

重复元素会自动删除。

（2）set()函数创建。语法格式如下：

```
setname=set(iteration)
```

【示例程序 4-32】 创建集合。

程序如下：

```
set1 ={5, 1, 4, 1, 3, 5, 2, 6}
set2 =set(('人生苦短', '我用 Python'))
print(set1)          #  输出: {1, 2, 3, 4, 5, 6}
print(set2)          #  输出: {'人生苦短', '我用 Python'}
```

2. 访问集合

集合元素无序，不能用下标进行访问，可以用循环一一读取元素。

【示例程序 4-33】 访问集合。

程序如下：

```
set1 ={2, 1, 3, 4, 5, 4, 3, 2, 1}
for each in set1:
    print(each, end=' ')        #  输出: 1 2 3 4 5
```

3. 添加集合元素

（1）add()：添加一个元素。

（2）update()：添加一个或多个元素。

【示例程序 4-34】 添加集合元素。

程序如下：

```
set1 ={1, 2, 3, '集合'}
set1.add(4)                                   #  add 只能添加一个元素
print(set1)                                   #  输出: {1, 2, 3, 4, '集合'}
set1.update({'4': '5'}, [6, 7], (8, 9))#  添加字典、列表、元组
print(set1)                                   #  输出: {1, 2, 3, 4, 6, '集合', 7, 8, 9, '4'}
```

注意：添加字典元素{'4'：'5'}时，只保留键部分。

4. 删除集合元素

（1）remove()：删除一个元素，元素不存在时会报错。

（2）discard()：删除一个元素，元素不存在时不会抛出异常。

（3）pop()：随机删除一个元素。

(4) clear():清空集合。

【示例程序 4-35】 删除集合元素。

程序如下:

```
set1 ={1, 2, 3, '集合'}
set1.remove(1)            #  将元素 1 从集合中删除
print(set1)               #  输出: {'集合', 2, 3}
set1.remove(5)            #  从集合中删除一个不存在的元素
print(set1)               #  系统报错:“KeyError:5”
set1.discard(5)           #  从集合中删除一个不存在的元素
print(set1)               #  没有报错并且打印的内容为: {'集合', 2, 3}
set1.pop()                #  随机删除集合里的一个元素
print(set1)               #  输出: {2, 3}
set1.clear()              #  清空集合里的元素
print(set1)               #  输出: set()
```

5. 集合关系运算

交集:运算符号为“&”或通过 intersection()方法实现,保留两个集合的公共部分元素。

并集:运算符号为“|”或通过 union()方法实现,既包含集合 1 的元素,又包含集合 2 的元素。

差集:运算符号为“-”或通过 difference()方法实现,保留集合 1 中包含而集合 2 中不包含的元素。

【示例程序 4-36】 集合关系运算。

程序如下:

```
a =set('abracada')
b =set('alacazam')
print(a -b)        #  求差集,即 a 中有但 b 中没有的元素
print(a | b)       #  求并集,即 a 和 b 中包含的所有元素
print(a & b)       #  求交集,即 a 和 b 中都有的元素
print(a ^ b)       #  求 a 和 b 中不同时存在的元素
```

程序运行结果如下:

```
{'r', 'd', 'b'}
{'l', 'b', 'z', 'r', 'm', 'a', 'c', 'd'}
{'a', 'c'}
{'z', 'r', 'm', 'l', 'b', 'd'}
```

6. 集合的推导式

通过集合推导式快速生成集合。语法格式如下:

```
{表达式 for 迭代变量 in 可迭代对象 [if 条件表达式] }
```

【示例程序 4-37】 集合的推导式。

程序如下:

```
set1 ={i ** 2 for i in range(3)}
print(set1)          #  输出:{0, 1, 4}
tupledemo =(1, 1, 2, 3, 4, 5, 6, 6)
set2 ={x ** 2 for x in tupledemo if x %2 ==0}
print(set2)          #  输出:{16, 4, 36}
dictdemo ={'one': 1, 'two': 2, 'three': 3}
set3 ={x for x in dictdemo.keys()}
print(set3)          #  输出:{'two', 'three', 'one'}
```

4.5.3 集合应用实例

【示例程序 4-38】 生成 10 个 1～100 内不重复的随机整数。

程序如下：

```
import random
a =set([])                          #  生成空集合 set_a
i =len(a)
N =10                               #  生成随机数的个数
while i <N:
    number =random.randint(1,100)   #  生成 1～100 内的随机整数
    a.add(number)                  #  将随机整数 number 增加到集合中,但重复数无法添加
    i =len(a)
print(a)
```

练习题

一、选择题

1. 语句"print(type({4,3,2,1}))"的运行结果是(　　)。

A. <class 'tuple'>　　B. <class 'dict'>

C. <class 'set'>　　D. <class 'list'>

2. 语句序列“m={'A',1,'B',2};print(m['B'])”的运行结果是(　　)。

A. 3　　B. 2　　C. 'B'　　D. 语法错误

二、填空题

语句序列“num=set([1,2,2,3,3,3]);print(len(num))”的运行结果是________。

三、上机实践题

随机生成 10 个 0～10 范围内的整数,分别组成集合 A 和集合 B,要求输出 A 和 B 的内容、长度、最大值、最小值以及它们的并集、交集和差集。其运行结果如图 4-4 所示。

```
集合的内容、长度、最大值、最小值分别为:
{2, 3, 4, 5, 10} 10 2
{1, 3, 4, 6, 8, 9, 10} 10 1
A和B的并集、交集和差集分别为:
{1, 2, 3, 4, 5, 6, 8, 9, 10} {10, 3, 4} {2, 5}
```

图 4-4　集合运行结果

第 5 章　自定义函数与模块

本章导读

大而化小，分而治之。

程序为了实现更多功能，代码量也随之剧增，其中可能会出现一些功能重复的代码，使编程效率和代码的可读性大大降低，为此可以采用“分治策略”来优化程序。

分治策略是基于“分而治之”的思想，在开发较大程序时，基于较小程序组件来构建解决方案。Python 中的程序组件包括函数、类、模块和包，本章先来学习函数和模块。

函数其实就是一段具有特定功能、被封装、可重用的语句块。本章以“求特定范围内的素数”“猜数字游戏”“卡普雷卡尔黑洞”等有趣的案例来盘点函数的定义和调用方法。

有时一些函数或类在多个程序中都会被调用，这时就要通过模块或者包来达到代码重用的目的。本章介绍 Python 中几种常用的模块，包括 turtle(海龟绘图)、数值处理、日期和时间处理以及 Pillow 图像处理模块。

5.1　自定义函数

5.1　自定义函数

5.1.1　自定义函数概述

Python 中的内建函数能实现多种功能，但在实际程序设计中，并不是所有的功能都由内建函数来直接提供支持，有时候需要根据实际情况自己构造函数以实现常用代码的模块化。

5.1.2　自定义函数入门

1. 定义函数

用 def 关键字定义函数，语法格式如下：

```
def 函数名(参数列表):
    函数体
    [return  函数值]
```

【示例程序 5-1】　定义函数。

程序如下：

```
#  阶乘函数 factorial,用于计算 n!
```

```
def factorial(n):
    f =1                          #  阶乘初值为 1
    for i in range(1, n +1):      #  从 1 乘到 n
        f =f * i
    return f
```

2. 调用函数

定义后的函数不能直接运行,需调用后才能运行。语法格式如下:

```
函数名([实参值])
```

例如,示例程序 5-1 中调用 factorial 函数可写成 factorial(5),即计算 5!。

【示例程序 5-2】 调用函数。

程序如下:

```
#  两个数求和
def add(a, b):
    s =sum([a, b])
    return (a, b, s)
print('%d 加%d 的和为%d!' %add(15, 13))          #  调用 add 自定义函数
```

程序运行结果如下:

```
15 加 13 的和为 28!
```

3. 自定义函数的参数

(1) 必选参数:调用一个自定义函数时必须给函数中的必选参数赋值。

(2) 默认参数:构造自定义函数的时候已经给某些参数赋了初值。调用函数时,这样的参数可以不用传值。

【示例程序 5-3】 计算 1～n 的次方和。

程序如下:

```
def square_sum(n, p=2):
    result =sum([i * * p for i in range(1, n +1)])
    return (n, p, result)
print('1 到%d 的%d 次方和为%d!' %square_sum(4))       #  4 传给 n,p 用默认值
print('1 到%d 的%d 次方和为%d!' %square_sum(4, 3))    #  4 传给 n,3 传给 p
```

程序运行结果如下:

```
1 到 4 的 2 次方和为 30!
1 到 4 的 3 次方和为 100!
```

(3) 可变参数:无论是必选参数还是默认参数,都是在已知形参个数的情况下构建的。如果不确定该自定义函数传入多少个参数值,该如何定义函数呢?

【示例程序 5-4】 任意个数的数据求和。

程序如下:

```
def adds( * nums):
    print(nums)
    s =sum(nums)
    return s
print('和为%d!' %adds(15, 13, 5))
print('和为%d!' %adds(20, 15, 10, 12, 21))
```

程序运行结果如下：

```
(15, 13, 5)
和为 33!
(20, 15, 10, 12, 21)
和为 78!
```

说明：参数 nums 前面加了一个星号(*)，这样的参数就称为可变参数，可以接纳任意多个实参，并且组装到元组中，正如输出结果中的第一行和第三行。

(4) 关键字参数。可变参数可以接收多个实参，但是这些实参被捆绑为元组，无法将实参指定给具体的形参。关键字参数，既可以接收多个实参，又可以把多个实参指定给各自的形参对象。

【示例程序 5-5】 关键字参数。

某电商平台在用户注册时，用户的手机号及出生日期为必填项，其他信息为选填项。电商平台并不知道用户是否填写选填项，为了搜集信息，可以创建一个含关键字参数的自定义函数。程序如下：

```
def info(tel, name, * * kinfo):
    user_info ={}              #  构造空字典,用于存储用户信息
    user_info['tel'] =tel
    user_info['name'] =name
    user_info.update(kinfo)
    return (user_info)         #  用户信息返回
print(info('138****678' , 'Andy', birthday ='1990-01-01', hobby=['游泳','唱歌']))
```

程序运行结果如下：

```
{'tel': '138****678', 'name': 'Andy', 'birthday': '1990-01-01', 'hobby': ['游泳',
'唱歌']}
```

说明：在自定义函数 info 中，tel 和 name 都是必选参数，kinfo 为关键字参数。调用函数时，tel 和 name 两个参数必须要传入对应的值，而其他的参数是用户任意填写的，关键字参数会把这些任意填写的信息组装为字典。

4. 变量的作用域

(1) 局部变量：在函数体中创建的变量是局部变量，只能在函数体中使用。

(2) 全局变量：在函数之外创建的变量是全局变量，它在整个程序中都能够使用。要在函数中使用全局变量，需使用 global 语句声明。

5. 函数的递归调用

一个函数直接或间接调用了自身，这种调用方式称为函数的递归调用。使用递归方式

调用函数时,一定要设置递归终止条件,否则就会进入无限递归调用。

【示例程序 5-6】 求 1～100 的和。

程序如下:

```
def add(n):
    if n ==1:                        #  递归终止条件
        return 1
    else:
        return n +add(n -1)          #  递归调用,实现 1+2+3+…+100
s =add(100)
print(s)                             #  输出: 5050
```

6. lambda 匿名函数

Python 允许使用 lambda 关键字创建匿名函数。一个函数的函数体仅有一行表达式,该函数就可以用 lambda 表达式来代替。

语法格式如下:

```
lambda 参数: 表达式
```

【示例程序 5-7】 lambda 匿名函数。

程序如下:

```
g =lambda x: 3 * x +1
print(g(3))          #  输出: 10
f =lambda x, y: x +y
print(f(1, 9))       #  输出: 10
```

5.1.3 自定义函数应用实例

【示例程序 5-8】 输出 2～100 范围内所有的素数。

程序如下:

```
def isprime(x):
    if x ==1 : return False
    for j in range(2, x):            #  在除去 1 与自身的所有整数中寻找
        if x %j ==0:                 #  存在因子
            return False             #  返回 False,退出函数
    return True                      #  最后没有找到因数,返回 True,退出函数
#  主程序
for x in range(2, 101):
    if isprime(x):                   #  函数调用,返回逻辑值
        print(x, end=' ')
```

程序运行结果如下:

```
2 3 5 7 11 13 17 19 23 29 31 37 41 43 47 53 59 61 67 71 73 79 83 89 97
```

【示例程序 5-9】 猜数。

系统随机产生某范围内的一个整数。玩家猜数，若猜错了，系统会提示这个数字是大了还是小了。共有4次猜数的机会，若4次仍猜不到，则游戏结束。

程序如下：

```
from random import *
def number(min, max):
    num = random.randint(min, max)    #  产生 min～max 范围内的一个随机整数
    i = 1
    while i <= 4:                     #  猜数次数最多为 4 次
        guess = int(input('请在%d 到%d 之间猜一个数字:' %(min, max)))
        if (guess < num):
            print('猜得太小了')
        elif (guess > num):
            print('猜得太大了')
        else:
            print('猜对了')
            return                    #  游戏结束
        i += 1                        #  猜数次数计数
    else:                             #  次数用完,游戏结束
        print("很遗憾,猜数次数已经用完!")
#  主程序
num = input('请输入猜数范围,数字以逗号隔开(如 2,5): ')
a,b = map(int, num.split(','))
number(a, b)                          #调用函数
```

程序运行结果如下：

```
请输入数字范围,数字以逗号隔开(如 2,5): 1,10
请在 1 到 10 之间猜一个数字:1
猜得太小了
请在 1 到 10 之间猜一个数字:5
猜得太大了
请在 1 到 10 之间猜一个数字:4
猜得太大了
请在 1 到 10 之间猜一个数字:2
猜得太小了
很遗憾,猜数次数已经用完!
```

【示例程序 5-10】 卡普雷卡尔黑洞。

1. 问题描述

卡普雷卡尔黑洞是指输入一个3位数(3个数字不能完全相同)。那么把这个3位数的3个数字按大小重新排列，得出最大数和最小数，两者相减得到一个新数，再按照上述方式重新排列，再相减，最后总会得到495这个数字。

例如，输入352，排列得到最大数为532，最小数为235，相减得297；再排列得972和279，相减得693；接着排列得到963和369，相减得594；最后排列得到954和459，相减得495。

2. 程序实现

程序如下：

```
def check(n):                                # 检测数字
    if not n.isnumeric():                    # 存在非数字字符
        return False
    elif len(n) !=3:                         # 不是3位数
        return False
    elif n ==n[0] * 3:                       # 3个数相同
        return False
    else:
        return True
def blackhole(n):                            # 黑洞
    print('变换过程:')
    while n !='495':
        a =list(n)                           # 将数字字符串转换成列表
        b =max_number(a)
        c =min_number(a)
        n =str(b -c)
        print('%s -%s =%s' %(b, c, n))
    print('变换结束!')
def max_number(a):                           # 取大数
    max_list=sorted(a,reverse=True)          # 降序排列
    num =int(''.join(max_list))              # 将列表中元素连接成数字字符串,再转换为整型
    return num
def min_number(a):                           # 取小数
    min_list=sorted(a)                       # 升序排列
    num =int(''.join(min_list))
    return num
#  主程序
n =input('请输入3位不完全相同的整数: ')
if check(n):
    blackhole(n)
else:
print('输入的整数不合法')
```

程序运行结果如下:

```
请输入3位不完全相同的整数: 828
变换过程:
882 -288 =594
954 -459 =495
变换结束!
```

练习题

一、选择题

1. 自定义函数f有三个整型参数,设为a、b、c,则下列能调用该函数的正确语句是(　　)。

A. f()　　B. f(a,b)　　C. f(a,b,c)　　D. fa,b,c

2. 语句序列“f=lambda x,y:x * y;f(12,4)”的运行结果是(　　)。

A. 12　　B. 4　　C. 16　　D. 48

3. 若有 def f(a, * * a2):print(type(a2)),则 f(3,a2='python')的运行结果是(　　)。

A. <class 'int'>　　B. <class 'dict'>

C. <class 'list'>　　D. <class 'tuple'>

二、填空题

求 $s=e+\frac{e^2}{2!}+\frac{e^3}{3!}+\cdots+\frac{e^n}{n!}$。(说明:其中 e 是自然常数,可在 math 模块中调用;$n!$ 为阶乘计算。)程序如下,请在下画线处填入合适的代码。

```
import math                    #  导入 math 模块
def f(n):
sum =0
t =______①______
    for i in range(______②______):
        t =t *  ______③______
        sum =sum +t
        return sum
n =int(input("输入 n 的值: "))
print(______④______)
```

三、上机实践题

1. 随机产生 20 个 0~9 内的整数,统计数字 0~9 出现的次数。

2. 统计竞赛得分情况。要求:回答结果存储在字符串中,回答正确用 T 表示,回答错误用 F 表示。回答错误不得分,连续答对 k 题,则第 k 题加 k 分。设计一个自定义函数,能根据答案字符串计算总分。例如,当 ans="FTTTFTTFFT"时,函数返回 10;当 ans="TTTTFFTFTF"时,函数返回 12。

5.2 海龟绘图 turtle 模块

5.2 海龟绘图 turtle 模块

5.2.1 海龟绘图概述

turtle 是 Python 的一个内置模块,俗称海龟绘图,最初源于 20 世纪 60 年代的 Logo 编程语言。只需要导入 turtle 库,就可以绘制出令人惊奇的图案。

5.2.2 海龟绘图入门

1. 导入库

导入库的命令如下:

```
import turtle
```

或

```
from turtle import *
```

2. 画布设置

画布就是海龟的绘图区域范围,可通过命令修改画布大小和初始位置。

screensize(width, height[, bg]):width 和 height 表示画布的宽和高,bg 表示画布背景色,默认为白色。画布坐标系如图 5-1 所示。

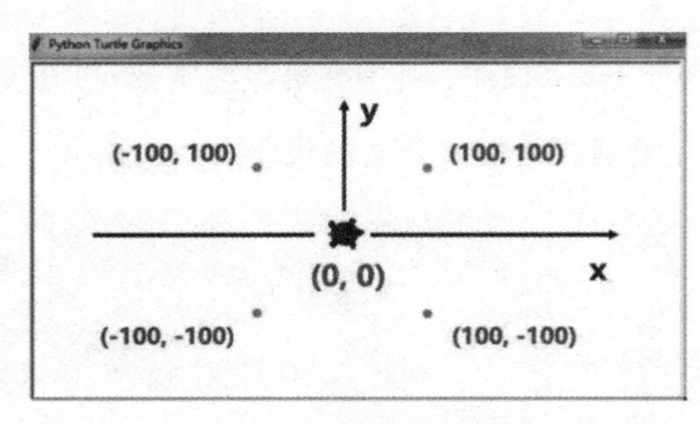

图 5-1 画布坐标系

3. 画笔设置

pensize(size):size 表示画笔粗细,用像素表示。

4. 基本绘图方法

1)画笔运动命令

画笔运动命令如表 5-1 所示。

表 5-1 画笔运动命令

命　　令	说　　明
forward(distance)	向当前画笔方向移动 distance 像素长度,简写为 fd()
backward(distance)	向当前画笔反方向移动 distance 像素长度,简写为 bk()
right(degree)	顺时针旋转 degree 度,简写为 rt()
left(degree)	逆时针旋转 degree 度,简写为 lt()
goto(x,y)	将画笔移动到坐标(x,y)的位置
penup()/up()	抬起笔移动,不绘制图形。用于另起一个位置绘制
pendown()/down()	落下笔移动,绘制图形
circle(r[,ext[,stp]])	画圆弧,半径为正(负),表示圆心在画笔的左(右)边,画圆弧 stp 段,默认则画圆
setx()	将当前 x 轴移动到指定位置
sety()	将当前 y 轴移动到指定位置
setheading(angle)	设置当前朝向为 angle 度(绝对角度)
home()	设置当前画笔位置为原点,朝向东
dot(r)	绘制一个指定直径和颜色的圆点

2)画笔控制命令

画笔控制命令如表 5-2 所示。

表 5-2　画笔控制命令

命　　令	说　　明
speed(x)	x 的范围是 0～10。x 值越小则速度越慢，但 0 是最快的
fillcolor(colorstring)	绘制图形的填充颜色
color(color1,color2)	同时设置 pencolor＝color1，fillcolor＝color2
filling()	返回当前是否在填充状态
begin_fill()	准备开始填充图形
end_fill()	填充完成
hideturtle()	隐藏画笔的 turtle 形状，简写为 ht()
showturtle()	显示画笔的 turtle 形状，简写为 st()
shape([name])	返回或设置画笔的 turtle 形状。形状包括 arrow、turtle、circle、square、triangle、classic(默认)

3）全局控制命令

全局控制命令如表 5-3 所示。

表 5-3　全局控制命令

命　　令	说　　明
clear()	清空 turtle 窗口，但是 turtle 的位置和状态不会改变
reset()	清空窗口，重置 turtle 状态为起始状态
undo()	撤销上一个 turtle 动作
isvisibe()	返回当前 turtle 是否可见
stamp()	复制当前图形
write(s[,font＝('font-name',font_size,'font_type')])	写文本，s 为文本内容，font 是字体的参数，分别为字体名称、大小和类型；font 为可选项

4）其他命令

其他命令如表 5-4 所示。

表 5-4　其他命令

命　　令	说　　明
mainloop()	启动事件循环，调用 Tkinter 的 mainloop()函数
done()	绘图结束后，保留窗口
mode([mode])	设置海龟模式(standard、logo 或 world，见表 5-5)并执行重置。如果没有给出模式，则返回当前模式
delay([delay])	设置或返回以毫秒(ms)为单位的绘图延迟
begin_poly()	开始记录多边形的顶点。当前的海龟位置是多边形的第一个顶点
end_poly()	停止记录多边形的顶点。当前的海龟位置是多边形的最后一个顶点，将与第一个顶点相连
get_poly()	返回最后记录的多边形

表 5-5　海龟模式

模　式	初始龟标题	正　角　度
standard	向右（东）	逆时针
logo/world	向上（北）	顺时针

5. 图形绘制

【示例程序 5-11】　图形绘制。

程序如下：

```
from turtle import *
circle(50)                              #  画圆
penup()                                 #  抬笔
goto(100, 0)                            #  将画笔移动到坐标(100,0)的位置
pendown()                               #  落笔
circle(50, steps=3)                     #  正三边形
penup()                                 #  抬笔
goto(200, 0)                            #  将画笔移动到坐标(200,0)的位置
pendown()                               #  落笔
circle(50, 180)                         #  半圆
penup()                                 #  抬笔
goto(350, 100)                          #  将画笔移动到坐标(350,100)的位置
pendown()                               #  落笔
circle(radius=50, extent=360, steps=5)  #  画半径为 50 圆的内接正五边形
```

程序运行结果如图 5-2 所示。

【示例程序 5-12】　画图。

程序如下：

```
from turtle import *
pensize(10)              #  笔触粗细
for i in range(20):
    circle(i * 10, 180)  #  每次循环,圆的半径变大从而画出一个圆弧
done()
```

程序运行结果如图 5-3 所示。

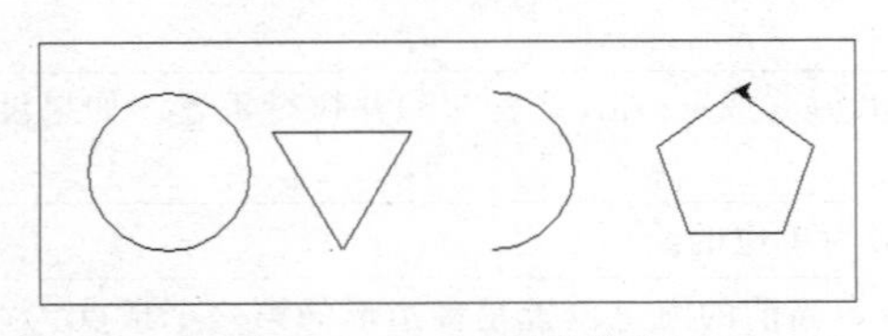

图 5-2　turtle 图形绘制

图 5-3　turtle 画圈

【示例程序 5-13】　七色环。

程序如下：

```
from turtle import *
hideturtle()            #  隐藏画笔
color =['red', 'orange', 'yellow', 'green','blue','indigo', 'violet']
for i in range(7):
    dot(200 -i * 20, color[i])
```

程序运行结果如图 5-4 所示(生成一个七色环)。

【示例程序 5-14】 画线。

程序如下:

```
from turtle import *
pensize(2)
for x in range(100):
    forward(2 * x)
    left(90)
```

程序运行结果如图 5-5 所示。

图 5-4　七色环

图 5-5　turtle 画线

5.2.3　海龟绘图实例

【示例程序 5-15】 多彩的螺旋线。

根据用户输入多边形的边数(范围为 3~10),产生红、黄、紫、蓝 4 种颜色的螺旋线。

程序如下:

```
from turtle import *
bgcolor('black')                                  #  画布背景色为黑色
speed(10)                                         #  绘制速度为 10
n =int(numinput(title='提示', prompt='请设置多边形边数', default=5, minval=3,
maxval=10))                                   #  使用 turtle 自带的对话框,数字为 3~10
colors =["red", "yellow", 'purple', 'blue']      #  颜色变化顺序
counts =200                                       #  绘图的层数
#  绘制多彩螺旋形过程
for i in range(counts):
    color(colors[i %len(colors)])                 #  从列表中获取画笔颜色
    forward(i * 2)                                #  设置每次绘画的距离长度,逐渐变长
    left(360 / n +1)                              #  按正多边形角度,偏大 1°
```

运行时要先输入边数(见图 5-6),直接按 Enter 键或单击 OK 按钮即可。

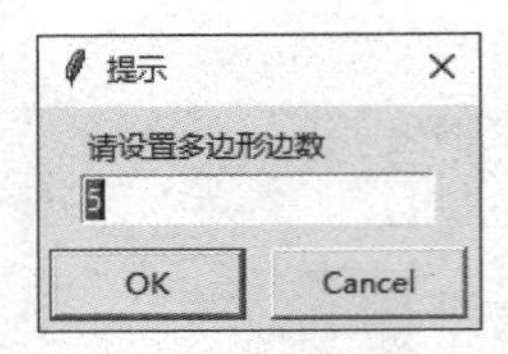

图 5-6 提示框

程序运行结果如图 5-7 所示。

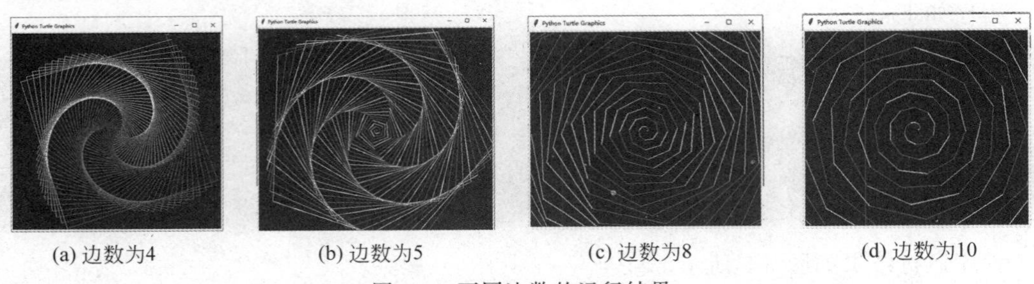

(a) 边数为4 (b) 边数为5 (c) 边数为8 (d) 边数为10

图 5-7 不同边数的运行结果

【示例程序 5-16】 斐波那契螺旋线。

1. 问题描述

斐波那契螺旋线也称"黄金螺旋",是根据斐波那契数列画出来的螺旋曲线(见图 5-8)。斐波那契数列的第 1 项和第 2 项都是 1;从第 3 项开始,每一项都等于前两项之和。

2. 问题分析

完成上述例子,需解决以下问题。

(1) 如何计算斐波那契数列?

(2) 如何画斐波那契螺旋线?

(3) 它的基本图形是什么?

算法步骤如下。

(1) 构造一个斐波那契数列:1,1,2,3,5,8,13,21,34。

(2) 画出一个正方形(边长为斐波那契数列)。

(3) 在矩形的结束位置,顺时针画出 1/4 圆弧(见图 5-9)。

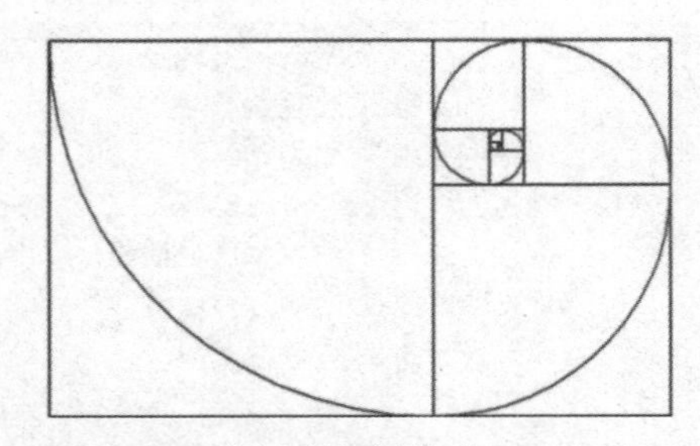

图 5-8 斐波那契螺旋线+正方形

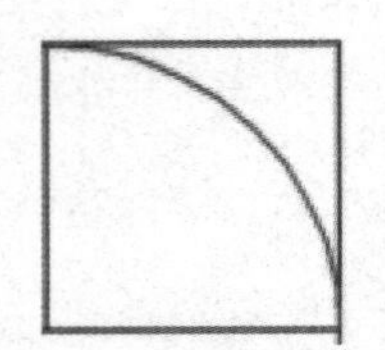

图 5-9 斐波那契螺旋线基本图形

(4) 循环执行第(2)和第(3)步,直到斐波那契数列结束。

3. 程序实现

程序如下:

```
from turtle import *
#  绘制正方形及 1/4 圆弧
def square_setcor(r):                    #  斐波那契数列中的值作为正方形的边长和圆的半径
    #  顺时针画蓝色正方形
    color("blue")
    for i in range(4):
        forward(r)
        right(90)
    #  顺时针画红色 1/4 圆弧
    color("red")
    circle(-r, 90)
TurtleScreen._RUNNING =True              #  启动绘图,在 IDE 中运行时加这句可避免报错
pensize(2)
speed(3)
rs =[1, 1]                               #  斐波那契数列
for i in range(2, 11):
    rs.append(rs[-2] +rs[-1])            #  新的值为原数列中最后两项的和
for r in rs:
    square_setcor(r * 5)                 #  调用画斐波那契螺旋线函数
ht()                                     #  隐藏笔头
done()
```

【示例程序 5-17】　谢尔宾斯基三角形。

1. 问题描述

在数学上,把部分与整体以某种形式相似的图形称为分形图。谢尔宾斯基三角形(Sierpinski triangle)是一种分形,由波兰数学家谢尔宾斯基在 1915 年提出,它是一种典型的自相似集。

其生成过程如下。

(1) 取一个实心的三角形(多数使用等边三角形)。

(2) 沿三边中点的连线,将它分成 4 个小三角形。

(3) 去掉中间的那一个小三角形。

(4) 对其余 3 个小三角形重复以上 3 个步骤。

请用海龟绘图绘制一个谢尔宾斯基三角形(见图 5-10)。

2. 问题分析

(1) 先绘制一个大三角形。

(2) 找到三角形三条边的中点,将其等分成 4 个正三角形,将中间的正三角形填充为白色(见图 5-11)。

图 5-10　谢尔宾斯基三角形

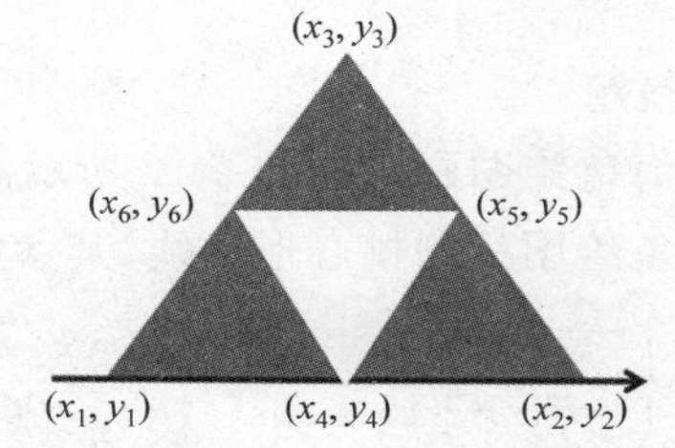

图 5-11　谢尔宾斯基三角形基本图形

(3) 递归执行步骤(2),绘制出谢尔宾斯基三角形。

3. 程序实现

程序如下:

```
from turtle import *
#  构造三角形,并为其填充颜色 c
def triangle(x1, y1, x2, y2, x3, y3, c):
    penup()
    goto(x1, y1)
    pendown()
    color(c)
    begin_fill()
    goto(x2, y2);goto(x3, y3);goto(x1, y1)
    end_fill()
#  找到三角形三条边的中点,将其等分成 4 个正三角形
def split(x1, y1, x2, y2, x3, y3):
    if abs(x1 -x2) >=40:
        x4, y4 =(x1 +x2) / 2, (y1 +y2) / 2
        x5, y5 =(x2 +x3) / 2, (y2 +y3) / 2
        x6, y6 =(x3 +x1) / 2, (y3 +y1) / 2
        #  将中间的正三角形填充为白色
        triangle(x5, y5, x6, y6, x4, y4, 'white')
        #  递归绘制谢尔宾斯基三角形
        split(x1, y1, x4, y4, x6, y6)     #  绘制左下角三角形
        split(x4, y4, x2, y2, x5, y5)     #  绘制上方的三角形
        split(x6, y6, x5, y5, x3, y3)     #  绘制右下角三角形
TurtleScreen._RUNNING =True               #  启动绘图,在 IDE 中运行时加这句可避免报错
speed(3)
#  构造正三角形,也可以随机选择三个点,构造任意三角形
x1, y1 =-200, 0
x2, y2 =200, 0
x3, y3 =0, (400 * 400 -200 * 200) * * 0.5
triangle(x1, y1, x2, y2, x3, y3, 'green')   #  绘制大三角形
split(x1, y1, x2, y2, x3, y3)
ht()                                        #  隐藏笔头
done()
```

练习题

上机实践题

1. 请用海龟绘图画出如图 5-12 所示图形。

2. 用海龟绘图绘制桃心形曲线,其参数方程如下:

$$\begin{cases} x = a * 15[\sin(t)]3 \\ y = a * [15 * \cos(t) - 5 * \cos(2 * t) - 2\cos(3 * t) - \cos(4 * t)] \end{cases}$$

其中,参数 a 控制图形大小;参数 t 为角度,取值范围为 $0 \sim 2\pi$。效果如图 5-13 所示。

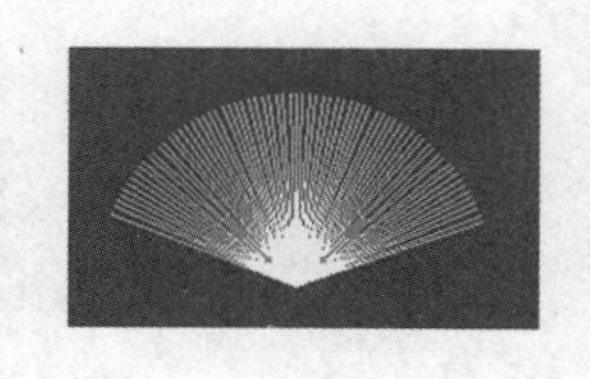

图 5-12　太阳花和扇子

图 5-13　桃心形曲线

3. 用海龟绘图绘制单色螺旋文字(如文字 Python),效果如图 5-14 所示。

4. 科赫曲线是一种像雪花的分形,所以又称为雪花曲线。其做法是将正三角形的边三等分,以中间段为边向外作正三角形,得到一个六角形;重复上述步骤,画出更小的三角形;一直重复,直到无穷……

请用海龟绘图绘制一个三阶科赫曲线,如图 5-15 所示。

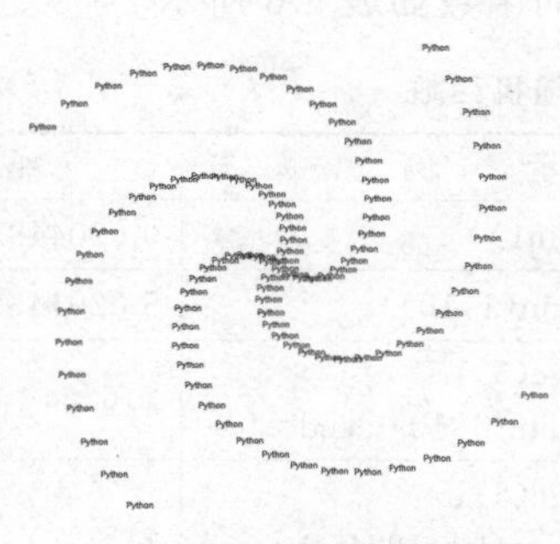

图 5-14　单色螺旋文字

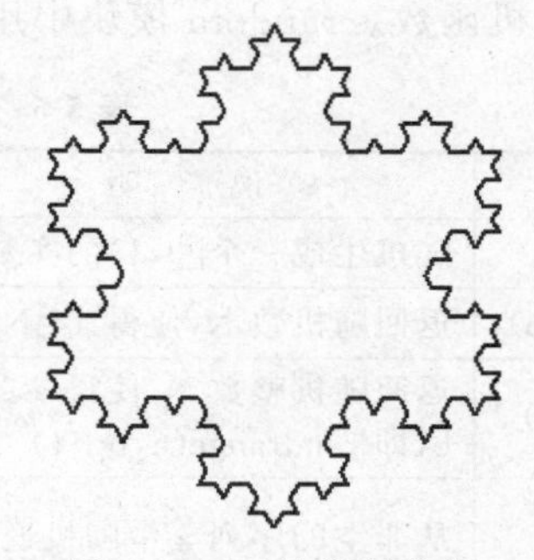

图 5-15　三阶科赫曲线

5.3　其他常用模块

5.3　其他常用模块

5.3.1　数值处理相关模块

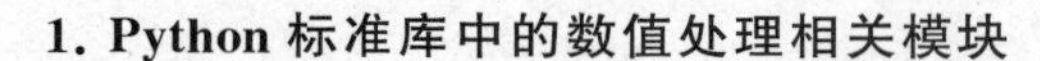

1. Python 标准库中的数值处理相关模块

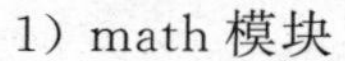

1) math 模块

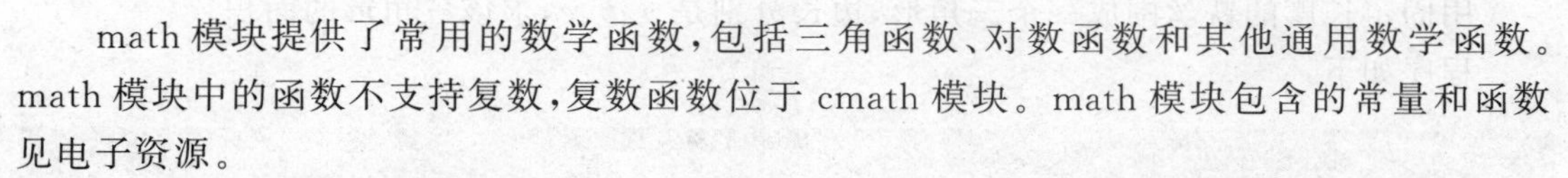

math 模块提供了常用的数学函数,包括三角函数、对数函数和其他通用数学函数。math 模块中的函数不支持复数,复数函数位于 cmath 模块。math 模块包含的常量和函数见电子资源。

2) random 模块和随机函数

(1) 种子和随机状态。

```
random.seed(x)
```

随机数种子是用于生成伪随机数的初始数值,通常为当前的系统时间。

说明：seed()没有参数时，每次生成不同的随机数；有参数时，每次生成一样的随机数。

【示例程序 5-18】 种子和随机状态。

程序如下：

```
import random
random.seed(1)
for i in range(5):
    print(random.randint(1, 10), end=',')
print()
random.seed(1)                                    #  相同的随机数种子
for i in range(5):
    print(random.randint(1, 10), end=',')         #  两次输出的结果相同
```

程序运行结果如下：

```
3,10,2,5,2,
3,10,2,5,2,
```

(2) 随机函数。random 模块中用于生成随机数的函数如表 5-6 所示。

表 5-6 random 模块中的随机函数

名 称	说 明	示 例	结 果
random()	随机生成一个[0,1)的实数	print(random())	0.6004495258477732
uniform(a,b)	返回随机数 N,使得 a≤N≤b	print(uniform(1,10))	5.0201432348
randint(a,b)	返回随机整数 N,使得 a≤N≤b,即 randrange(a,b+1)	for i in range(5): print(randint(1,10), end=',')	2,6,5,4,4,
choice(x)	从非空的序列 x 中随机返回一个元素	for i in range(5): print(choice('abc12345'), end=',')	1,3,c,4,c,
sample(x,k)	从非空的序列 x 中随机抽取 k 个元素,返回其列表	print(sample('abc123',3))	['2', 'c', 'a']
shuffle(x)	混排列表	d=['a','b','c','d'] shuffle(d) print(d)	['c', 'd', 'b', 'a']

2. 数值处理模块应用实例

【示例程序 5-19】 求三角形的面积。

用固定长度的铁丝围成一个三角形，边长分别是 a、b、c，求该三角形的面积。

程序如下：

```
import math
def Area(a, b, c):
    p = (a +b +c) / 2             #  计算半边长
    s =math.sqrt(p * (p -a) * (p -b) * (p -c))
    return s
a =float(input('输入三角形的第一条边: '))
b =float(input('输入三角形的第二条边: '))
c =float(input('输入三角形的第三条边: '))
```

```
s =Area(a, b, c)
print(f'三角形面积为{s:.2f}')              #  面积保留两位小数
```

程序运行结果如下：

```
输入三角形的第一条边：3
输入三角形的第二条边：4
输入三角形的第三条边：5
三角形面积为 6.00
```

【示例程序 5-20】 “蒙特卡罗”方法求圆周率。

用一种概率算法“蒙特卡罗”方法来计算圆周率(见图 5-16)。方法：在边长为 a 的正方形中随机撒 $n=1000000000$(很大的一个数)个米粒，数一数其中落在 1/4 圆内的米粒个数 num。根据表达式“num/n=1/4 圆的面积/正方形的面积”，求 π。

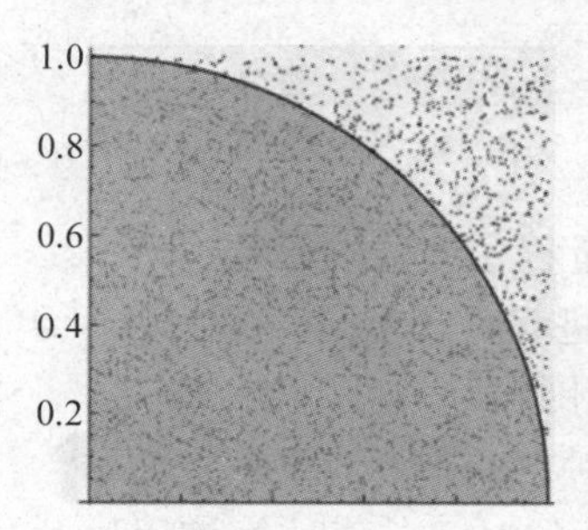

图 5-16　“蒙特卡罗”方法求圆周率

程序如下：

```
import math
from random import *
def pi2(n):
    num=0                    #  命中圆环的点的数量
    for i in range(n):
        x=random()
        y=random()
        if math.sqrt(x * * 2+y * * 2) <1.0000000001:
            num=num+1
    return 4 * num/n
for i in range(5):           #  测试不同投点数与求得的π之间的关系
      n =10000 * (10 * * i)
      print("投掷{}次后计算近似圆周率为：{}".format(n, pi2(n)))
```

程序运行的结果如下：

```
投掷 10000 次后计算近似圆周率为：3.116
投掷 100000 次后计算近似圆周率为：3.15284
投掷 1000000 次后计算近似圆周率为：3.141424
投掷 10000000 次后计算近似圆周率为：3.1402136
```

5.3.2 日期和时间处理

1. 日期和时间处理函数

1）时间对象

time 模块的 struct_time 对象是一个命名元组，用于表示时间对象，包括 9 个字段属性，即 tm_year、tm_mon、tm_mday、tm_hour、tm_min、tm_sec、tm_wday、tm_yday 和 tm_isdst。

time 模块的 gmtime()、localtime()和 strptime()函数返回 struct_time 对象。

【示例程序 5-21】 时间对象。

程序如下：

```
import time
da =time.gmtime()
print(da.tm_year, da.tm_mon, da.tm_mday)        #  输出系统当天日期的年、月、日
```

2）测试程序运行时间

time 模块包含以下用于测量程序性能的函数。

process_time()：返回当前进程处理器运行时间。

perf_counter()：返回性能计数器。

monotonic()：返回单项时钟。

可以使用程序运行到某两处的时间差值计算该程序片段所花费的运行时间，也可以使用 time.time()函数，该函数返回以秒(s)为单位的系统时间(浮点数)。

【示例程序 5-22】 测试程序运行时间。

程序如下：

```
import time
def test():
    sum =0
    for i in range(100000):
        sum +=i
    return sum
t1 =time.time()                       #  运行开始的系统时间
print('程序运行结果：', test())       #  输出：4999950000
t2 =time.time()                       #  运行结束的系统时间
print('程序运行时间：', t2 -t1)       #  输出：0.0049860477447509766
```

3）日期对象

datetime 模块包括 datetime.MINYEAR 和 datetime.MAXYEAR 两个常量，分别表示最小年份和最大年份，值为 1 和 9999。

datetime 模块中包含用于表示日期的 date 对象、表示时间的 time 对象和表示日期时间的 datetime 对象。timedelta 对象表示日期或时间之间的差值，可用于日期或时间的运算。

【示例程序 5-23】 日期对象。

程序如下：

```
import datetime
d =datetime.date.today()
dt =datetime.datetime.now()
print('当前的日期是%s' %d)            #  输出系统当前的日期
print('当前的日期和时间是%s' %dt)  #  输出系统当前的日期和时间
print('当前的年份是%s' %dt.year)   #  输出系统当前的年份
print('当前秒是%s' %dt.second)     #  输出系统当前的秒数
```

4）日期、时间格式转换为字符串

time 模块中的 strftime()函数用于将 struct_time 对象格式转为字符串，其函数形式如下：

```
time.strftime(format[,t])
```

其中，format 将日期格式转换为字符串；可选参数 t 为 struct_time 对象。

【示例程序 5-24】 日期、时间格式转换为字符串。

程序如下：

```
import time
import datetime
print(time.strftime('%c', time.localtime()))              #  输出系统当前的日期和时间
print(time.strftime('%Y年%m月%d日(%a)%H时%M分%S秒', time.localtime()))
#  输出系统当前的日期和时间,如 2022 年 08 月 16 日(Wed)15 时 26 分 29 秒
print(datetime.datetime.now().strftime('%Y-%m-%d %H:%M:%S'))
                                        #  输出系统当前的日期和时间,如 2022-08-16 15:26:29
```

5）日期、时间字符串解析为日期、时间对象

time 模块中的 strptime()函数用于将时间字符串解析为 struct_time 对象，其函数形式为 time.strptime(string[,format])。其中，string 为日期字符串；可选参数 format 为日期格式转为字符串。

【示例程序 5-25】 日期、时间字符串解析为日期、时间对象。

程序如下：

```
import time
print(time.strptime('12 Feb 22', '%d %b %y'))
```

程序运行结果如下：

```
time.struct_time(tm_year=2022, tm_mon=2, tm_mday=12, tm_hour=0, tm_min=0, tm_
sec=0, tm_wday=5, tm_yday=43, tm_isdst=-1)
```

2. 日期和时间处理应用实例

【示例程序 5-26】 已知任意两个日期，计算出两个日期之间相隔的天数。

程序如下：

```
import time
def days(day1, day2):
    time1 =time.strptime(day1, "%Y-%m-%d")
```

```
    timed1 = int(time.mktime(time1))          # 返回用秒数来表示时间的浮点数
    time2 = time.strptime(day2, "%Y-%m-%d")
    timed2 = int(time.mktime(time2))
    result = (timed2 - timed1) // 60 // 60 // 24
    return result
day1 = "2020-08-08"
day2 = "2022-10-16"
day_spa = days(day1, day2)                    # 调用函数,计算相隔天数
print("两个日期的间隔天数: {} ".format(day_spa))
```

程序运行结果如下：

```
两个日期的间隔天数: 799
```

5.3.3 Pillow 图像处理

Pillow 图像处理库由 PIL 库发展而来，它是一个免费开源的第三方库，主要包括图像存储、图像显示、格式转换等基本的图像处理操作，最常用的是 Image 模块中的 Image 类。

1. Image 类的使用

（1）打开本地图片：用 Image 类中的 open()函数可以打开图像文件并显示。

【示例程序 5-27】 Image 类的使用。

程序如下：

```
from PIL import Image
image = Image.open("1.jpg")
image.show()
```

程序运行结果如图 5-17 所示。

（2）使用 new 函数创建一张新图片。

【示例程序 5-28】 使用 new 函数创建一张新图片。

程序如下：

```
from PIL import Image
image = Image.new('RGB', (200, 100), (255, 0, 0))
                                  # 创建一张 200 像素×100 像素的红色图片
image.show()
```

程序运行结果如图 5-18 所示。

图 5-17　获取一张图片

图 5-18　创建一张图片

(3) Image 模块的常用属性。

【示例程序 5-29】 Image 模块的常用属性。

程序如下：

```
from PIL import Image
image =Image.open('1.jpg')
print('width: ', image.width)          #  输出：width:488
print('height: ', image.height)        #  输出：height:448
print('size: ', image.size)            #  输出：size: (488, 448)
print('mode: ', image.mode)            #  输出：mode: RGB
print('format: ', image.format)        #  输出：format: JPEG
```

(4) 图片的模式和模式转换。

【示例程序 5-30】 图片的模式和模式转换。

程序如下：

```
from PIL import Image
image =Image.open("1.jpg")
print(image.mode)                      #  输出：RGB
image1 =image.convert('1')
print(image1.mode)
image1.show()                          #  显示黑白模式
image_l =image.convert('L')
print(image_l.mode)                    #  输出图像模式为 L
image_l.show()                         #  显示图像灰度模式
image_p =image.convert('P')
print(image_p.mode)                    #  输出图像模式为 P
image_p.show()                         #  显示 256 色模式
```

(5) 缩放图像。图像的缩放使用 resize()函数，直接在参数中指定缩放后的尺寸即可。

【示例程序 5-31】 缩放图像。

程序如下：

```
from PIL import Image
image =Image.open("1.jpg")
im_resized =image.resize((100, 100))        #  将原图像缩放为 100 像素×100 像素
im_resized.show()
```

程序运行结果如图 5-19 所示。

图 5-19　缩放图像

(6) 旋转图像。图像的旋转使用 rotate()函数。语法格式如下：

```
Image.rotate(angle, resample=PIL.Image.NEAREST, expand=None, center=None,
translate=None,fillcolor=None)。
```

【示例程序 5-32】 旋转图像。

程序如下：

```
from PIL import Image
image =Image.open('1.jpg')
im2 =image.rotate(45, fillcolor="blue")
im2.show()
im2.save("旋转图像.jpg")          #  另存为新的图片
```

程序运行结果如图 5-20 所示。

(7) 合并图像。图像的合并使用 merge()方法。语法格式如下：

```
Image.merge(mode,bands)
```

其中,mode 指定输出图片的模式。bands 参数类型为元组或者列表序列,其元素值是组成图像的颜色通道,如 RGB 分别代表三种颜色通道,可以表示为(r,g,b)。

【示例程序 5-33】 合并图片。

程序如下：

```
from PIL import Image
im1 =Image.open("1.jpg")
im2 =Image.open("snow.jpg")
image =im2.resize(im1.size)              #  让 im2 的图像尺寸与 im1 一致,生成新的 Image
r1, g1, b1 =im1.split()                  #  颜色分离操作
r2, g2, b2 =image.split()                #  颜色分离操作
im3 =Image.merge('RGB', (r1, g2, b2))    #  合并图像
im3.show()
im3.save("结果.jpg")                     #  另存为新的图片文件
```

程序运行结果如图 5-21 所示。

图 5-20 旋转图像

图 5-21 合并图像

2. Image 类应用实例

【示例程序 5-34】 将一张彩色的 RGB 图转换成黑白照片。

程序如下：

```
def bw_judge(R, G, B):
    Gray_scale =0.299 * R +0.587 * G +0.114 * B   #  转为灰度图
    if Gray_scale <132:
        color ='黑色'
    else:
        color ='白色'
    return color
#  主程序
from PIL import Image
im =Image.open('cat.jpg')
pix =im.load()
for i in range(im.width):
    for j in range(im.height):
        R, G, B =pix[i, j]                          #  根据像素坐标获得该点的 RGB 值
        if bw_judge(R, G, B) =='黑色':               #  bw_ judge()函数用于判断黑、白像素
            pix[i, j] =(0, 0, 0)
        else:
            pix[i, j] =(255, 255, 255)
im.show()
```

程序运行结果如图 5-22 所示。

图 5-22　图像转黑白

【示例程序 5-35】 制作图像字符画。

图像字符画是一种由字母、标点、汉字或其他字符组成的图画。请用 Python 体验字符画的制作。

程序如下：

```
from PIL import Image
serarr =['@', '#', '$', '%', '&', '?', '*', 'o', '/', '{', '[', '(', '|', '!', '^',
'~', '-', '_', ':', ';', ',', '.', '`', ' ']
count =len(serarr)
def toText(img):
    asd =''                                  #  储存字符串
    for h in range(0, img.height):           #  垂直方向
        for w in range(0, img.width):        #  水平方向
            r, g, b =img.getpixel((w, h))
```

```
            gray = int(r * 0.299 + g * 0.587 + b * 0.114)
            asd = asd + serarr[int(gray / (256 / count))]
        asd = asd + '\r\n'
    return asd
image = Image.open("cat.jpg")                    #  打开图片
tmp = open('cat.txt', 'w')
image = image.resize((int(image.width * 0.5), int(image.height * 0.2)))
tmp.write(toText(image))
tmp.close()
```

程序运行结果如图 5-23 所示。

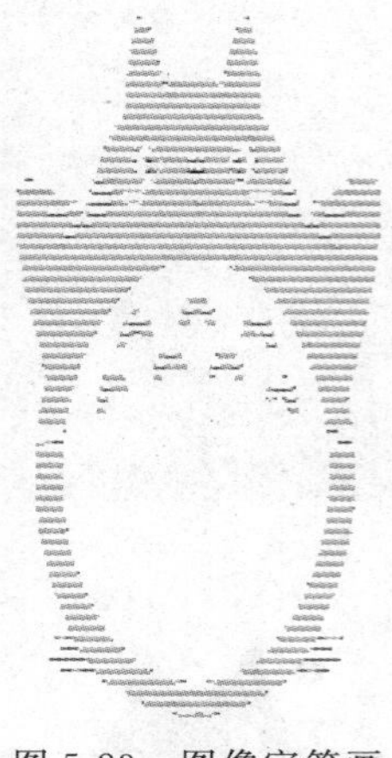

图 5-23　图像字符画

练习题

上机实践题

1. 请编写发红包程序。要求输入红包金额和抢取人数，输出每个人抢到的金额（金额＞0）。

2. 将一张白色的 RGB 图像中的 20 像素×20 像素区域的颜色改为蓝色。

第 2 篇

Python 算法基础

第 6 章　Python 常用算法

本章导读

形三、劲六，无形者十！

恭喜你来到了特别“筋道”的第 6 章，不再是 Python 小白的你即将开始 Python 达人的征途，加油！

你一定能够理解“算法是解决问题的方法和步骤”这个概念。但常用的算法有哪些？它们又是如何实现的呢？

本章将为你介绍程序设计中最经典的几类算法，包括枚举、解析、排序、查找、迭代和递归。枚举推崇暴力破解，解析讲究数学表达，排序和查找思想多种多样，迭代和递归都基于不断重复。

算法只有应用于实践才有意义，本章会用大量示例带着你学习如何使用这些算法。有些示例可能需要你花点时间研究，当你觉得没有头绪时，不妨在纸上画一画数据变化，理一理算法思路，抽丝剥茧方得其中奥妙。

6.1　枚举算法

6.1　枚举算法

6.1.1　枚举算法概述

枚举也称作穷举，是按照问题本身的性质，一一列举出该问题所有可能的解，并在逐一枚举的过程中，检验每个可能的解是否是真正的解；若是，就采纳该解；若不是，则放弃该解。枚举的基本步骤是：确定枚举对象，在相应范围内逐一列举可能解，验证可能解并输出正确解。

6.1.2　枚举算法实例

枚举算法的核心思想是枚举所有的可能，在一定的范围内寻找满足条件的答案。典型的实例有求水仙花数、百钱买百鸡和求素数等。

【示例程序 6-1】　求水仙花数。

1. 问题描述

若一个三位数的各位数字的立方和恰好等于该数本身，则称该数为水仙花数。比如，$3^3+7^3+0^3=370$，370 是一个水仙花数。请找出所有的水仙花数。

2. 问题分析

利用枚举算法解决该题,枚举对象是三位数,枚举范围是100～999,判断条件是三位数各位数字的立方和是否等于该数本身。

3. 程序实现

程序如下:

```
#  方法1
for i in range(100, 1000):
    bai =i // 100
    shi =i // 10 %10
    ge =i %10
    if bai * * 3 +shi * * 3 +ge * * 3 ==i:
        print(i)
#  方法2
for i in range(100, 1000):
    bai =int(str(i)[0])
    shi =int(str(i)[1])
    ge =int(str(i)[-1])
    if bai * * 3 +shi * * 3 +ge * * 3 ==i:
        print(i)
#  方法3
for i in range(100, 1000):
    bai, shi, ge =map(int, str(i))
    if bai * * 3 +shi * * 3 +ge * * 3 ==i:
        print(i)
```

程序运行结果如下:

```
153
370
371
407
```

【示例程序6-2】 百钱买百鸡。

1. 问题描述

公鸡每只5元,母鸡每只3元,3只小鸡1元,用100元买100只鸡,问公鸡、母鸡、小鸡各多少只?

2. 问题分析

枚举对象为公鸡、母鸡和小鸡的数量,变量分别设为gj、mj和xj,判断条件是鸡的总数是否是100只和钱的总数是否是100元。

3. 程序实现

程序如下:

```
#  方法1:枚举对象为公鸡、母鸡和小鸡的数量
for gj in range(1, 19):
    for mj in range(1, 32):
        for xj in range(1, 98):
            if 5 * gj +3 * mj +xj / 3 ==100 and gj +mj +xj ==100:
```

```
                print('公鸡: ', gj, '母鸡:', mj, '小鸡:', xj)
#   方法 2: 枚举对象为公鸡、母鸡的数量
for gj in range(1, 19):
    for mj in range(1, 32):
        xj =100 -gj -mj
        if 5 * gj +3 * mj +xj / 3 ==100:
            print('公鸡: ', gj, '母鸡:', mj, '小鸡:', xj)
#   方法 3: 枚举对象为公鸡的数量
for gj in range(1, 15):
    if (100 -7 * gj) / 4 ==int((100 -7 * gj) / 4):
        mj =(100 -7 * gj) // 4
        xj =100 -gj -mj
        if xj %3 ==0:
            print('公鸡: ', gj, '母鸡:', mj, '小鸡:', xj)
```

程序运行结果如下：

```
公鸡: 4 母鸡: 18 小鸡: 78
公鸡: 8 母鸡: 11 小鸡: 81
公鸡: 12 母鸡: 4 小鸡: 84
```

【示例程序 6-3】 哥德巴赫猜想。

1. 问题描述

哥德巴赫猜想：任何一个大于 2 的偶数总能表示为两个素数之和。比如，24＝5＋19，其中 5 和 19 都是素数。请编程实现：输入一个偶数，将偶数分解成两个素数的和，输出素数，如果有多组解，则全部输出。

2. 问题分析

将偶数设为 EVEN，枚举范围为 2～EVEN，判断条件为该数是否为素数。

3. 程序实现

程序如下：

```
def is_prime(n):
    for i in range(2, int(n * * 0.5 +1)):
        if n %i ==0:
            break
    else:
        return '素数'
#   方法 1
EVEN =int(input('请输入一个正偶数: '))
for j in range(2, EVEN):
    if is_prime(j) and is_prime(EVEN -j) and j <=EVEN -j:
        print('{} ={} +{}'.format(EVEN, j, EVEN -j))
#   方法 2
EVEN =int(input('请输入一个正偶数: '))
primes =[]
for i in range(2, EVEN +1):
    if is_prime(i):
```

```
        primes.append(i)
for i in primes:
    if (EVEN - i) in primes and i < (EVEN - i):
        print('{} ={} +{}'.format(EVEN, i, EVEN - i))
```

程序运行结果如下：

```
请输入一个正偶数: 24
24 =5 +19
24 =7 +17
24 =11 +13
```

【示例程序 6-4】 拍 7 游戏。

1. 问题描述

拍 7 游戏的规则是从 1 开始按顺序数数，到 7 或 7 的倍数或包含 7(如 7、14、17、71 等)时，拍手代替数数，请找出 100 以内需要拍手的数。

2. 问题分析

枚举对象为数，设为 n，范围为 1～100，判断条件为该数是否是 7 的倍数或该数是否包含 7。

3. 程序实现

程序如下：

```
n =100
for i in range(1, n +1):
    if '7' in str(i) or i %7 ==0:
        print('需要拍手的数: ', i)
```

因输出结果较多，程序运行结果略。

【示例程序 6-5】 求连续子序列的最大和。

1. 问题描述

在整数数列 nums 中找到一个具有最大和的连续子序列(子序列至少包含一个元素)，返回其最大和，如果有多段和相同的子序列，输出第一段。比如，nums = [−2, 1, −3, 4, −1, 2, 1, −5, 4]，连续子序列 [4,−1,2,1] 的和最大，和为 6。求连续子序列的最大和及该子序列。

2. 问题分析

枚举所有可能的子序列的和，计算并比较子序列之和，找出最大值。外层循环枚举子序列的起始位置，内层循环枚举子序列的结束位置并求和。

3. 程序实现

程序如下：

```
nums =list(map(int, input('请输入数字列表(以逗号分隔): ').split(',')))
maxval =0
for i in range(len(nums)):
    cur_sum =0
    for j in range(i, len(nums)):
        cur_sum +=nums[j]
```

```
        if cur_sum >maxval:
            maxval =cur_sum
            x =i
            y =j
print('子序列的最大和：', maxval)
print('子序列为：', nums[x:y +1])
```

程序运行结果如下：

```
请输入数字列表(以逗号分隔)：-2,1,-3,4,-1,2,1,-5,4
子序列的最大和：6
子序列为：[4, -1, 2, 1]
```

【示例程序 6-6】 用户分组。

1. 问题描述

有 n 位用户参加活动，他们的编号从 0 到 n－1，每位用户都恰好属于某一用户组，每位用户所处的用户组的大小存放在列表 groupSizes 中，请输出用户分组情况（存在的用户组以及每个组中用户的编号）。

例如，groupSizes ＝ [3,3,3,3,3,1,3]，用户编号和列表索引号一致，列表中的元素值为用户所在组的人数。编号 0～4 和编号 6 在 3 人组，编号 5 在 1 人组，3 人组里最多有 3 个人在一起，分组情况可以是[[5],[0,1,2],[3,4,6]]，也可以是[[2,1,6],[5],[0,4,3]]和[[5],[0,6,2],[4,3,1]]。如果 groupSizes ＝ [2,1,3,3,3,2]，则编号 0 和编号 5 在 2 人组，编号 1 在 1 人组，编号 2～4 在 3 人组。因此，用户分组情况为[[1],[0,5],[2,3,4]]。

2. 问题分析

外层循环枚举 groupSizes 列表的元素索引，范围是 0～len(groupSizes)，内层循环枚举下一个元素开始的剩余元素，范围是 i＋1～len(groupSizes)。判断条件为两个元素 groupSizes[i]和 groupSizes[k]是否相等，如果相等，则加入列表 s 中，再判断 s 的长度是否达到用户组大小，若长度与用户组大小相同，则存入结果列表 n 中。

3. 程序实现

程序如下：

```
#  方法 1
groupSizes =list(map(int, input('请输入数字列表(以逗号分隔)：').split(',')))
n =[]
for i in range(len(groupSizes)):
    if groupSizes[i] ==0:
        continue
    elif groupSizes[i] ==1:
        n.append([i])
    else:
        s =[i]
        for k in range(i +1, len(groupSizes)):          #  [0,5]
            if groupSizes[i] ==groupSizes[k]:
                groupSizes[k] =0                          #  标记下标为 k 的元素已经被处理
                s.append(k)
```

```
                if len(s) %groupSizes[i] ==0:
                    n.append(s[-groupSizes[i]:])
                print(f"i:{i},K:{k},S:{s},N:{n}")
print(n)
```

程序运行结果如下:

```
请输入数字列表(以逗号分隔): 3,3,3,3,3,1,3
i:0,K:1,S:[0, 1],N:[]
i:0,K:2,S:[0, 1, 2],N:[[0, 1, 2]]
i:0,K:3,S:[0, 1, 2, 3],N:[[0, 1, 2]]
i:0,K:4,S:[0, 1, 2, 3, 4],N:[[0, 1, 2]]
i:0,K:6,S:[0, 1, 2, 3, 4, 6],N:[[0, 1, 2], [3, 4, 6]]
[[0, 1, 2], [3, 4, 6], [5]]
```

程序如下:

```
#  方法 2
'''
dic =defaultdict(list)的作用是当字典里的 key 不存在但被查找时,返回空列表[]
'''
from collections import defaultdict
dic =defaultdict(list)
res =[]
groupSizes =list(map(int, input('请输入数字列表(以逗号分隔): ').split(',')))
for i, x in enumerate(groupSizes):
    if x not in dic or len(dic[x]) <x:
        dic[x].append(i)
    if len(dic[x]) ==x:
        res.append(dic[x])
        dic[x] =[]
print(res)
```

程序运行结果如下:

```
请输入数字列表(以逗号分隔): 3,3,3,3,3,1,3
[[0, 1, 2], [5], [3, 4, 6]]
```

【示例程序 6-7】 方格填数。

1. 问题描述

在 n 个连续的方格内填写字母 A 或 B,但相邻两格内不能都填 B。求所有可能的填写方案数。比如,n 为 3 时,可能的方案有 AAA、AAB、ABA、BAA、BAB 5 种。

2. 问题分析

字母 A 用 0 表示,字母 B 用 1 表示,枚举 n 位能表示的所有二进制,判断条件是相邻两个元素不相等且不是 1,最后将二进制中的 0 替换成字符 A,1 替换成 B。

3. 程序实现

程序如下:

```
n =4
s =''
for i in range(0, 2 * * n):
    a =[0] * n
    m =i
    for j in range(n -1, -1, -1):
        a[j] =m %2
        m =m // 2
    flag =True
    for k in range (1, n):
        if a[k -1] ==a[k] and a[k] ==1:
            flag =False
    if flag ==True:
        for k in range(n):
            if a[k] ==1:
                s ='B' +s
            else:
                s ='A' +s
        print(s)
        s =''
```

因输出结果较多,程序运行结果略。

练习题

一、选择题

下列程序运行后,n值最大的是(　　)。

A.
```
a = 0;b = 0;n = 0
for a in range(1, 10):
    for b in range(1, 20):
        if a == b:
            n = n + 1
```

B.
```
a = 0;b = 0;n = 0
for a in range(10):
    for b in range(20):
        if a == b:
            n = n + 1
```

C.
```
a = 0;b = 0;n = 0
for a in range(10):
    for b in range(1, 20):
        if a == b:
            n = n + 1
```

D.
```
a = 0;b = 0;n = 0
for a in range(1, 10):
    for b in range(20):
        n = n + 1
```

二、上机实践题

1. 完数又称完美数或完备数,是一些特殊的自然数。它所有的真因子(即除了自身以外的约数)的和,恰好等于它本身。例如,6=1+2+3,6即是完数。编程找出1000以内的所有完数。

2. 5 5 5 5游戏。使用+、-、×、÷ 4种运算符填充表达式5 5 5 5 = 24,使得表达式成立,找出所有表达式。

3. 某物品柜有5层，每层有10个格子，每个格子只能放1个物品。第1层格子编号依次为1～10，第2层格子编号依次为11～20，以此类推。有9组物品(组号1～9)，每组有2～8个物品，物品总数不超过50个。将9组物品按组号由小到大依次放入柜中，放置方式有两种。

(1) 整体放置。按格子编号由小到大的次序查找第一个可放置该组全部物品的空区域(空区域是指从某个空格子开始的同层连续的所有空格子)，若找到，则在该空区域居中、连续放置该组全部物品，如图6-1(a)所示。

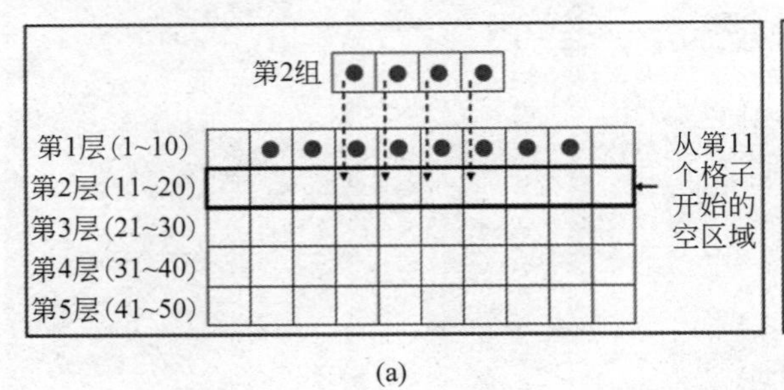

(a)

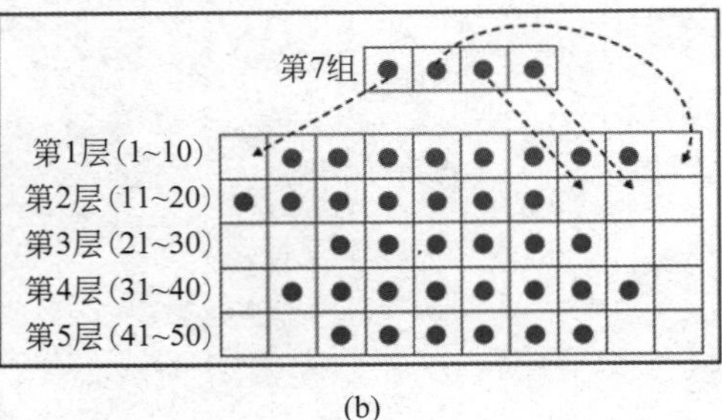

(b)

图6-1　物品放置图

(2) 零散放置。若所有空区域格子数都小于该组物品数，则将该组每个物品依次放置在当前编号最小的空格子中，如图6-1(b)所示。

编写程序，实现模拟物品放置，输入9组物品的数量，输出物品的存放结果，程序运行效果如图6-2所示。

```
9组物品数量为:  [8, 4, 6, 8, 3, 6, 4, 5, 3]
物品的存放结果如下:
第 0 组   2 3 4 5 6 7 8 9
第 1 组   14 15 16 17
第 2 组   23 24 25 26 27 28
第 3 组   32 33 34 35 36 37 38 39
第 4 组   11 12 13
第 5 组   43 44 45 46 47 48
第 6 组   1 10 18 19
第 7 组   20 21 22 29 30
第 8 组   31 40 41
```

图6-2　程序运行效果

6.2 解析算法

6.2　解析算法

6.2.1 解析算法概述

解析算法是指通过分析问题的前提条件与所求结果之间的关系，找出所求问题的数学表达式，并通过表达式的计算来实现问题求解。解析算法没有特定的算法结构，但一般按照三个步骤解决问题：明确问题的前提条件；明确待求结果；寻找前提条件与所求结果之间的数学表达式。

6.2.2 解析算法实例

【示例程序 6-8】 利润和售价。

1. 问题描述

一箱香梨进价 70 元/箱，卖家标价 120 元/箱，再打折出售。若要获取 m 元利润，则折扣应为几折，售价为多少元/箱？

2. 程序实现

程序如下：

```
m =int(input('请输入利润: '))
sold =m +70
discount =int(sold / 120 * 100)
print('折扣为: ', discount, '折,售价为:', sold, '元/箱。', sep='')
#   sep=''输出时去掉空格
```

程序运行结果如下：

```
请输入利润: 20
折扣为: 75 折,售价为: 90 元/箱。
```

【示例程序 6-9】 投壶比赛。

1. 问题描述

A、B 两位同学进行投壶比赛，投中得 2 分，对方扣 1 分。若比赛结束后，A 得分为 X，B 得分为 Y，计算两人分别投中几次。

2. 程序实现

程序如下：

```
X, Y =map(int, input('请输入 A、B 两位同学的得分: ').split())
b =(2 * Y +X) // 3
a =(X +b) // 2
print('A 投中', a, '次,B 投中', b, '次。', sep='')
```

程序运行结果如下：

```
请输入 A、B 两位同学的得分: 6 9
A 投中 7 次,B 投中 8 次。
```

【示例程序 6-10】 得分计算。

1. 问题描述

有 10 位选手参加某项比赛，共有 10 位评委参与评分。每位选手得分已保存在 score.txt 文件中，如图 6-3 所示。第一行表示选手 1 的得分，第二行表示选手 2 的得分，以此类推。最终得分的计分规则为去掉一个最高分，去掉一个最低分，求余下分数的平均分。请找出最终得分最高的选手。

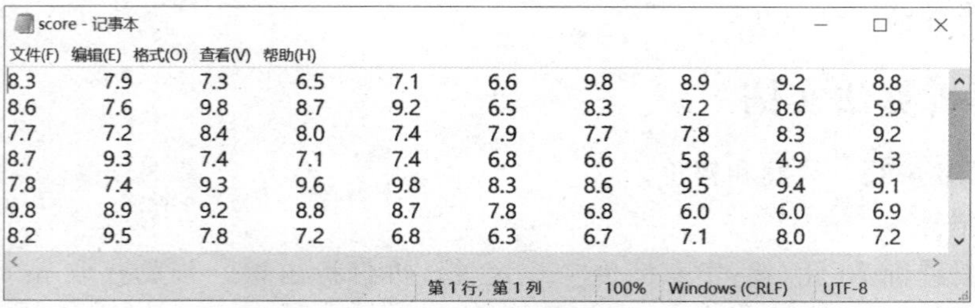

score - 记事本
文件(F) 编辑(E) 格式(O) 查看(V) 帮助(H)

8.3	7.9	7.3	6.5	7.1	6.6	9.8	8.9	9.2	8.8
8.6	7.6	9.8	8.7	9.2	6.5	8.3	7.2	8.6	5.9
7.7	7.2	8.4	8.0	7.4	7.9	7.7	7.8	8.3	9.2
8.7	9.3	7.4	7.1	7.4	6.8	6.6	5.8	4.9	5.3
7.8	7.4	9.3	9.6	9.8	8.3	8.6	9.5	9.4	9.1
9.8	8.9	9.2	8.8	8.7	7.8	6.8	6.0	6.0	6.9
8.2	9.5	7.8	7.2	6.8	6.3	6.7	7.1	8.0	7.2

第 1 行，第 1 列　100%　Windows (CRLF)　UTF-8

图 6-3　score.txt 文件部分信息

2. 程序实现

程序如下：

```
f =open('score.txt', encoding='UTF-8')
ans =[]
for line in f.readlines():
    data =list(map(float, line.split()))
    ans.append((sum(data) -min(data) -max(data)) / 8)
print('成绩最高的选手序号是：', ans.index(max(ans)) +1)
```

程序运行结果如下：

```
成绩最高的选手序号是：8
```

【示例程序 6-11】 条形码验证。

1. 问题描述

条形码是由 13 位数字组成的编码，末位是校验码。条形码校验方法如下。

(1) 除校验码之外，分别求其余 12 位编码中的奇数位、偶数位的数字之和。

(2) 将偶数位的数字之和乘以 3，加上奇数位的数字之和。

(3) 取第(2)步得到结果的个位数字，用 10 减去该数字。

(4) 如果第(3)步计算结果和校验码相等，输出“校验码正确！”，否则输出“校验码错误！”。

2. 程序实现

程序如下：

```
data =input('请输入待验证的 13 位条形码：')
data =list(map(int, data))
data1 =data[0: 12: 2]
data2 =data[1: 12: 2]
ans =10 - (sum(data1) +sum(data2) * 3) %10
if ans ==data[12]:
    print('校验码正确！')
else:
    print('校验码错误！')
```

程序运行结果如下：

```
请输入待验证的 13 位条形码：4901234567894
校验码正确！
```

练习题

一、选择题

1. 数字1表示星期一，数字2表示星期二，以此类推，数字7表示星期日。已知今天是星期一，能正确表示n天后是星期几的表达式是(　　)。

A. (1+n)%7　　　　B. 1+n

C. (n-1)%7+1　　　　D. (n+1)%7-1

2. 若一个整数可表示成另一个整数的平方形式，则称该数是"完全平方数"。例如，4=2×2，9=3×3，则4、9是完全平方数。下列表达式能判断整数m为完全平方数的是(　　)。

① (sqrt(m)) ** 2 == m　　② int(sqrt(m)) == sqrt(m)

③ m // int(sqrt(m)) == m / int(sqrt(m))　　④ int(sqrt(m)) ** 2 == m

A. ①②　　B. ②③　　C. ②④　　D. ③④

二、填空题

输入正整数n，输出一个有规律的数字串，形式为"1 2 3…n-1 n n-1…3 2 1"。例如，当n=6时，显示的数字串为'1 2 3 4 5 6 5 4 3 2 1'。程序如下，请将程序补充完整。

```
n =int(input('请输入 n: '))
s =''
for i in range(____①____):
    if i >n :
        ____②____
    else:
        s =s +str(i) +''
print(s)
```

三、上机实践题

计算自然常数e。

数学中有个著名的自然常数e，它表示某个数值在单位时间内持续地翻倍或以某种固定速率增长所能达到的极限值。自然界中有很多自然常数的例子，如鹦鹉螺壳的螺旋线、花蕊曲线。自然常数e是一个无限不循环小数，且为超越数，通常可用泰勒级数求解e的近似值，即$e=1+\frac{1}{1!}+\frac{1}{2!}+\frac{1}{3!}+\cdots+\frac{1}{n!}$。

编写程序，输入n，输出常数e的近似值。

6.3 排序算法

排序(sorting)就是整理数据的序列，使其中元素按照特定顺序排列。在排序的过程中，序列里的数据保持不变，但其排列的前后顺序可能改变。

许多算法需要对数据进行排序。例如,二分查找需要对序列排序,Kruskal 算法需要对图中的边按权值排序,最优二叉树生成算法需要对数据序列按关键码排序。

排序算法有两个重要的特性,即稳定性和适应性。

所谓稳定性,是指排序前两个相等的元素在排序后相对位置保持不变。稳定的算法在一些实际情况中较为重要,由于排序前原序列的顺序可能包含了一些重要信息或与实际问题相关的性质,稳定的排序算法将维持这些信息和性质。

所谓适应性,是指原序列越接近有序,排序结束得越快。比如,原序列已经是一个有序序列,排序算法能检测出并提前结束排序。由于实际应用中经常会遇到接近有序的序列,所以排序算法是否具有适应性非常重要。

6.3.1 冒泡排序

6.3.1 冒泡排序

冒泡排序是一种最基础的交换排序。排序时较小(或较大)的元素会像气泡一样上浮(或下沉),故称为冒泡排序。其基本思想是:从未排序区域的最后一个元素开始,依次比较相邻的两个元素,并将较小的元素与大的元素交换位置。这样经过一轮排序,最小的元素被移出未排序区域,成为已排序区域的第一个元素。再对未排序区域中的其他元素重复以上过程,最终得到一个从小到大排列的有序序列。若每次都将最大元素移出未排序区域,就能得到从大到小的有序序列。冒泡排序的过程就是通过两两比较、交换元素来消除逆序从而实现排序。每一轮冒泡程序只是做了比较和交换,但每一轮的比较和交换的区间一直在变化。利用冒泡排序实现对"88、43、6、18、12"序列升序排序的过程如图 6-4 所示。

根据图 6-4 可知,5 个元素排 4 轮,需比较 $4+3+2+1=10$(次)。n 个数据则需排 $n-1$ 轮,共需比较:

$$(n-1)+(n-2)+\cdots+1=\frac{n(n-1)}{2}(\text{次})$$

最坏情况即原序列是完全逆序序列,每一次比较都需要交换,交换次数最多为 $n\times(n-1)/2$(次)。当原序列已经是有序序列时,则交换次数为 0。

由上述分析可知,冒泡排序时间复杂度为 $O(n^2)$。由于冒泡排序需要一个临时变量来交换元素,因此空间复杂度为 $O(1)$。

排序时相等的元素不交换,两者的先后顺序保持不变,所以冒泡排序是一种稳定的排序算法。

【示例程序 6-12】 从后往前冒泡。

程序如下:

```
def bubbleSort1(d):
    for i in range(1, len(d)):          #  i 控制排序轮数,即 len(d)-1 轮
        for j in range(len(d) -1, i -1 , -1):
        #  j 控制比较的元素,每次都从底部开始,通过两两比较,将较小值往前推
            if d[j] <d[j -1]:           #  后者比前者小时,交换两数,实现升序
                d[j], d[j -1] =d[j -1], d[j]
data =[56, 34, 12, 17, 22, 10]
bubbleSort1(data)
print(data)
```

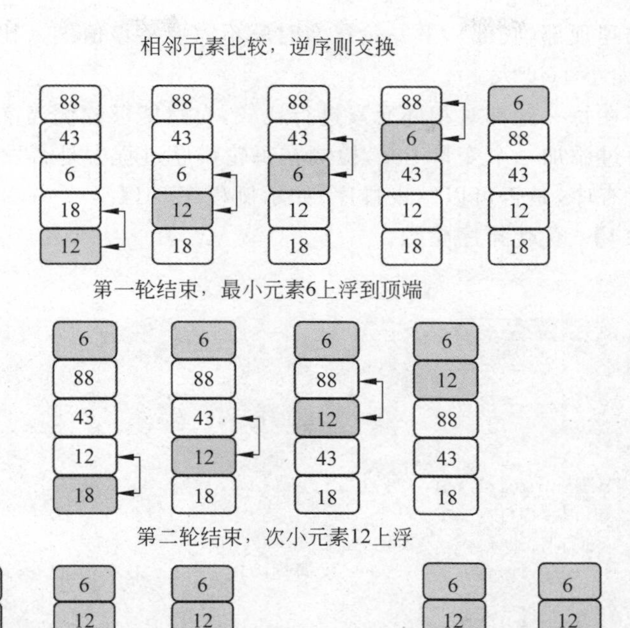

图 6-4　自下往上冒泡排序过程

程序运行结果如下：

```
[10, 12, 17, 22, 34, 56]
```

此外，还可通过修改 i、j 取值变化完成另一方向的冒泡排序，见示例程序 6-13。

【示例程序 6-13】　从前往后冒泡。

程序如下：

```
def bubbleSort2(d):
    for i in range(1, len(d)): #   i 值由大变小，排 len(d) -1 轮
        for j in range(len(d) -i):
        #   j 控制比较的元素，每次都从顶部开始，通过两两比较，将较大值往后推
            if d[j] >d[j +1]:
                d[j], d[j +1] =d[j +1], d[j]
data =[56, 34, 12, 17, 22, 10]
bubbleSort2(data)
print(data)
```

程序运行结果如下：

```
[10, 12, 17, 22, 34, 56]
```

以上两个示例通过 i、j 值不同的变化过程，实现了两个方向的冒泡。i 每执行一轮，都

会有一个最值被推到顶部(底部),下一轮冒泡时就不需要将该值纳入比较和交换的区间,即 j 的终值比上一轮缩小 1(变大 1)。

由于冒泡排序在每一轮都对相邻元素进行比较,自然能够检测当前序列是否有序,即能够具备适应性。通过添加一个变量 flag,检测在每轮排序过程中是否发生了交换,就能判定当前序列是否已经有序,是否可以结束排序,如示例程序 6-14。

【示例程序 6-14】 优化排序轮数。

程序如下:

```
def bubbleSort3(d):
    cnt =0
    for i in range(1, len(d)):
        flag =False                # 每轮开始前 flag 设置为 False
        cnt +=1
        for j in range(len(d) -1, i -1, -1):
            if d[j] <d[j -1]:
                d[j], d[j -1] =d[j -1], d[j]
                flag =True         # 数据交换时,flag 更新为 True,标记数据无序
        if flag ==False:
            # 每轮结束时,若 flag 的值为 True,说明数据未交换,即数据已经有序
            break
    return cnt
data =[10, 12, 13, 17, 22, 14]
print('排序轮数为: ', bubbleSort3(data), '次。', data, sep='')
```

程序运行结果如下:

```
排序轮数为: 2 次。[10, 12, 13, 14, 17, 22]
```

在示例程序 6-14 中,在外层循环中设置了变量 flag,并赋值为 False。如果内层循环的比较过程中未发现逆序对,则 flag 就不会改为 True。在内层循环结束时,检测 flag,若其值仍为 False,则立刻结束排序。引入 flag 后,该冒泡排序算法具有适应性,排序效率得以提升。

【示例程序 6-15】 优化比较次数和排序轮数。

在冒泡排序中常会遇到部分数据已经有序,而程序还会对有序区域进行比较的情况。例如,对列表 d = [6, 12, 88, 43, 18]进行升序排序,完成第一轮冒泡排序后 d = [6, 12, 18, 88, 43]。此时 d[0]~d[2]已经有序,只需要再进行一轮冒泡排序,调整 d[3]和 d[4]的顺序即可完成排序,如图 6-5 所示。

要想实现对有序区间不再排序,只需记录下每轮最后一次交换的位置,下一轮冒泡排序只需比较到该位置即可。

程序如下:

```
d =[6, 14, 18, 34, 22, 13]
cnt =0
i =0                           # i 表示每轮排序的终点位置
while (i <len(d) -1):
    k =len(d) -1               # k 标记无序区间,初始化 k
    cnt +=1
    for j in range(len(d) -1, i, -1):
```

```
            if d[j] <d[j -1]:
                d[j], d[j -1] =d[j -1], d[j]
                k =j
        i =k                                       #  i 更新为 k,即下一轮冒泡的终点为 k
print(d)
print('排序轮数为: ', cnt)
```

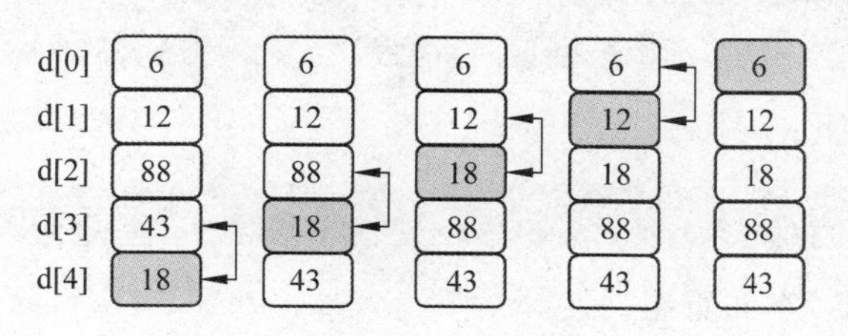

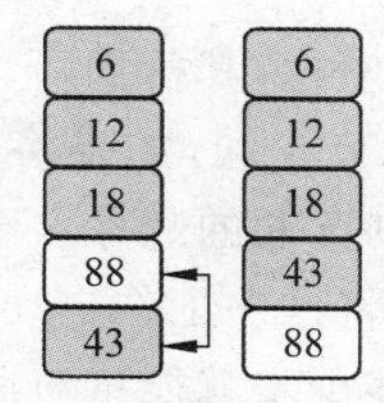

图 6-5　有序区间不再比较

程序运行结果如下：

```
[6, 13, 14, 18, 22, 34]
排序轮数为: 2
```

注意：与示例程序 6-12 不同的是，本程序中 i 表示每轮排序的终点位置，而非排序的轮数。

【示例程序 6-16】　鸡尾酒排序。

鸡尾酒排序又称双向冒泡排序。一般情况下冒泡排序每轮排序的方向都是相同的，示例程序 6-12 每轮排序时都将最小值往上推，而示例程序 6-13 每轮排序时都将最大值往底部推。鸡尾酒排序采用了双向比较的原理，每一轮先把最大值(或最小值)往一个方向推，再将最小值(或最大值)往另一个方向推，由此实现两个方向上的“冒泡”。

程序如下：

```
def CocktailSort(d):
    R, L =len(d) -1, 0                     #  R 为数据右边界,即底部
    while L <R:
        swapPos =L                         #  先假设最后一次发生交换操作的位置为 L
        for j in range(L, R):              #  顺序扫描 a[L...R-1]
            if d[j] >d[j +1]:
                d[j], d[j +1] =d[j +1], d[j]
                swapPos =j
        R =swapPos
        #  修改待排序数组的右边界为最后一次发生交换操作的位置
        for j in range(R, L, -1):          #  逆序扫描 a[L+1...R]
```

```
            if d[j] <d[j -1]:
                d[j -1], d[j] =d[j], d[j -1]
                swapPos =j
        L =swapPos
        #  修改待排序数组的左边界为最后一次发生交换操作的位置
data =[57, 25, 14, 16, 18, 10]
CocktailSort(data)
print(data)
```

程序运行结果如下：

```
[10, 14, 16, 18, 25, 57]
```

【示例程序 6-17】 车厢重组。

1. 问题描述

在一个旧式的火车站旁边有一座桥,其桥面可以绕河中心的桥墩水平旋转。一个车站的职工发现桥的长度最多能容纳两节车厢,如果将桥旋转 180°,则可以把相邻两节车厢的位置交换,用这种方法可以重新排列车厢的顺序。于是他就负责用这座桥将进站的车厢按车厢号从小到大排列。火车站决定将这一工作自动化,其中一项重要的工作是编一个程序,输入初始的车厢顺序,计算最少用多少步就能将车厢排序。

要求：输入车厢总数 n(≤10 000)和表示初始车厢顺序的 n 个不同的数,输出重新排好的车厢序列及最小的旋转次数 cnt。

2. 问题分析

分析问题可知,通过交换相邻两个数的位置使得数据升序,求最少交换次数。可以用冒泡排序实现数据升序,同时统计交换次数。

3. 程序实现

程序如下：

```
cnt =0
n =int(input('请输入车厢数: '))
print('请输入原始车厢序列,用空格间隔: ')
a =[int(x) for x in input().split()][0: n]          #  确保输入 n 个数据
if len(a) <n:
    print('输入数据有误!')
else:
    for i in range(n -1, 0, -1):
        for j in range(i):
            if a[j] >a[j +1]:
                a[j], a[j +1] =a[j +1], a[j]
                cnt +=1
    print('重新排好的车厢顺序为: ', a)
    print('最小旋转次数为: ', cnt)
```

程序运行结果如下：

```
请输入车厢数: 5
请输入原始车厢序列,用空格间隔:
```

```
4 3 1 2 5
重新排好的车厢顺序为：[1, 2, 3, 4, 5]
最小旋转次数为：5
```

6.3.2 选择排序

选择排序是一种简单直观的排序算法，主要思想是在未排序区域找最值元素，再与相应元素交换。利用选择排序算法实现对“88、43、6、18、12”升序排序的过程，如图6-6所示。

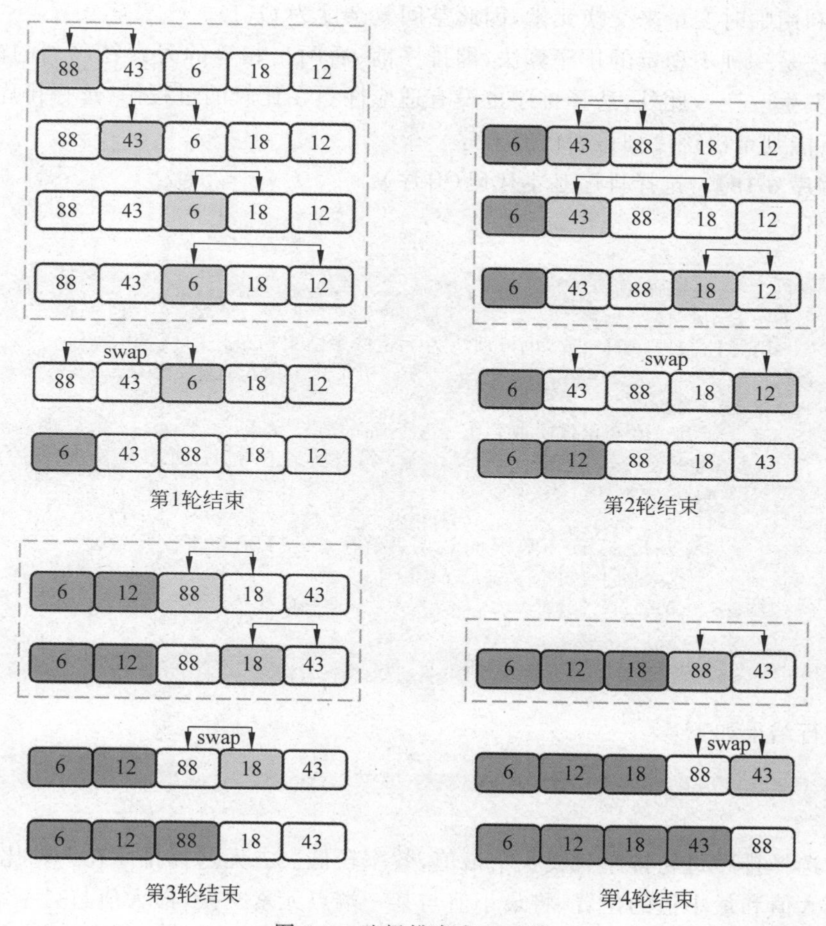

图6-6 选择排序实现过程

由图6-6可知，选择排序的基本思想是：首先在n个未排序序列中找到最小(大)元素，存放到第1(或n)个位置，然后从剩余$n-1$个未排序元素中寻找最小(大)元素，存放到第2(或$n-1$)个位置。以此类推，直到所有元素均排序完毕。选择排序主要解决两个问题，即如何找出最值以及如何将最值放到相应位置。

与冒泡排序相同的是，选择排序也是通过比较找到最值。不同的是，选择排序找到当前较大(较小)值时并没有立刻交换，而是记录最值的位置。当序列中所有元素都被访问过，即全部比较完后,该序列中的最值位置也就找到了,进而再与第 1(或 n)个元素交换。

由上述排序过程可知,5 个元素共排 4 轮,比较 4+3+2+1=10(次)。n 个数据则需排 $(n-1)$轮,共需比较:

$$(n-1)+(n-2)+\cdots+1=\frac{n(n-1)}{2}(次)$$

最坏情况即每次找到最值都交换,则交换次数为 $n-1$ 次。最好情况即原序列已经有序,交换次数为 0。

由上述分析可知选择排序时间复杂度为 $O(n^2)$。由于选择排序要记录每轮无序区间最值的下标和利用临时变量来交换元素,因此空间复杂度为 $O(1)$。

选择排序是一种不稳定的排序算法,即排序前、后两个相等的元素在序列的前、后位置顺序可能会发生改变。此外,选择排序也没有适应性。在比较的过程中,选择排序只是找当前最值,并不能判定出该序列是否已经有序。

【示例程序 6-18】 选择排序基本代码(升序)。

程序如下:

```
def selection_sort(d):
    for i in range(len(d)):
        #  用 i 控制排序的轮数,也可理解为一轮排序结束后最值的位置
        mini =i                              #  初始化最值位置,假定为 i
        for j in range(i +1, len(d)):
            #  利用 j 值变化依次取到第 i 位后面的所有元素
            if d[mini] >d[j]:                #  将当前最值与后面元素比较,求新的最值位置
                mini =j
        if mini !=i:
                #  如果 mini 不等于 i,说明最值在 i 的后面,需要交换数据
            d[mini], d[i] =d[i], d[mini]
data =[88, 43, 6, 18, 12]
selection_sort(data)
print(data)
```

程序运行结果如下:

```
[6, 12, 18, 43, 88]
```

传统的选择排序每轮排序只找一个最值,效率较低。二元选择排序在一轮比较过程中,同时记录最大值和最小值的位置,将最小值与某一端点元素交换,最大值与另一端点元素交换。即一轮比较确定两个元素,对剩下的元素重复上述过程,直至全部元素比较完成为止。在某一轮如果最小值与最大值相同,说明余下元素都相同,则结束排序。同时还需注意,若最大值与一个端点交换,而这个端点正好是最小值所在位置,则此时需将最小值位置置为原最大值的位置。传统的选择排序 n 个元素需排 $n-1$ 轮,而二元选择排序最多执行 $n/2$ 轮。利用二元选择排序算法实现对"88、43、6、18、12"升序排序的过程如图 6-7 所示。

【示例程序 6-19】 二元选择排序方法 1(升序)。

程序如下:

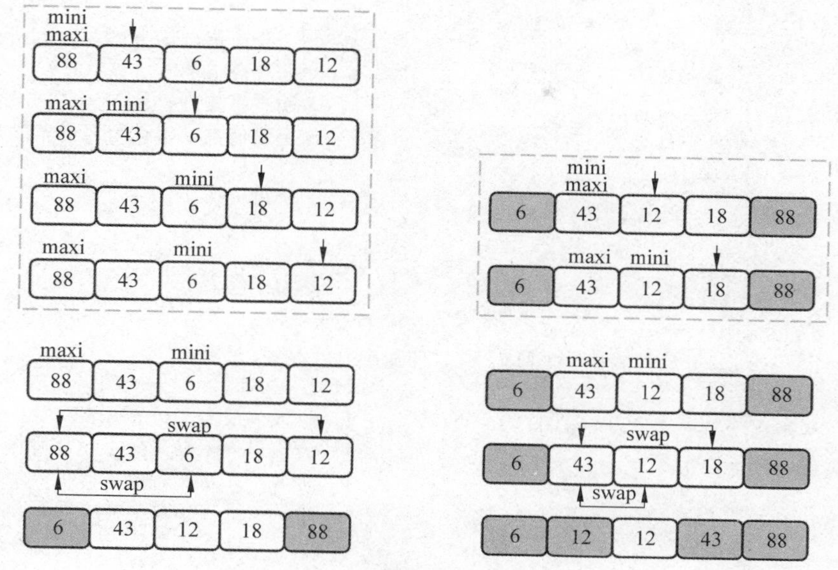

图 6-7　二元选择排序过程

```
def selection_sort2(d):
    length = len(d)
    for i in range(length // 2):          #  二元选择排序的轮数为 length/2
        maxi, mini = i, i                 #  两个最值位置都初始化为 i
        for j in range(i + 1, length - i):
            if d[maxi] < d[j]:            #  记录最大值位置
                maxi = j
            if d[mini] > d[j]:            #  记录最小值位置
                mini = j
        if d[maxi] == d[mini]:
            #  如果最大值和最小值相等,说明数据已经有序,结束排序
            break
        d[i], d[mini] = d[mini], d[i]     #  将最小值与 d[i]交换,数据放到前面
        if i == maxi:                     #  若 i 是最大值所在位置,则将最大值位置更新
                                             为 mini
            maxi = mini
        d[maxi], d[-i - 1] = d[-i - 1], d[maxi]
    #  将最大值与 d[-i-1]交换,将数据放到后面
data = [88, 43, 6, 18, 12]
selection_sort2(data)
print(data)
```

程序运行结果如下：

```
[6, 12, 18, 43, 88]
```

【示例程序 6-20】　二元选择排序方法 2(降序)。

程序如下：

```
def selection_sort3(d):
    left = 0                                        # 初始化数据的左边界
    right = len(d) - 1                              # 初始化数据的右边界
    while (left < right):                           # 若两个边界没有重合,说明数据还未排完
        maxi, mini = left, left                     # 两个最值都初始化为左边界位置
        for j in range(left + 1, right + 1):
            if d[maxi] < d[j]:                      # 记录最大值位置
                maxi = j
            if d[mini] > d[j]:                      # 记录最小值位置
                mini = j
        if d[mini] == d[maxi]:
            # 如果最大值和最小值相等,说明数据已经有序,结束排序
            break
        d[maxi], d[left] = d[left], d[maxi]         # 将最大值与左边界元素交换
        if left == mini:                            # 若左边界正好是最小元素所在位置
            mini = maxi                             # 将最小元素位置改为原最大值所在位置
        d[mini], d[right] = d[right], d[mini]       # 将最小值与右边界元素交换
        left += 1
        right -= 1
data = [56, 12, 2, 9, 7, 2]
selection_sort3(data)
print(data)
```

程序运行结果如下：

```
[56, 12, 9, 7, 2, 2]
```

【示例程序 6-21】 素数排序。

1. 问题描述

有一组正整数，仅对其中的素数进行升序排序。排序后素数在前，非素数在后。排序示例如下：

排序前	57	17	61	24	75	5	79	23
排序后	5	17	23	61	79	57	75	24

2. 问题分析

该问题要解决的是对数据中的素数排序。素数排序完成后即可结束程序，非素数不需要排序。采用选择排序实现时，每一轮找出的最值除了是当前较小值之外，还必须是素数。如果不是素数，则说明已经排序完成。

3. 程序实现

程序如下：

```
def IsPrime(data):
    if data == 1:
        return False
    for i in range(2, data // 2 + 1):
        # 如果该数有其他的因子,则返回 False,即不是素数
```

```
        if data %i ==0:
            return False
    return True
def selection_sort4(d):
    n =len(d)
    for i in range(len(d) -1):
        mini =i
        flag =IsPrime(d[mini])            #  用 flag 标记 d[mini]是否为素数
        for j in range(i +1, len(d)):
            if IsPrime(d[j]):             #  保证 d[j]是素数
                if d[mini] >d[j] or not flag:
                    #  若 d[mini]非素数或比 d[j]小,则将 j 赋予 mini,flag 设为 True
                    mini =j
                    flag =True
        if mini !=i:
            d[mini], d[i] =d[i], d[mini]
        if not flag:
            #  flag 为 False,说明素数已全部排序完毕,该排序算法结束
            break
data =[[13, 15, 46, 7, 3, 8, 9, 11, 23, 17],[56, 2, 5, 4, 13, 26, 11],[43, 51, 26, 13,
90, 87, 31]]
for i in data:
    selection_sort4(i)
print(data)
```

程序运行结果如下：

```
[[3, 7, 11, 13, 17, 23, 9, 46, 8, 15], [2, 5, 11, 13, 4, 26, 56], [13, 31, 43, 26, 90,
87, 51]]
```

【示例程序 6-22】 定位排序。

1. 问题描述

有一组正整数,输入位置 pos,以 pos 为起点进行升序排序,若后方位置已排完,则继续从开始位置排序。例如,[4,6,1,9,7,3],pos=5,排序后数据为[4,6,7,9,1,3]。

2. 问题分析

通常选择排序的最值位置与当前排序轮数有关,即第 1 轮最值放在第 1 个位置,第 2 轮次值放在第 2 个位置。本题中需要将最值放在第 k 个位置,并依次向后放数据。

3. 程序实现

程序如下：

```
data =[4, 6, 1, 9, 7, 3]
pos =int(input('请输入位置: ')) -1               #  输入位置
if pos <0 or pos >=len(data):
    print('位置错误')
else:
    k =pos                                       #  初始化无序起点
    for i in range(len(data) -1):                #  len(data)-1 轮排序
        p =k                                     #  初始化最值位置
```

```
        j =(k +1) %(len(data))                  #  初始化 j 起始位置
        while j !=pos:                          #  j 未到有序位置
            if data[j] <data[p]:
                p =j
            j =(j +1) %(len(data))              #  下一个 j 位置
        if p !=k: data[k], data[p] =data[p], data[k]
        k =(k +1) %len(data)                    #  新的无序起点
    print(data)
```

程序运行结果如下：

```
请输入位置：2
[9, 1, 3, 4, 6, 7]
```

【示例程序 6-23】 寻找木棍。

1. 问题描述

小王要制作一个木质玩具,需要 5 根长短不一的木棍。要在一批长度在 10～30 内的木棍中找出最长的 5 根木棍,且这 5 根木棍的长度不能相同。

2. 问题分析

通常的解法是先将所有木棍按长度降序排序,然后从前往后挑选不重复的 5 根木棍。本题采用边排序边筛选去重的算法实现。先在木棍序列首位插入一根比最大长度还长的木棍(如 40),然后依次挑选长度最长且不重复的木棍放入序列前端。假设已经选出 3 根长度最长且不重复的木棍,如当前木棍序列为[40,39,37,36,…],进行第 3 轮挑选时数据模型如下所示：

序列首位	有序且不重复			k	j		
0	1	2	3	4	5	…	n
40	39	37	36	x_4	x_5	…	x_n

k 表示第 4 轮排序时,最值初始位置为 4,j 表示第 4 轮排序时被挑选元素的比较范围,即从 5 号元素到最后一个元素。普通选择排序只考虑在 j 范围内选出比 k 指向的元素大的元素即可。由于本题要挑选不重复的较大元素,所以除了比较 j 范围中元素和 k 所指向元素的大小关系之外,还需分别对 j 范围中元素和 k 所指向元素做不重复的条件判断。

(1) 要挑选第 4 大不重复的元素,就必须保证在 j 范围中选出的元素小于前 3 个。过程如下：

序列首位	有序且不重复			k	j				
0	1	2	3	4	5	6	7	…	n
40	39	37	36	25	39	23	35	…	x_n

虽然 5 号元素比 4 号元素大,但 5 号元素比 3 号元素大且跟 1 号元素有重复,所以只能挑选比 4 号元素大且小于 3 号元素的 7 号元素。

(2) 假设 4 号元素为 37,与 2 号元素重复,此时必须舍弃 4 号元素,选择 j 范围中符合条件的元素。过程如下：

序列首位	有序且不重复			k	j			
0	1	2	3	4	5	6	…	n
40	39	37	36	37	39	23	…	x_n

虽然4号元素大于6号元素，但4号元素与2号元素重复，所以当前应先选择6号元素为最值元素。

3. 程序实现

程序如下：

```
wood =[11, 21, 25, 10, 17, 17, 29, 18, 21, 24, 29, 18, 10, 13, 10, 22, 19, 28, 17, 27,
11, 11, 28, 15, 12, 27, 13, 13, 24, 12, 11]
wood.insert(0, 40) #  在 wood 首位增加一个元素 40
for i in range(1, 6):
    k = i
    for j in range(i +1, len(wood)):
        if wood[j] <wood[i -1] and (wood[k] <wood[j] or wood[k] >=wood[i -1]):
            k = j
    #  wood[j]<wood[i-1],确保被选中的木头一定比已挑选出的小,即保证不重复
    #  wood[k]<wood[j],k 指向满足条件的最大值
    #  wood[k]>=wood[i-1],wood[k]与已挑选的木头有重复,k 要指向满足条件的木头
    if k !=i:
        wood[k], wood[i] =wood[i], wood[k]
    print(wood[i], end=' ')
```

程序运行结果如下：

```
29 28 27 25 24
```

6.3.3 插入排序

插入排序的基本操作就是找位置和插入元素，即设法在已排好的序列中找到合适位置，并将待排元素插入其中，使插入后序列仍然有序。插入排序往往把第一个元素看作初始有序序列，将后面的元素依次插入该有序序列中。当最后一个元素插入序列中，整个序列就完成排序。插入排序有多种寻找插入位置的方法。

若待排元素与有序序列中某数据相同，可以将待排元素插入该元素的后面，也可以插入前面。为了保证数据的稳定，一般将待排元素插入相同元素的后面。

【示例程序6-24】 直接插入排序。

利用直接插入排序算法实现对“88、43、6、18、12”序列升序排序的过程如图6-8所示。

由图6-8可知，首先默认88为有序序列，将43插入有序序列中，得到[43,88]有序序列。第2轮将6插入有序序列中，得到[6,43,88]。第3轮将18插入有序序列中，得到[6,18,43,88]（见图6-9）。第4轮将12插入有序序列中，得到最终升序序列[6,12,18,43,88]。

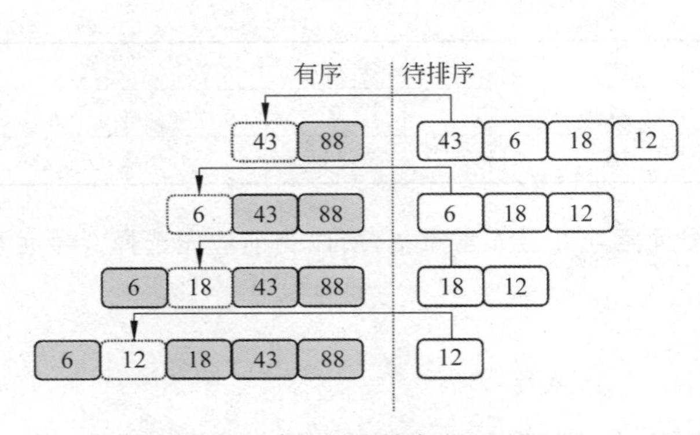

图 6-8　直接插入排序实现过程

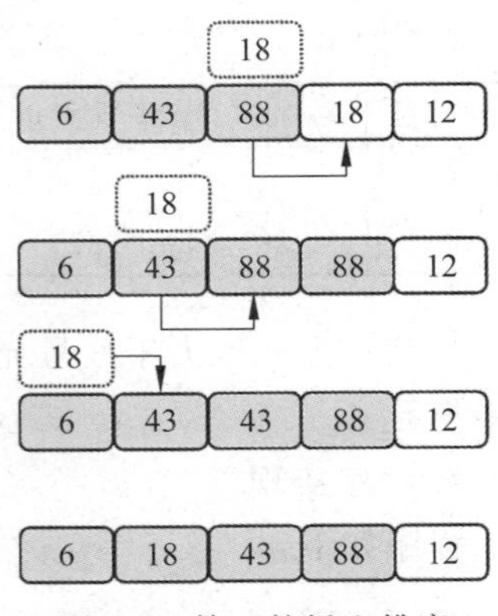

图 6-9　第 3 轮插入排序

以第 3 轮插入排序为例,首先将 18 暂存到一个临时区域,再将 18 依次与 88、43、6 比较。由于 88、43 比 18 大,则将 88、43 后移。6 比 18 小,将 18 插入 6 的后面。

根据上述排序过程可知,5 个元素共排 4 轮。n 个数据则需排 $n-1$ 轮。最坏情况即数据完全逆序,比较次数为

$$(n-1)+(n-2)+\cdots+1=\frac{n(n-1)}{2}(\text{次})$$

此时比较次数最多,时间复杂度为 $O(n^2)$。当最好情况即数据已经有序时,只需比较 $n-1$ 次,时间复杂度为 $O(n)$。平均时间复杂度为 $O(n^2)$。排序过程中需要一个临时变量来存储待排数据,所以空间复杂度为 $O(1)$。

由上述分析可知,直接插入排序具有适应性。

程序如下:

```
def insertion_sort1(d):
    for i in range(1, len(d)):
        # 从第 2 个元素开始将数据依次插入前面有序序列中
        tmp =d[i]        # d[i]暂存在 tmp 中
        j =i -1          # 在[0,i-1]区域中找插入位置
        while j >=0 and d[j] >tmp:
            # 当前元素 d[j]比 tmp 大,d[j]后移
            d[j +1] =d[j]
            j -=1
        # 当 j 为-1 或者 d[j]<=tmp 时循环结束,插入位置即为 j+1
        d[j +1] =tmp
data =[56, 12, 2, 9, 7, 2]
insertion_sort1(data)
print(data)
```

程序运行结果如下:

```
[2, 2, 7, 9, 12, 56]
```

【示例程序 6-25】 引入监视哨的插入排序。

在算法中引进的附加记录 d[0]称为监视哨或哨兵(sentinel)。查找待排元素位置之前,d[0]暂存待排元素,此时数据后移不会出现待排元素丢失的情况。查找待排元素位置时,只需将当前元素与 d[0]比较,当索引 j 指向 0 时,循环条件不成立,查找结束,从而避免了对索引 j 是否越界的判定。

程序如下:

```
def insertion_sort2(d):
    d.insert(0, 0)
    for i in range(2, len(d)):
        d[0] =d[i]              #  d[i]赋给 d[0]
        j =i -1                 #  在[0,i-1]区域中找插入位置
        while d[j] >d[0]:       #  当 j=0,即 d[j]==d[0]时循环结束
            #  当前元素 d[j]比 d[0]大,d[j]后移
            d[j +1] =d[j]
            j -=1
        d[j +1] =d[0]
    d.pop(0)
data =[56, 12, 2, 9, 7, 2]
insertion_sort2(data)
print(data)
```

程序运行结果如下:

```
[2, 2, 7, 9, 12, 56]
```

监视哨的引入,简化了边界条件的处理,免去了查找过程中对位置的判断,在数据规模较大的情况下能节约很多时间。

【示例程序 6-26】 折半插入排序(升序)。

与直接插入不同,折半插入利用二分法思想,先取已经排序的序列的中间元素,与待排元素进行比较,如果中间元素的值大于待插入元素,则往前半部分查找插入位置,否则往后半部分查找插入位置。以此类推,不断缩小范围,直到找到要插入的位置。

如图 6-10 所示,利用二分思想查找 10 的插入位置时,总共经历了 4 次查找。若从后向

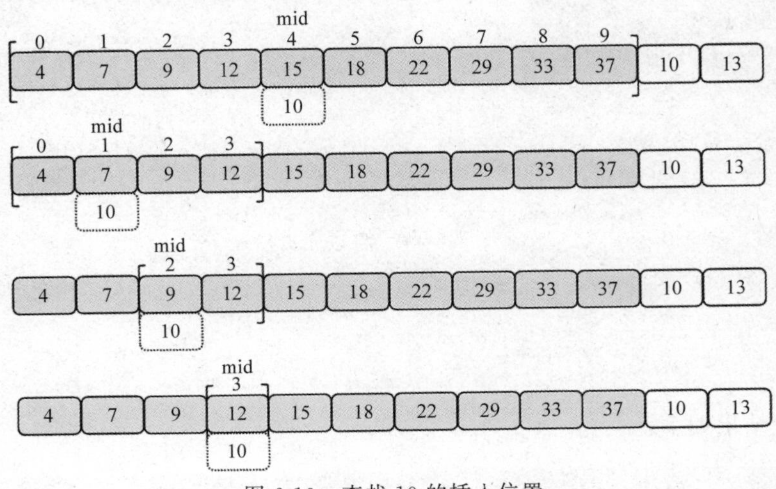

图 6-10　查找 10 的插入位置

前查找 10 的插入位置，则需经历 8 次查找。显然二分查找的查找效率更高。详细的二分思想请查看第 6.4.2 小节。

折半插入排序程序如下：

```
def binaryinsertsort(d):
    for i in range(1, len(d)):
        left = 0                              #  有序区域左边界为 0
        right = i - 1                         #  有序区域右边界为 i-1
        tmp = d[i]                            #  将待插入元素赋值给 tmp
        while left <= right:                  #  利用二分法查找插入位置
            mid = (left + right) // 2
            if d[mid] <= tmp:
                #  有与 tmp 相同的数据，继续往后查找插入位置，确保稳定性
                left = mid + 1
            else:
                right = mid - 1
        for j in range(i - 1, right, -1):     #  移动数据
            d[j + 1] = d[j]
        d[left] = tmp                         #  将数据插入 left 位置上
data = [13, 15, 2, 4, 7, 2]
binaryinsertsort(data)
print(data)
```

程序运行结果如下：

```
[2, 2, 4, 7, 13, 15]
```

【示例程序 6-27】 递归插入排序。

用递归实现插入排序要明确递归入口和出口。

程序如下：

```
def reinsertionsort(d, n):                #  n 为当前要插入的元素所在位置
    if n == 0:                            #  当 n 为 0 时返回，递归出口
        return
    reinsertionsort(d, n - 1)             #  插入第 n-1 个元素，递归入口
    tmp = d[n]                            #  第 n-1 个元素插入后，对第 n 个元素插入
    j = n - 1                             #  j 为 n-1 个有序序列的最后一个位置
    while j >= 0 and d[j] > tmp:          #  当 d[j]大于要插入的数据时，则 d[j]后移
        d[j + 1] = d[j]
        j = j - 1
    d[j + 1] = tmp                        #  将该元素插入
    return d
data = [56, 12, 2, 9, 7, 2]
reinsertionsort(data, len(data) - 1)
print(data)
```

程序运行结果如下：

```
[2, 2, 7, 9, 12, 56]
```

【示例程序 6-28】 希尔排序。

当序列的数据量大且逆序较多时，插入排序的效率很低。元素只能一步一步地从序列的一端移动到另一端。若待插入的第 i 个元素正好要插入序列的起始位置，则需要移动 i−1 次。希尔排序则考虑到序列的规模和有序性，对序列进行分组排序，使得各子序列有序，通过不断扩大有序子序列长度，使得整个序列有序。即按下标的一定增量分组，对每组使用插入排序算法排序，随着增量逐渐变小，序列越来越长，当增量为 1 时，整个序列合为 1 组，就变成了直接插入排序。

用希尔排序对序列[9,10,2,8,3,4,6,5,7,1]排序的实现过程如下：

0	1	2	3	4	5	6	7	8	9
9	10	2	8	3	4	6	5	7	1

(1) 序列长度 length 为 10，初始增量 gap 为 length//2=5，则序列被分为 5 组：[9,4]、[10,6]、[2,5]、[8,7]、[3,1]，分别对这 5 组进行插入排序：

0	1	2	3	4	5	6	7	8	9
4	6	2	7	1	9	10	5	8	3

(2) 缩小增量 gap=5//2=2，序列被分为两组：[4,2,1,10,8]、[6,7,9,5,3]。

0	1	2	3	4	5	6	7	8	9
1	3	2	5	4	6	8	7	9	10

(3) 缩小增量 gap=2//2=1，序列被分为 1 组：[1,3,2,5,4,6,8,7,9,10]。

(4) 排序完成，此时序列为[1,2,3,4,5,6,7,8,9,10]。

希尔排序程序如下：

```
def shellSort(d):
    n =len(d)                               #  n为序列的长度
    gap =n // 2                             #  增量初始化为 n/2
    while gap >0:                           #  以 gap 为间隔分组
        for i in range(gap, n):
            tmp, j =d[i], i -gap
            while j >=0 and d[j] >tmp:
                d[j +gap] =d[j]             #  跳跃式移动,跳跃距离为 gap
                j -=gap
            d[j +gap] =tmp
        gap =gap // 2
   #  下一次的增量为 gap//2,继续进行插入排序
data =[56, 12, 2, 9, 7, 2]
shellSort(data)
print(data)
```

程序运行结果如下：

```
[2, 2, 7, 9, 12, 56]
```

6.3.4 分治法排序

6.3.4 分治法排序

分治法也称为分解法、分治策略等,字面意思是“分而治之”,其算法思想如下。

(1) 划分:将问题分解为类型相同的若干个子问题。

(2) 求解:对这些子问题求解,一般采用递归方式,有时也会利用其他方法。

(3) 治理:恰当地合并子问题的解。

分治法的应用主要有归并排序、快速排序、二分搜索、中位数查找、求最近的点对等。

归并排序和快速排序的主要区别在于划分及合并的策略不同。归并排序先一分为二,各自处理完后再根据数据大小进行合并;而快速排序恰恰相反,在分开时就将大数分到右边,小数分到左边,再直接合并。两个排序算法的平均时间复杂度都是 $O(n\log_2 n)$,归并排序最坏也是 $O(n\log_2 n)$,快速排序最坏情况会达到 $O(n^2)$。由于归并排序要占用额外空间,所以在实际运用中,快速排序的应用更为广泛。

【示例程序 6-29】 归并排序。

所谓归并,是指把两个或者两个以上有序序列合并为一个新的有序序列。归并排序可采用分治策略,通过递归实现。其算法思想如下。

(1) 将待排序列拆分成两个子序列。

(2) 再将两个子序列分别拆分成两个子序列,直到无法拆分为止。

(3) 将最底层子序列合并,形成有序序列。

(4) 通过递归逐层返回上一级并进行合并操作。

基于递归思想的归并排序算法实现对“23,12,16,5,7,22,19,2”序列升序排序的过程如图 6-11 所示。

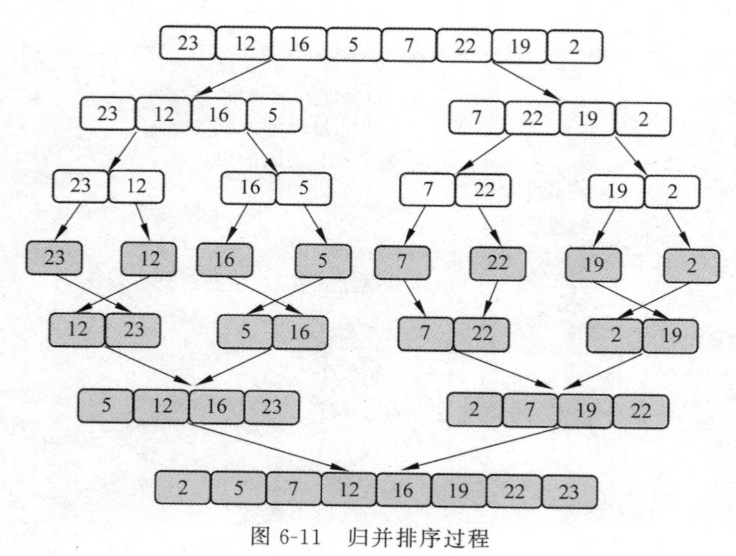

图 6-11 归并排序过程

程序如下:

```
def merge(L, R):
    arr =[]
    i, j =0, 0
    while i <len(L) and j <len(R):          #  列表 L、R 中都还有待排元素
        if L[i] <R[j]:                      #  将较小元素添加到列表 arr 中
            arr.append(L[i])
            i +=1
        else:
            arr.append(R[j])
            j +=1
    arr.extend(L[i: ])                      #  将列表 L、R 中的剩余元素添加到列表 arr 中
    arr.extend(R[j: ])
    return arr
def merge_sort1(d):
    if len(d) <=1:                          #  递归结束
        return d
    else:
        m =len(d) // 2                      #  将列表 d 尽量均分
        left =merge_sort1(d[: m])           #  对左段列表递归调用
        right =merge_sort1(d[m: ])          #  对右段列表递归调用
        return merge(left, right)           #  合并两段有序列表
data =[23, 12, 16, 5, 7, 22, 19, 2]
print(merge_sort1(data))
```

程序运行结果如下：

```
[2, 5, 7, 12, 16, 19, 22, 23]
```

【示例程序 6-30】 引入监视哨的归并排序。

在示例程序 6-29 merge(L, R)函数中，首先用循环将两个序列中的元素合并。当其中一个序列处理完时，循环结束。最后把另一个序列中的元素合并到有序序列中。这种实现方法需要在循环中设置两个条件，循环结束时还要处理另一个序列。引入监视哨就可解决这个问题，如图 6-12 所示。

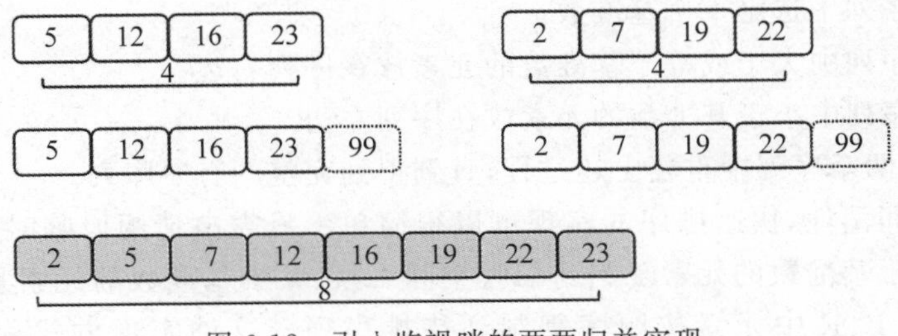

图 6-12 引入监视哨的两两归并实现

首先为两个待排序列添加一个大数 99，要求这个数大于待排序列中的所有元素。利用循环依次将两个待排序列元素合并。循环次数设置为原始待排序列个数和，这样就不会将两个大数合并到有序序列中。

程序如下：

```
def merge(L, R):
    arr =[]
    i, j =0, 0
    L.append(99)                            #  在列表 L、R 后分别添加一个大数
    R.append(99)
    for k in range(len(L) +len(R) -2):  #  利用 for 循环控制列表 arr 添加元素的次数
    #  当执行完第 len(L)+len(R)-3 次时,原列表 L、R 中全部元素已按升序添加到列表 arr 中
        if L[i] <R[j]:                      #  将较小元素添加到列表 arr 中
            arr.append(L[i])
            i +=1
        else:
            arr.append(R[j])
            j +=1
    return arr
def merge_sort2(d):
    if len(d) <=1:
        return d
    else:
        m =len(d) // 2
        left =merge_sort2(d[: m])
        right =merge_sort2(d[m: ])
        return merge(left, right)
data =[2, 6, 16, 4, 7, 2, 19, 2]
print(merge_sort2(data))
```

程序运行结果如下：

```
[2, 2, 2, 4, 6, 7, 16, 19]
```

【示例程序 6-31】 非原地快速排序。

在各种基于关键码比较的排序算法中,快速排序是平均速度最快的算法之一,也是最早采用递归描述的排序算法,其算法思想如下。

(1) 在待排序列中选定一个基准数。

(2) 将待排序列中大于或等于基准数的元素放在序列右边。

(3) 将待排序列中小于基准数的元素放在序列左边。

(4) 在左、右两个序列中重复上述过程,直到得到完整的有序序列。

若不考虑空间消耗,快速排序的实现可以很简单。只需申请两段临时空间 L、R,遍历待排元素时将小于基准数的元素复制到临时空间 L,将大于基准数的元素复制到临时空间 R,最后再将数组 L、R 中元素按顺序复制到待排序列。这种实现方式称为非原地快速排序。

利用非原地快速排序算法实现对“14,23,10,27,5,18,9,2”序列升序排序的过程如图 6-13 所示。

程序如下：

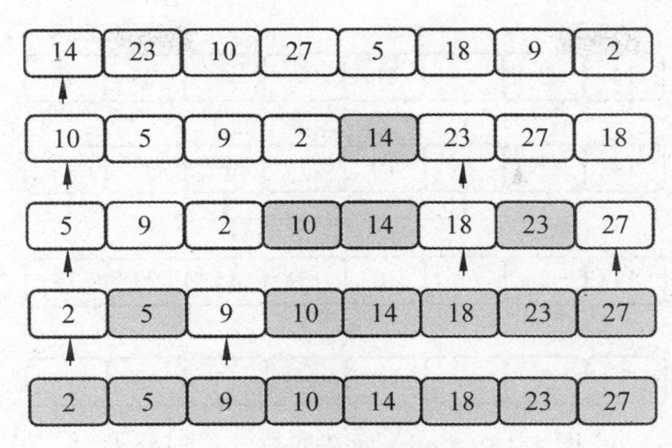

图 6-13　非原地快速排序过程

```
def quick_sort1(d):
    if len(d) <=1:
        return d
    L, R =[], []
    p =d[0]                        #  取 d[0]作为基准数
    for i in d[1: ]:
        if i <p:                   #  将小于基准数的元素放入 L
            L.append(i)
        else:
            R.append(i)            #  将大于或等于基准数的元素放入 R
    return quick_sort1(L) +[p] +quick_sort1(R)
data =[14, 23, 10, 27, 23, 5, 18, 9, 2]
print(quick_sort1(data))
```

程序运行结果如下：

```
[2, 5, 9, 10, 14, 18, 23, 23, 27]
```

【示例程序 6-32】 原地快速排序 1。

非原地快速排序需要申请额外的内存空间，原地快速排序通过序列内两两比较和交换实现排序，不需要另外的空间。冒泡排序也是通过比较交换实现排序，但它只能对相邻元素进行比较交换。原地快速排序是对冒泡排序的一种改进，它对基准数划分时进行的比较交换是跳跃式的，将小于基准点的数全部放到基准点的左边，将大于或等于基准点的数全部放到基准点的右边，交换的距离变大了，比较和交换的次数变少了，速度自然就提高了。原地快速排序 1 一次划分状态如图 6-14 所示。例如，以 14 为基准数进行划分，如图 6-15 所示。

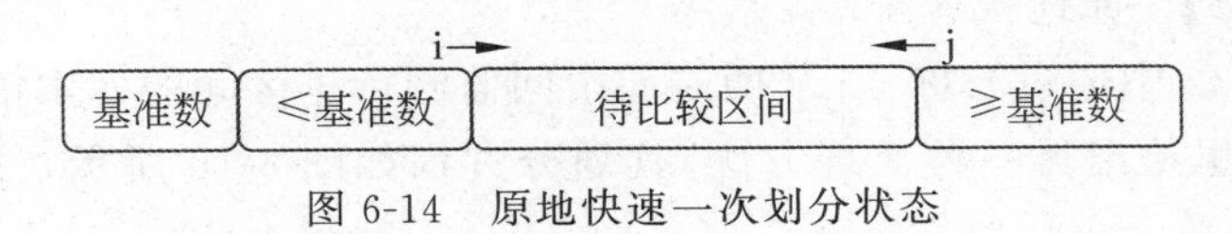

图 6-14　原地快速一次划分状态

该过程利用两个游标实现。

(1) 以序列中首个元素作为基准数，游标 i 指向最左边，游标 j 指向最右边。

(2) 先出动游标 j，从右至左逐个检查待排区间，直到找到小于基准数的元素。

(3) 再出动游标 i，从左至右逐个检查待排区间，直到找到大于基准数的元素。

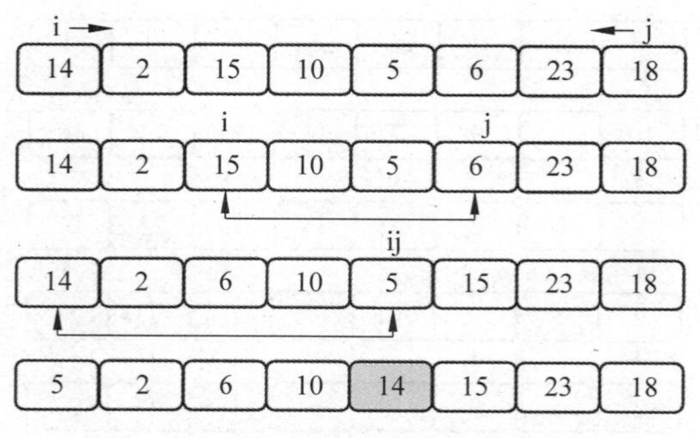

图 6-15　以 14 为基准数进行划分 1

(4) 交换游标 i、j 指向的元素，重复上述步骤，直到游标 i、j 碰头。

(5) 此时游标 i 指向小于或等于基准数的元素，将基准数与之交换，一次划分结束。

程序如下：

```
def quick_sort2(d, L, R):
    if L <R:
        i =partition(d, L, R)
        quick_sort2(d, L, i -1)
        quick_sort2(d, i +1, R)
    return d
def partition(d, L, R):                          #  划分函数
    i, j =L, R
    while i <j:
        while i <j and d[j] >=d[L]: j -=1 #  在右侧寻找小于 d(L)的元素 d[j]
        while i <j and d[i] <=d[L]: i +=1 #  在左侧寻找大于 d(L)的元素 d[i]
        d[i], d[j] =d[j], d[i]              #  交换 d[i]、d[j]，当 i==j 时，交换不影响程序
    d[L], d[i] =d[i], d[L]                  #  当 d[i]小于或等于 d[L]时，交换 d[i]、d[L]
    return i                                #  返回位置
data =[27, 7, 10, 2, 23, 8, 27, 4, 10]
data =quick_sort2(data, 0, len(data) -1)
print(data)
```

程序运行结果如下：

```
[2, 4, 7, 8, 10, 10, 23, 27, 27]
```

【示例程序 6-33】 原地快速排序 2。

在示例程序 6-32 中通过游标 i、j 从两端向中间监测待排区间的元素情况，游标 i、j 在不停地走向对方。这里给出另一种实现方法，其划分过程如图 6-16 所示。以 14 为基准数进行划分 2 如图 6-17 所示。

该过程利用 1 个游标 j 实现。

(1) 以序列中首个元素作为基准数，边界 i 指向最左边，游标 j 指向基准数后 1 位。

(2) 出动游标 j，从左至右逐个检查待排区间，直到找到小于基准数的元素。

(3) i 后移 1 位，交换 i、j 指向的元素，此时 i 指向最后一个小于基准数的下标。

基准数 | <基准数 | ≥基准数 | 待排区间

图 6-16 原地快速排序 2 一次划分状态

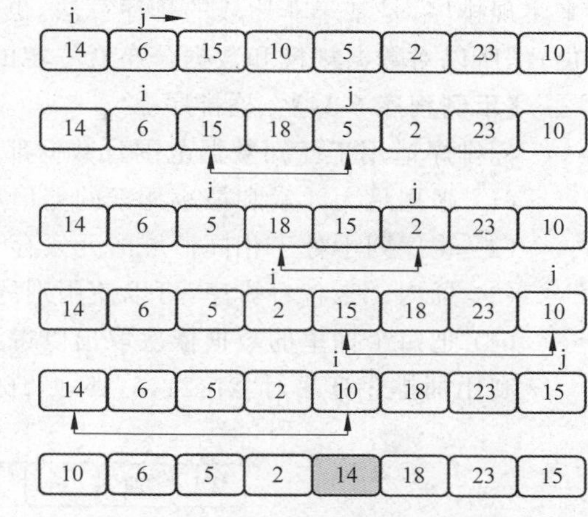

图 6-17 以 14 为基准数进行划分 2

(4) 游标 j 继续后移，重复上述步骤，直到游标 j 检查完所有元素。

(5) 此时 i 指向最后一个小于基准数元素，再将基准数与之交换，一次划分结束。

程序如下：

```
def quick_sort2(d, L, R):
    if L <R:
        i =partition(d, L, R)
        quick_sort2(d, L, i -1)
        quick_sort2(d, i +1, R)
    return d
def partition(d, L, R):                # 划分函数
    i =L
    for j in range(L +1, R +1):
        if d[j] <d[L]:                 # 从左往右寻找小于 d(L)的元素 d[j]
            i +=1                      # i 指向首个大于基准数的元素
            d[i], d[j] =d[j], d[i]     # 交换 d[i]、d[j]
    d[L], d[i] =d[i], d[L]             # i 指向最后一个小于基准数的元素,交换 d[i]、d[L]
    return i                           # 返回位置
data =[18, 21, 18, 2, 21, 8, 18, 3, 21]
data =quick_sort2(data, 0, len(data) -1)
print(data)
```

程序运行结果如下：

```
[2, 3, 8, 18, 18, 18, 21, 21, 21]
```

6.3.5 分配排序

冒泡排序、选择排序、插入排序中元素之间的次序依赖于比较，每个元素都必须与其他元素进行比较，才能确定自己的位置，此类排序算法都是基于比较的排序算法。

桶排序、计数排序、基数排序不需要比较关键字，而是基于一种固定位置的分配和收集

来实现排序,是基于非比较的排序算法,也称分配排序。分配排序需要占用空间来确定唯一位置,所以对数据规模和数据分布有一定的要求。

【示例程序 6-34】 桶排序。

桶排序适用于已知数据范围且数据都是整数的情况,其算法思想如下。

(1) 根据最大元素和最小元素的差值和映射规则,确定申请的桶的个数。

(2) 将序列中处于相同值域的元素存入同一个桶中。

(3) 桶内元素各自排序,可以使用别的排序算法,也可递归使用桶排序。

(4) 把每个桶里的数据依次取出以得到有序序列。

利用桶排序算法对“27,21,6,45,4,16,26,12”序列升序排序的过程,如图 6-18 所示。

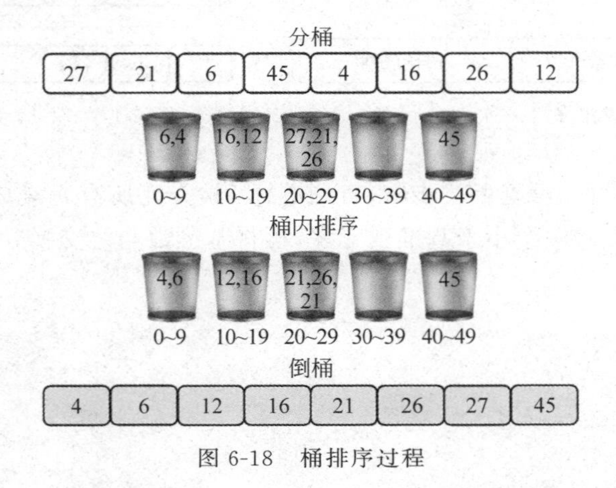

图 6-18 桶排序过程

程序如下:

```
def bucketSort(d):
    maximum, minimum =max(d), min(d)          #  取最大数和最小数
    step =10
    bucket =[[] for i in range(maximum // step -minimum // step +1)]    #  桶的数量
    for i in d:                               #  将处于相同值域的元素存入同一个桶中
        bucket[i // step -minimum // step].append(i)                   #  倒桶
    d.clear()
    for i in bucket:
        i.sort()                              #  对每一个桶中元素进行排序
        d.extend(i)                           #  将各个桶的元素按顺序存储到原序列中
    return d
data =[27, 21, 6, 45, 4, 16, 26, 12]
print(bucketSort(data))
```

程序运行结果如下:

```
[4, 6, 12, 16, 21, 26, 27, 45]
```

【示例程序 6-35】 简单计数排序。

计数排序是一种非比较、稳定的排序算法,适用于取值范围较小的情况。其核心是统计待排元素个数,根据元素个数输出数据。其算法思想如下。

(1) 确定申请的桶个数,初始值为0。

(2) 统计待排序序列中每个元素数值i出现的次数,存入编号为i的桶。

(3) 根据桶编号和桶内个数,依次输出。

利用简单计数排序算法实现对“7,2,9,4,7,4”序列升序排序的过程,如图6-19所示。

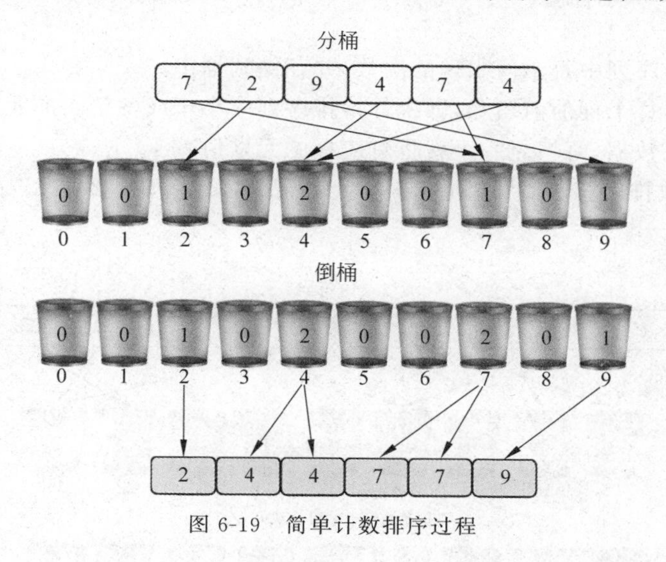

图6-19 简单计数排序过程

程序如下:

```
def countingsort1(d):
    n =max(d) +1                    #  取列表中最大的数
    c =[0] * n                      #  建立一个长度为 maxd+1 的全为 0 的列表
    for i in d:                     #  遍历原列表中的所有元素
        c[i] +=1                    #  把当前对应桶个数加 1
    d.clear()                       #  清空 d
    for i in range(n):              #  在桶中取数据
        d.extend([i] * c[i])        #  倒桶
    return d
data =[2, 7, 4, 5, 4, 7, 1, 4, 5, 8]
print(countingsort1(data))
```

程序运行结果如下:

```
[1, 2, 4, 4, 4, 5, 5, 7, 7, 8]
```

【示例程序6-36】 优化计数排序。

简单计数排序有两个缺陷,一是根据最大元素值来确定桶的数量,当最小值很大时会造成空间浪费;二是统计数组中的桶相当于一个“栈”数据结构,具有“先进后出”特征,若直接按顺序把数据从桶里倒出来,存储到原数组中,会改变原数组中等值元素的相对位置,造成“不稳定排序”的后果。

改进思路如下。

(1) 桶数量:根据最大元素和最小元素的差值,确定申请桶的个数。

(2) 稳定性：对于序列中的元素，统计小于该元素的个数，由此确定在序列中该元素位置。当等值元素输出时，位置前移，从而保证数据的稳定。

优化计数排序核心是找数据的存放位置，其算法思想如下。

(1) 根据最大元素和最小元素，创建一个长度为“最大值－最小值＋1”的桶，初始值为 0。

(2) 统计待排序列中每个值出现的次数，并存储到桶中。

(3) 依次求出每个桶的前缀和，即统计待排序列中小于或等于当前元素的个数。

(4) 反向填充数据，每填充一个就将对应桶的元素值减 1。

利用优化计数排序算法对“15,18,16,15＊,20,23,18＊,21,23,22”序列升序排序的过程如图 6-20 所示。

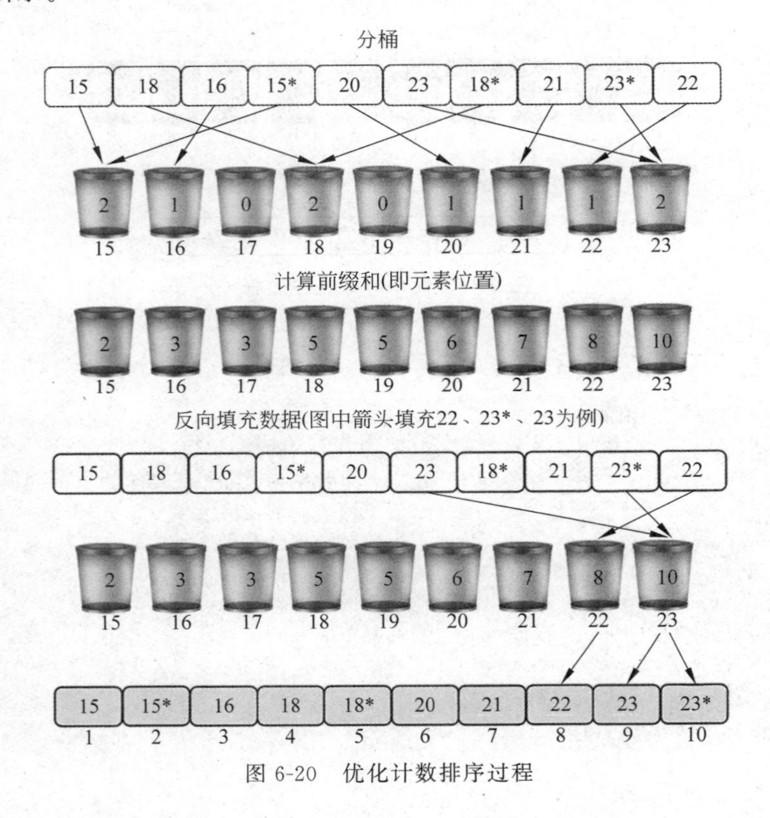

图 6-20　优化计数排序过程

反向填充数据时，先将 23＊放入 10 号位置，23 号桶数值减 1，改为 9。填充 23 时，就可将 23 放入 9 号位置。由此保证数据稳定。

程序如下：

```
def countingsort2(d):
    maximum, minimum =max(d), min(d)          #  取最大元素和最小元素
    c =[0] * (maximum -minimum +1)            #  建桶、清桶
    for i in d:                               #  统计元素个数
        c[i -minimum] +=1
    for i in range(1, len(c)):                #  计算每个桶的前缀和
        c[i] +=c[i -1]
```

```
    sort_d =[0] * (len(d))             #  初始化目标列表
    for i in d[: : -1]:                #  反向填充目标列表
        sort_d[c[i -minimum] -1] =i
        c[i -minimum] -=1              #  位置前移
    return sort_d
data =[39, 17, 36, 18, 30, 35, 24, 32, 10, 25]
print(countingsort2(data))
```

程序运行结果如下：

```
[10, 17, 18, 24, 25, 30, 32, 35, 36, 39]
```

【示例程序 6-37】 基数排序。

基数排序也是一种桶排序，可以理解为多轮桶排序，即每个数位上都进行一轮桶排序，其算法思想如下。

(1) 统一待排元素的长度，数位较短的数前面补零。

(2) 从最低位开始，依次进行桶排序。

(3) 最高位桶排序完成以后，序列已经有序。

利用基数排序算法对“9,17,46,18,30,35,24,32,10,25”序列升序排序的过程，如图 6-21 所示。

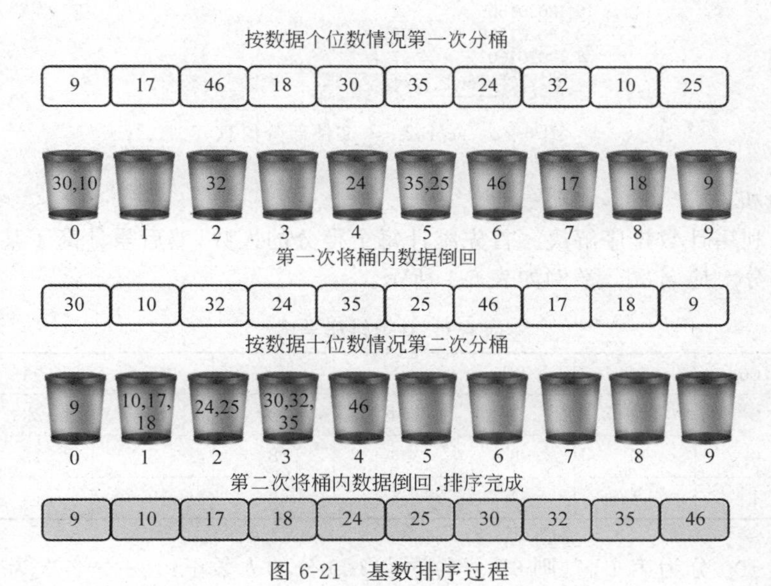

图 6-21 基数排序过程

程序如下：

```
def radixsort(d):
    n =len(str(max(d)))                #  取序列中最大数的位数 n
    for i in range(n):                 #  n 决定分桶次数
        bucket =[[] for j in range(10)]#  初始化桶
        for j in d:                    #  遍历 d,分桶
            #  根据 i 的值取位数,计算相应的桶号
```

```
            bucket[j // (10 * * i) %10].append(j)   #  数据入桶
        d.clear()                                  #  原始数据清空
        for j in bucket:                           #  放回数据
            d =d +j                                #  将每个桶中所有数据依次放回原序列中
    return d
data =[39, 17, 36, 18, 30, 35, 24, 32, 10, 25]
print(radixsort(data))
```

程序运行结果如下：

```
[10, 17, 18, 24, 25, 30, 32, 35, 36, 39]
```

【示例程序 6-38】 统计名次。

1. 问题描述

有一组成绩数据，得分为 0～100 的整数。请编写一个程序，要求输入成绩，输出该成绩对应的名次。score2.csv 文件部分信息如图 6-22 所示。

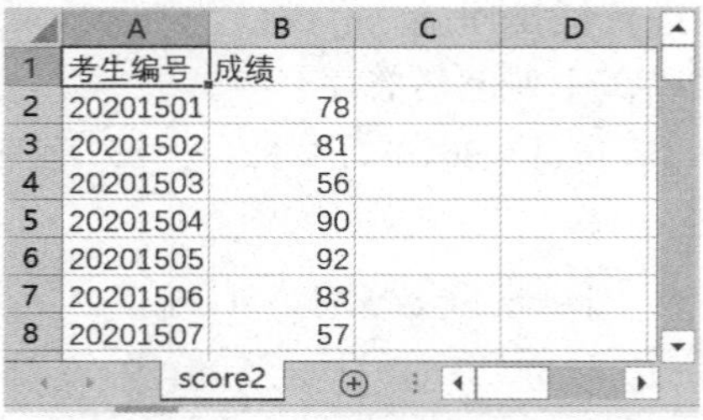

	A	B	C	D
1	考生编号	成绩		
2	20201501	78		
3	20201502	81		
4	20201503	56		
5	20201504	90		
6	20201505	92		
7	20201506	83		
8	20201507	57		

score2

图 6-22　score2.csv 文件部分信息

2. 问题分析

本题可以利用计数排序解决。首先统计每个得分的人数，然后累计高于某得分的人数，加 1 即为该得分对应名次。举例如表 6-1 所示。

表 6-1　计数排序举例

得分	100	99	98	97	96	95	94	…
得分人数	0	3	1	4	0	5	2	…
高于人数	0	0	3	4	8	8	13	….
名次	1	1	4	5	9	9	14	…

首先默认 100 分为第 1 名，则 99 分名次为 100 分的人数＋1，98 分名次为 0＋3＋1＝4，97 分的名次为 0＋3＋1＋1＝5，以此类推，即可求出所有分数的名次。

3. 程序实现

程序如下：

```
import csv
csvFile =open('score2.csv', 'r')
reader =csv.reader(csvFile)
students =[]
head =next(reader)
```

```
    for item in reader:                                    #  取出每位考生的数据
        students.append(item)
        students[-1][1] =int(students[-1][1])
    csvFile.close
    cnt =[0] * 102                                         #  每个分数的人数
    for i in students:
        cnt[i[1]] +=1                                      #  统计每个分数的人数
    for i in range(99, -1, -1):                            #  计算累计人数
        cnt[i] +=cnt[i +1]
    key =int(input('请输入要查询的分数: '))
    if cnt[key] ==cnt[key +1]:
        print('该分数人数为 0 人')
    else:
        print('该分数是第', cnt[key +1] +1, '名')
```

程序运行结果如下：

```
请输入要查询的分数: 85
该分数是第 37 名
```

【示例程序 6-39】 字符排序。

1. 问题描述

输入一串字符，根据每个出现字符的次数，按降序将每个字符依次输出。例如，输入"abcbcbbc"，输出"bbbbccca"。

2. 问题分析

要解决该问题，首先要求出每个字符的个数，可利用字典进行字符统计。当字典中没有该字符时，该字符个数初始化为 0，再对该字符个数加 1。由于字典是无序的，可将字典转换成列表，对列表按个数降序排序后，根据字符个数输出。

3. 程序实现

程序如下：

```
s=input('请输入一串字符: ')
d={}                                  #  初始化字典
out=[]                                #  初始化输出列表
for i in s:
    d[i] =d.get(i, 0) +1              #  统计字符个数
#  将字典转换为列表，并对列表按个数进行降序排序
out=sorted(list(d.items()),key=(lambda x: x[1]),reverse=True)
for v in out:
    print(v[0] * v[1],end='')         #  根据列表中数据个数输出相应字符
```

程序运行结果如下：

```
请输入一串字符: abcbcbbbaaac
bbbbbaaaaccc
```

小结：桶排序、计数排序、基数排序都利用了桶的概念。但每种排序中桶的作用不同：

①桶排序的桶存储某个范围内的数据;②计数排序的桶只存储一个数据;③基数排序根据数据的位数分配桶。此外,桶排序适用于小范围整数数据,且均匀分布,计数排序适用于有确定范围的整数,基数排序适用于大范围数据排序,也能对浮点数、字符串进行排序。所以这三种排序算法不具备通用性,需在特定情况下使用。虽然这三种排序都可以在 $O(n)$ 时间内完成排序,但因为都使用了额外的辅助内存空间,因此对于内存敏感的情况也不适用。

6.3.6 小结及应用

1. 排序小结

除了之前已经提到的各种排序算法,常见的排序算法还有堆排序等。表6-2总结了几种排序算法的时间复杂度、空间复杂度以及稳定性的相关情况。

表6-2 常见排序算法特性

排序算法	时间复杂度			空间复杂度	稳定性
	平均	最好情况	最坏情况		
冒泡排序	$O(n^2)$	$O(n)$	$O(n^2)$	$O(1)$	稳定
选择排序	$O(n^2)$	$O(n^2)$	$O(n^2)$	$O(1)$	不稳定
插入排序	$O(n^2)$	$O(n)$	$O(n^2)$	$O(1)$	稳定
希尔排序	$O(n^{1.3})$	$O(n)$	$O(n^2)$	$O(1)$	不稳定
归并排序	$O(n\log_2 n)$	$O(n\log_2 n)$	$O(n\log_2 n)$	$O(n)$	稳定
快速排序	$O(n\log_2 n)$	$O(n\log_2 n)$	$O(n^2)$	$O(n\log_2 n)$	不稳定
堆排序	$O(n\log_2 n)$	$O(n\log_2 n)$	$O(n\log_2 n)$	$O(1)$	不稳定
计数排序	$O(n+k)$	$O(n+k)$	$O(n+k)$	$O(n+k)$	稳定
桶排序	$O(n+k)$	$O(n)$	$O(n^2)$	$O(n+k)$	稳定
基数排序	$O(n*k)$	$O(n*k)$	$O(n*k)$	$O(n+k)$	稳定

根据排序算法的不同特性,应结合实际情况选择合适的排序算法。当序列中的元素基本有序且序列长度较小时,插入排序最为简单。从时间效率上考虑,归并排序、快速排序、堆排序较为高效。但快速排序最坏情况时间复杂度为 $O(n^2)$,不如归并排序和堆排序。虽然计数排序、桶排序、基数排序平均时间复杂度较低,但这三者都只能在特定情况下使用,且空间复杂度较高。从稳定性上考虑,冒泡排序等简单排序算法多是稳定的,而快速排序、堆排序等时间性能好的排序算法多是不稳定的。

Python内置了列表sort()函数、全局sorted()函数以及numpy库中的argsort()函数等排序函数,可以直接调用相应函数实现排序。列表sort()函数在第4.2节中有详细解析,argsort()函数在第8章中也有举例应用,此处不再赘述。sorted()函数能够对列表、元组、字典、集合、字符串进行排序。它的基本语法格式如下:

```
list =sorted(iterable, key=None, reverse=False)
```

其中,iterable表示指定的序列,key参数可以自定义排序规则;reverse参数指定以升序(False,默认)还是降序(True)进行排序。key和reverse是可选参数。sorted()函数会返回一个排好序的列表,并不会对原序列进行修改。

【示例程序 6-40】　对不同数据进行排序。

程序如下：

```
a =[7, 4, 2, 6, 8]                              #  对列表进行排序
print('对列表排序：', sorted(a), sorted(a, reverse=True))
b =(4, 5, 3, 2, 1)                              #  对元组进行排序
print('对元组排序：', sorted(b))
c ={'e': 1, 'a': 2, 'b': 3, 'd': 4, 'c': 5}     #  字典默认按照 key 进行排序
print('对字典排序：', sorted(c.items()))
d ={4, 5, 3, 2, 1}
print('对集合排序：', sorted(d))                 #  对集合进行排序
e ='45321'
print('对字符串排序：', sorted(e))               #  对字符串进行排序
```

程序运行结果如下：

```
对列表排序：[2, 4, 6, 7, 8] [8, 7, 6, 4, 2]
对元组排序：[1, 2, 3, 4, 5]
对字典排序：[('a', 2), ('b', 3), ('c', 5), ('d', 4), ('e', 1)]
对集合排序：[1, 2, 3, 4, 5]
对字符串排序：['1', '2', '3', '4', '5']
```

【示例程序 6-41】　以特定关键字排序。

程序如下：

```
fruits =[('苹果', 5), ('香蕉', 3), ('梨子', 4), ('葡萄', 7)]
print(sorted(fruits, key=lambda f: f[1]))          #  按第二个元素排序
data =[[2, 3, 3], [4, 1, 2], [2, 8, 1], [2, 1, 4], [3, 4, 5]]
#  以第一个元素为主要关键字、第二个元素为次要关键字排序
print(sorted(data, key=lambda x: (x[0], x[1])))
#  以第一个元素为主要关键字升序、第二个元素为次要关键字降序排序
print(sorted(data, key=lambda x: (x[0], -x[1])))
d ={'e': 1, 'a': 2, 'b': 3, 'd': 4, 'c': 5}         #  字典默认按照 key 进行排序
print(sorted(d.items(), key=lambda x: x[1]))       #  按 value 值对字典排序
```

程序运行结果如下：

```
[('香蕉', 3), ('梨子', 4), ('苹果', 5), ('葡萄', 7)]
[[2, 1, 4], [2, 3, 3], [2, 8, 1], [3, 4, 5], [4, 1, 2]]
[[2, 8, 1], [2, 3, 3], [2, 1, 4], [3, 4, 5], [4, 1, 2]]
[('e', 1), ('a', 2), ('b', 3), ('d', 4), ('c', 5)]
```

2. 排序应用

下面以解决“玩具排队”问题为例，结合本小节内容，分别用几种不同的排序算法实现，并比较这几种方法各自的特点。

明明家有很多玩具，种类包括汽车、玩偶、积木类，每类玩具数量和高度各有不同(见图 6-23)。明明最喜欢玩具排队游戏，即把数量最多的同类玩具排前面，在同类玩具中，按照玩具高度从高到低排序。请设计一个程序，帮助明明将玩具排好队。

	A	B	C	D
1	玩具名称	玩具类型	玩具高度	
2	c4G	汽车类	3	
3	D01	积木类	8	
4	p01	玩偶类	8	
5	B84	汽车类	8	
6	wme	积木类	7	
7	PhQ	玩偶类	10	
8	E03	汽车类	8	

图 6-23　toys.csv 文件部分信息

【示例程序 6-42】　用 sorted()函数实现。

先利用字典统计每类玩具的个数,再对字典按值降序排序,即按每类玩具个数降序排序。最后利用 sorted()函数,以玩具类别为主要关键字、玩具高度为次要关键字排序。

程序如下:

```
import csv
csvFile =open('toys.csv', 'r')
reader =csv.reader(csvFile)
head =next(reader)
toys =[]
cnt ={}
for item in reader:
    toys.append(item)
    toys[-1][2] =int(toys[-1][2])              #  将高度转换为数值
    cnt[item[1]] =cnt.get(item[1], 0) +1  #  统计每类玩具个数
csvFile.close
#  对玩具类别按个数降序排序,得到主关键字
order =dict(sorted(cnt.items(), key=lambda x: x[1], reverse=True))
#  以玩具类别为主要关键字、高度为次要关键字排序
print(sorted(toys, key=lambda x: (order[x[1]], x[2]), reverse=True))
```

程序运行结果略。下同。

【示例程序 6-43】　冒泡排序实现。

先统计每类玩具个数,再对字典按值降序排序,即按每类玩具个数降序排序,最后利用 3 个嵌套循环实现排序。

程序如下:

```
import csv
csvFile =open('toys.csv', 'r')
reader =csv.reader(csvFile)
head =next(reader)
toys =[]
cnt ={}
for item in reader:
    toys.append(item)
    toys[-1][2] =int(toys[-1][2])              #  将高度转换为数值
    cnt[item[1]] =cnt.get(item[1], 0) +1      #  统计每类玩具个数
```

```
csvFile.close
order = sorted(cnt.items(), key= lambda x: x[1], reverse=True)
ok = 0                                                    #  标记排序终点位置
#  取排序主要关键字顺序,即当前玩具类别
for i in order:
    #  取该玩具类别个数,即排序趟数
    for j in range(i[1] +1):
        #  每趟比较的结束位置由 ok 确定
        for k in range(len(toys) -1, ok, -1):
            #  以类别为主要关键字、高度为次要关键字排序
            if (toys[k][1] ==i[0] and (toys[k -1][1] !=i[0] or toys[k][2] >toys[k -1]
            [2])):
                toys[k], toys[k -1] =toys[k -1], toys[k]
        ok +=1
print(toys)
```

【示例程序 6-44】 计数排序结合冒泡排序实现。

首先统计每类玩具的个数,利用计数排序根据玩具个数计算排序后每类玩具的最后一个位置;其次将每类元素放置在对应位置;最后利用冒泡排序分别根据每类玩具存放位置对同类玩具按高度进行降序排序。

程序如下:

```
def getIndex(L, value):
    #  取二维列表的索引值,根据玩具类型,返回 cnt 中该类型索引
    data =[data for data in L if data[0] ==value]
    index =L.index(data[0])
    return index
import csv
csvFile =open('toys.csv', 'r')
reader =csv.reader(csvFile)
cnt =[['玩偶类', 0], ['积木类', 0], ['汽车类', 0]]  #  初始化统计列表
toys =[]                                            #  初始化玩具列表
head =next(reader)
for item in reader:
    toys.append(item)
    toys[-1][2] =int(toys[-1][2])                   #  将高度转换为数值
    cnt[getIndex(cnt, toys[-1][1])][1] +=1          #  统计各种类型积木数量
csvFile.close
cnt =sorted(cnt, key=(lambda x: x[1]), reverse=True)
#  对 cnt 按第二列降序排序
for i in range(1, 3):                               #  计算每种玩具的存放位置
    cnt[i][1] =cnt[i -1][1] +cnt[i][1]
cnt.append(['总数', cnt[2][1]])            #  计算玩具总数,即记录最后一个玩具存放位置
queue =[[]] * (len(toys))                           #  初始化队伍列表
for i in range(len(toys)):                          #  根据每种玩具位置存放相应的玩具
    queue[cnt[getIndex(cnt, toys[i][1])][1] -1] =toys[i]
    cnt[getIndex(cnt, toys[i][1])][1] -=1           #  每存放一个玩具,相应位置前进 1
for i in range(len(cnt) -1):                        #  对每种玩具进行排序
    for j in range(cnt[i][1], cnt[i +1][1] -1):
        #  根据每种玩具位置控制排序区间
```

```
        for k in range(cnt[i +1][1] -1, j, -1):
            if queue[k][2] >queue[k -1][2]:
                queue[k], queue[k -1] =queue[k -1], queue[k]
print(queue)
```

【示例程序 6-45】 分类存储实现。

在读取 toys.csv 文件数据时,就可以考虑将不同类别的玩具分开存储,这样在排序时就可轻松实现分类排序。

程序如下:

```
def getIndex(value):
    if value =='积木类':
        return 0
    elif value =='玩偶类':
        return 1
    else:
        return 2
import csv
csvFile =open('toys.csv', 'r')
reader =csv.reader(csvFile)
head =next(reader)
toys =[[], [], []]
for item in reader:
    #  toys[0]、toys[1]、toys[2]中存放对应玩具
    toys[getIndex(item[1])].append([item[0], item[1], int(item[2])])
csvFile.close
for i in toys:
    #  对每类玩具按高度降序排序
    i.sort(key=lambda x: (x[2]), reverse=True)
#  对玩具列表按长度,即个数降序排序
toys.sort(key=lambda x: (len(x)), reverse=True)
print(toys)
```

小结:以上 4 个程序都能解决玩具排队问题。示例程序 6-42 直接利用内置函数实现,代码简洁明了、可读性强。示例程序 6-43 利用冒泡排序实现,每轮排序都要在剩余元素中选出最值元素,比较次数较多,时间复杂度较高。示例程序 6-44 将每类玩具放置在对应位置后,再利用冒泡排序实现,比较次数大大减少,但每次都要调用函数查找下标,效率变低。示例程序 6-45 在存储时就实现了玩具分类,减少了后续统计各类玩具个数的麻烦,该程序利用列表的 sort()函数实现。除了以上 4 种方法,读者也可以尝试通过选择排序、插入排序等实现。

练习题

一、选择题

1. 采用冒泡排序算法对数据序列“2,3,7,5,1,0”完成升序排序,则需要交换的次数为(　　)次。

A. 9　　　B. 10　　　C. 15　　　D. 18

2. 采用冒泡排序算法对某数据序列进行排序，经过第一轮排序后的结果是“3,2,8,6,7,9”,那么原数据序列不可能的(　　)。

A. 9,3,2,8,6,7　　　B. 3,2,9,8,6,7　　　C. 3,9,2,8,6,7　　　D. 8,3,2,9,6,7

3. 有如下程序段：

```
a =[16, 95, 24, 45, 77]
for i in range(2):
    for j in range(4, i, -1):
        if a[j] >a[j -1]:
            a[j], a[j -1] =a[j -1], a[j]
print(a)
```

执行该程序段后,输出的结果是(　　)。

A. [95, 77, 16, 45, 24]　　　B. [95, 16, 77, 24, 45]

C. [16, 24, 95, 45, 77]　　　D. [16, 24, 45, 95, 77]

4. 有如下程序段：

```
a =['truck', 'vehicle', 'saloon', 'drophead', 'trailer', 'jeep', 'taxi']
for i in range(3):
    for j in range(6, i +2, -1):
        if a[j] >a[j -1]:
            a[j], a[j -1] =a[j -1], a[j]
print(a)
```

执行该程序段后,输出的结果是(　　)。

A. ['truck', 'vehicle', 'trailer', 'taxi', 'saloon', 'jeep', 'drophead']

B. ['vehicle', 'truck', 'trailer', 'taxi', 'saloon', 'jeep', 'drophead']

C. ['vehicle', 'truck', 'trailer', 'saloon', 'jeep', 'drophead', 'taxi']

D. ['truck', 'vehicle', 'trailer', 'taxi', 'saloon', 'jeep', 'drophead']

5. 采用选择排序法对数据序列“7、6、3、8、1”完成降序排序,需要交换的次数为(　　)次。

A. 10　　　B. 4　　　C. 5　　　D. 3

6. 采用选择排序算法对学生身高进行升序排序,已知第一遍排序结束后的身高序列为164,168,178,175,172,则下列选项中可能是原始数据序列的是(　　)。

A. 175,178,168,164,172　　　B. 178,168,164,175,172

C. 164,178,168,175,172　　　D. 164,168,172,175,178

7. 有如下程序段：

```
d =[49, 42, 61, 67, 23, 57]
m, n =0, 0
for i in range(len(d)):
    maxi =i
    for j in range(i +1, len(d)):
        if d[maxi] <d[j]:
```

```
            maxi =j
            m +=1
    if maxi !=i:
        d[maxi], d[i] =d[i], d[maxi]
        n +=1
print(m, n)
```

执行该程序段后，输出的结果是(　　)。

A. 6，4　　B. 6，3　　C. 7，3　　D. 7，4

8. 有如下程序段：

```
d =['s', 't', 'u', 'd', 'e', 'n', 't']
n =int(input('请输入下标: '))
ans =[]
ans.append(d[n])
for i in range(len(d)):
    for j in range(i +1, len(d)):
        if d[i] >d[j]:
            d[i], d[j] =d[j], d[i]
            if i ==n:
                ans.append(d[i])
            if j ==n:
                ans.append(d[j])
print(ans)
```

执行该程序段后，输入 3，则输出的结果是(　　)。

A. ['d', 's', 'u', 't', 's', 't']

B. ['e', 's', 't', 'u', 't']

C. ['d', 's', 't', 'u', 't', 's']

D. ['e', 't', 's', 't', 'u']

9. 有一个密码锁，密码数字有："4、9、7、5、3、2"。对其进行 3 遍插入排序后即为密码，则下列可能为该密码的是(　　)。

① 457932　　② 479532　　③ 975432　　④ 974532

A. ①③　　B. ②④　　C. ①④　　D. ②③

10. 有如下程序：

```
data =list(input('请输入: '))
i, n =0, len(data)
while i <n -1:
    t =data[i]
    for j in range(i +1, n):
        data[j -1] =data[j]
    data[j] =t
    n -=1
print(data)
```

执行程序，输入 qwer，则输出的结果是(　　)。

A. ['q', 'w', 'e', 'r']　　B. ['w', 'r', 'q', 'e']

C. ['r', 'e', 'w', 'q']　　D. ['e', 'q', 'r', 'w']

11. 有如下程序：

```
d =[43, 16, 77, 18, 23]
for i in range(len(d) -1, 0, -1):
    tmp =d[i]
    j =i +1           #  在[0,i-1]区域中找插入位置
    while j <=len(d) -1 and d[j] <tmp:
        d[j -1] =d[j]
        j +=1
    d[j -1] =tmp
print(d)
```

执行该程序段后，输出的结果是(　　)。

A. [43, 16, 18, 23, 77]　　B. [16, 18, 43, 77, 23]

C. [16, 43, 18, 23, 77]　　D. [43, 16, 18, 77, 23]

二、填空题

1. 有如下程序段，要使该程序实现升序排序，请将程序补充完整。

```
a =[10, 16, 82, 36, 51, 87]
i =1
n =len(a)
while (i <n):
    ____①____
    for j in range(n -1, i -1, -1):
        if a[j] <a[j -1]:
            a[j], a[j -1] =a[j -1], a[j]
            ____②____
    i =start
print(a)
```

2. 对一组数进行排序，要求生成左右交替上升的数据序列，结果如表6-3所示。

表6-3　排序结果

排序前数据	67	34	89	45	70	19	40
排序后数据	19	40	67	89	70	45	34

实现该排序的程序如下，请将程序补充完整。

```
d =list(map(int, input('请输入一组数据,用空格分开: ').split()))
for i in range(____①____):
    k =i
    for j in range(i +1, len(d) -i):
        if d[k] >d[j]:
            k =j
        if k !=i:
            ____②____
```

```
    for j in range(i +1, ____③____):
        if d[j] <d[j +1]:
            d[j], d[j +1] =d[j +1], d[j]
print(d)
```

3. 某区举办了一次科学知识竞赛，参与竞赛的学生编号和成绩均保存在 sscore.csv 文件中，文件部分信息如图 6-24 所示。

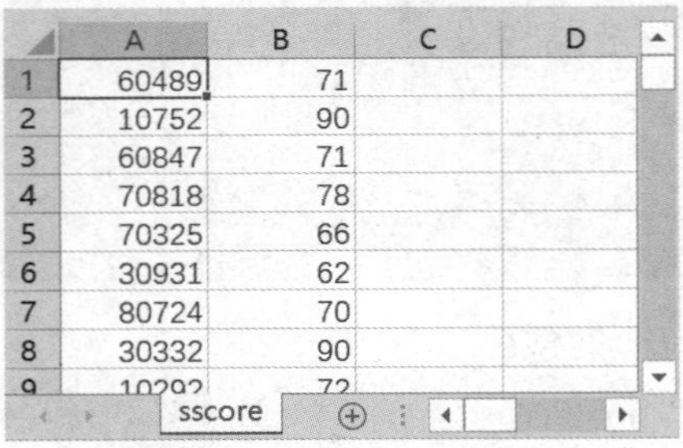

	A	B	C	D
1	60489	71		
2	10752	90		
3	60847	71		
4	70818	78		
5	70325	66		
6	30931	62		
7	80724	70		
8	30332	90		
9	10292	72		

sscore

图 6-24　sscore.csv 文件部分信息

sscore.csv 文件中第 1 列为学生编号，第 2 列为学生成绩。编号前两位代表学生所在学校，01 代表学校 A，02 代表学校 B，以此类推。先输入学校名及数据 n，输出该学校成绩前 n 的学生得分情况。例如，输入 A、6，则输出学校 A 中得分为前 6 的学生情况。解决该问题的程序如下，请将程序补充完整。

```
import csv
csvFile =open('sscore.csv', 'r')
reader =csv.reader(csvFile)
data =[]
for item in reader:
    data.append(item)
    data[-1][1] =int(data[-1][1])
csvFile.close
m, n =input('请输入学校和名次: ').split(',')
n =int(n)
school =____①____
i =0
while True:
    k =i
    for j in range(i +1, len(data) -1):
        if data[j][0][0: 2] ==school:
            if data[j][1] >data[k][1] or ____②____:
                k =j
    if i >n and ____③____ or data[k][0][0: 2] !=school:
        break
    if k !=i:
        data[k], data[i] =data[i], data[k]
    print(data[i])
i +=1
```

4. 将序列元素分成 m 个一组的分段数据，剩下不足 m 个的元素单独为一组。将组内元素各自按升序排序。例如，对于数组 d =[5, 8, 11, 4, 17, 10, 4, 16]。当 m=2 时，分组排序的结果为 d = [5, 8, 4, 11, 10, 17, 4, 16]；当 m=3 时，分组排序的结果为 d = [5, 8, 11, 4, 10, 17, 4, 16]。

实现程序代码如下，请将程序补充完整。

```
d =[5, 8, 11, 4, 17, 10, 4, 16]
m =int(input('请输入 m: '))
for i in range(1, len(d)):
    tmp =d[i]
    ____①____
    while ____②____:
        d[j +1] =d[j]
        j -=1
        ____③____
print(d)
```

5. 统计个位数。输入一组数据，统计个位数情况，输出个位数是奇数的个数。程序如下，请将程序补充完整。

```
a =list(map(int, input('请输入一组数据,用空格分开: ').split()))
cnt =[0] * 10
b =[]
for i in a:
    ____①____
for i in range(10):
    if ____②____:
        temp =[i, cnt[i]]
        b.append(temp)
```

6. 升序排序。有一个待排序列 a，变量 cnt 记录待排序序列中每个元素的个数。程序如下，请将程序补充完整。

```
a =list(map(int, input('请输入一组不重复的数字,用空格分开: ').split()))
cnt =[1] * (len(a))
b =[0] * (len(a))
for i in range(len(a) -1):
    for j in range(i +1, len(a)):
        if ____①____:
            cnt[i] +=1
        else:
            cnt[j] +=1
for i in range(len(a)):
    ____②____
```

7. 奇偶排序。随机生成 10 个[1,40]内互不相同的正整数，对这组数进行奇数在前降序排序，偶数在后升序排序。程序如下，请将程序补充完整。

```
import random
data =random.sample(range(1, 40), 10)       #  随机生成 10 个 1～40 范围内的正整数
bucket =[[] for i in range(41)]              #  初始化空桶
for i in data:                               #  分桶
    ____①____
data.clear()
for i in range(____②____):                   #  奇数升序倒桶
    if bucket[i]: data.append(i)
for i in range(____③____):                   #  偶数降序倒桶
    if bucket[i]: data.append(i)
print(data)
```

三、上机实践题

1. 某招聘考试分为笔试和面试两轮。首先对笔试成绩从高到低按计划录取人数的1∶1.5(四舍五入取整)比例确定面试人数,最后一名成绩相同者均可进入面试。若报名人数不到录取计划的1.5倍(四舍五入取整)则取消招聘。请设计程序,输入计划录取人数,输出进入面试的人员信息。笔试成绩数据存在cj.csv文件中,如图6-25所示。

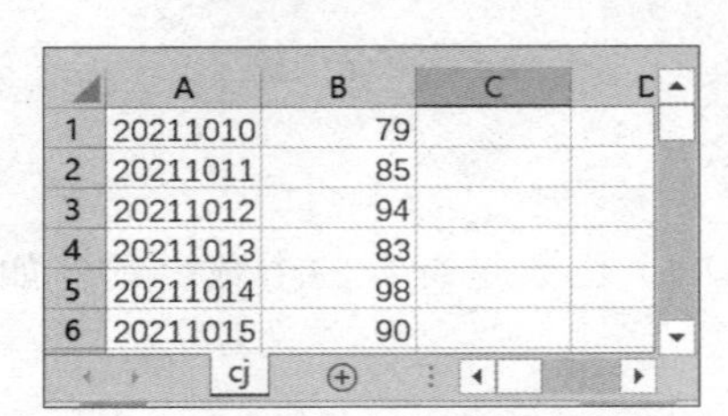

	A	B	C
1	20211010	79	
2	20211011	85	
3	20211012	94	
4	20211013	83	
5	20211014	98	
6	20211015	90	

图6-25　cj.csv文件部分信息

2. 对一个整数序列利用冒泡思想进行排序,要求奇数在前并按降序排序,偶数在后并按升序排序。例如,序列d=[10, 48, 59, 27, 38, 58, 2, 28, 4, 33],排序完成后d=[27, 33, 59, 58, 48, 38, 28, 10, 4, 2]。

3. 将一组两位正整数按十位上的数字分组显示,十位上的数字若是奇数,则按降序排序;若是偶数,则按升序排序。例如,有一组数为67,45,66,23,42,11,89,27,16,81,47,24,13,41,26,37,31,35,分组排序后结果为:[16, 13, 11],[23, 24, 26, 27],[37, 35, 31],[41, 42, 45, 47],[66, 67],[81, 89]。

4. 对一个整数序列进行排序,要求奇数位置按升序排序,偶数位置按降序排序。例如,序列d=[11, 21, 25, 10, 17, 17, 29, 18, 21, 24],排序完成后d=[11, 10, 17, 17, 21, 18, 25, 21, 29, 24]。

5. 有一组正整数,以最小元素索引为起点进行升序排序,若后方元素已排完,则继续从开始位置排序。例如,数据为[4,6,1,9,7,3],排序后数据为[7,9,1,3,4,6]。

6. 对一个整数序列利用选择排序思想进行排序,要求最大值排在数据中间,次大值放在最大值右边,第三大值放在最大值左边,以此类推。例如,序列d=[37, 12, 56, 9, 49, 54, 59, 20, 8, 57],排序完成后d=[9, 20, 49, 56, 59, 57, 54, 37, 12, 8]。

7. 字符移位。输入一串字符s、待移动元素a、移动方向d以及移动的位数n,输出移动后的字符串。待移动元素必须在原字符串中,若原字符串有多个a,则取第一个a。方向d=1表示向前移动,d=−1表示向后移动,移动时不越过字符串首尾。请用插入排序思想编程实现。

8. 反转字符串。输入一串字符s,反转该字符串并输出。请用插入排序思想编程实现。

9. 重要翻转对数量。给定一个序列d,若i<j且d[i]>2 * d[j],则(i,j)为一个重要翻转对数量。请利用归并排序求出序列中的重要翻转对数量。

10. 颜色分类。给定一个包含红色、白色和蓝色 n 个元素的数组，原地对它们进行排序，使得相同颜色的元素相邻，并按照红色、白色、蓝色顺序排列。用整数 0、1 和 2 分别表示红色、白色和蓝色。例如，nums=[2, 0, 2, 1, 1, 0]，则结果为[0, 0, 1, 1, 2, 2]；nums=[2, 0, 1]，则结果为[0, 1, 2]。

11. 调整顺序。输入一个整数数组，调整数组，使得所有奇数位于数组的前半部分，所有偶数位于数组的后半部分。请利用快速排序的思想编程实现。

12. 寻找第 K 个最大元素。快速排序每次划分数组都能得到一个基准数索引，该索引就是该基准数在整个序列的最终位置。若索引比 K 大，则继续在左边递归寻找，反之在右边寻找，相等即找到第 K 大元素。例如，序列 $d=[6, 3, 7, 9, 8, 4, 4, 2, 6]$，$K=5$，则第 5 个最大元素为 6。

13. 迭代实现归并排序。算法思想如下：把待排序列中 n 个记录看作 n 个有序子序列，每个子序列长度为 1；将子序列两两归并，子序列个数减半，每个子序列长度加倍；重复以上操作，最终得到一个长度为 n 的有序序列。

14. math_score.csv 文件存放 500 位学生的期末数学成绩，第 1 列存储学生编号，第 2 列存储数学成绩。数学成绩在 0～150 内。请编写一个程序，统计 0～50、51～70、71～90、91～110、111～130、131～150 分数段人数。math_score.csv 文件部分信息如图 6-26 所示。

	A	B	C	D	E
1	考生编号	成绩			
2	20201501	108			
3	20201502	119			
4	20201503	147			
5	20201504	136			
6	20201505	138			
7	20201506	79			
8	20201507	143			

math_score

图 6-26　math_score.csv 文件部分信息

15. 有趣的数字。由 1～9 构成 3 个不重复的三位数，其大小之比为 1∶2∶3，请利用桶思想输出符合该条件的所有三位数组合。

16. 生成不重复的随机数。随机生成了 n 个 1～1000 内的随机整数($n \leqslant 100$)，重复的数字只保留一个，去掉其余相同的数，再把这些数从小到大排序。请你利用桶思想编程实现。

6.4　查找算法

6.4　查找算法

查找(searching)是根据给定的某个值，在一系列数据中找到给定值并返回其索引。

6.4.1　顺序查找算法

1. 顺序查找算法概述

顺序查找又称线性查找，其基本思路是从顺序表的第一个数据元素开始，依次与待查找键 key 进行比较，找到元素 key 时返回元素的下标，说明查找成功；如果比较完最后一个数据元素还没有找到，说明查找键不存在。

2. 顺序查找算法实例

例如，a[0]～a[6]的值分别为“13,42,3,4,7,5,6”，如果要查找的值为 4，查找 4 次后返回数组 a 中的索引 3；如果要查找的值为 5，则从第一个数据元素开始比较，一直到最后一个数据元素，没有找到 5，则输出－1。顺序查找的过程如图 6-27 所示。

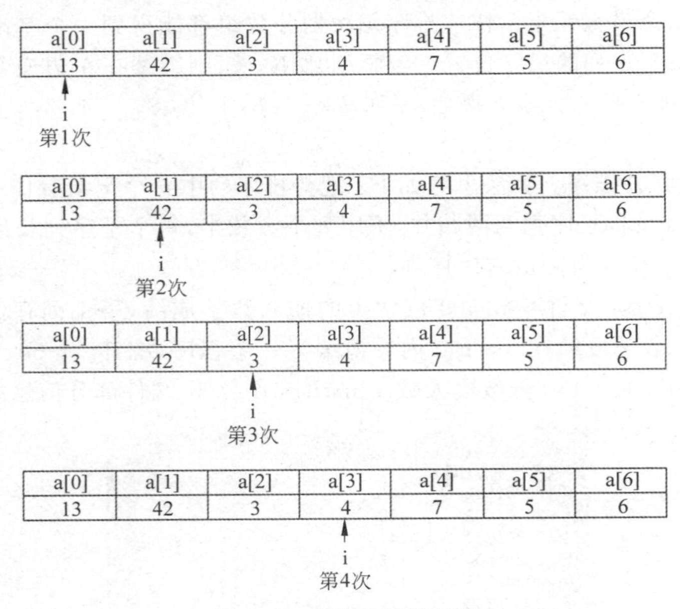

图 6-27　顺序查找的过程

顺序查找的程序实现如下。

【示例程序 6-46】　顺序查找。

```
#  方法 1
def seq_search(a, key):
    for i in range(len(a)):
        if key ==a[i]:
            return i
    return -1
a =[13, 42, 3, 4, 7, 6, 5]
key =4
print(seq_search(a, key))
#  方法 2
def seq_search1(a, key):
    pos =0
    f =False
    while pos <len(a) and not f:
        if key ==a[pos]:
            f =True
```

```
        else:
            pos =pos +1
    if f :
        return pos
    else:
        return -1
```

Python中自带in判断,若key不在列表中,key in a的结果为False,此时输出－1;如果key在列表中,key in a的结果为True。再根据index()函数查找数据元素在列表中第一次出现的索引。

程序如下:

```
a =[13, 42, 3, 4, 7, 6, 5]
key =4
if key in a:
    print(a.index(key))
else:
    print(-1)
```

若数据是字符串类型,还可以直接用find()函数进行查找。

【示例程序6-47】 找第一个仅出现一次的字符。

1. 问题描述

在只包含小写字母的字符串中,找出第一个仅出现一次的字符,如果没有,输出no。比如,abcabd的输出结果为c。

2. 问题分析

根据顺序查找的思想,从第一个元素开始遍历字符串,建立一个存放每个字符的个数的列表。按顺序依次遍历存放字符个数的列表,找出列表中数据元素值为1的索引,将字符串中该索引对应的字符输出,如果列表中数据元素值均大于1,那么输出no。

3. 程序实现

程序如下:

```
#  方法1: 字符串函数计数
s =input('请输入字符串')
lens =len(s)
h =[]
for i in s:
    h.append(s.count(i))
for i in range(len(h)):
    if h[i] ==1:
        print('仅出现一次的字符是',s[i])
        break
else:
    print('no')
#  方法2: 列表计数
s =input('请输入字符串')
lens =len(s)
s =list(s)
```

```
h =[0] * 26
flag =0
for i in range(lens):
    h[ord(s[i]) -97] +=1
for i in range(lens):
    if h[ord(s[i]) -97] ==1:
        print('仅出现一次的字符是',s[i])
        flag =1
        break
if flag ==0:
    print('no')
```

程序运行结果如下：

```
请输入字符串 abcabd
仅出现一次的字符是 c
```

【示例程序 6-48】 基因相关性。

1. 问题描述

为获知基因序列在功能和结构上的相似性，需将不同序列的 DNA 进行比对，以判断 DNA 是否具有相关性。两条长度相同的 DNA 序列比对过程如下：先定义两条 DNA 序列相同位置的碱基为一个碱基对，如果一个碱基对中的两个碱基相同，则称为相同碱基对。接着计算相同碱基对占总碱基对数的比例，若比例大于或等于给定阈值，则判定该两条 DNA 序列是相关的，否则不相关。比如，两条 DNA 序列为

"ATCGCCGTAAGTAACGGTTTTAAATAGGCC"

"ATCGCCGGAAGTAACGGTCTTAAATAGGCC"

给定阈值为 0.85，最终输出结果为 True。

2. 问题分析

根据顺序查找的思想，逐个遍历字符串 a 和字符串 b 中的数据元素，判断字符串 a 和字符串 b 相同索引指向的数据元素是否相同，若数据元素相同，更新个数变量 ans。遍历结束后，将相同字符的总个数 ans 除以字符串总长度，得到相同碱基对占总碱基对数量的比例；再将其与给定阈值比较，若超过给定阈值，则输出 True，否则为 False。

3. 程序实现

程序如下：

```
s =float(input('请输入阈值'))
a =input('请输入第 1 条 DNA 序列')
b =input('请输入第 2 条 DNA 序列')
lena =len(a)
ans =0
for i in range(lena):
    if a[i] ==b[i]:
        ans +=1
if ans / lena >=s:
```

```
    print(True)
else:
    print(False)
```

程序运行结果如下：

```
请输入阈值 0.85
请输入第 1 条 DNA 序列 ATCGCCGTAAGTAACGGTTTTAAATAGGCC
请输入第 2 条 DNA 序列 ATCGCCGGAAGTAACGGTCTTAAATAGGCC
True
```

【示例程序 6-49】　验证子串。

1. 问题描述

输入字符串 s1 和字符串 s2，验证其中一个字符串是否为另一个字符串的子串。

2. 问题分析

本题可以使用字符串的 find()函数，检测字符串中是否包含子字符串，如果包含子字符串，函数返回字符串开始的索引，否则返回−1。也可以根据顺序查找的思想，在长的字符串中查找短的字符串。

3. 程序实现

程序如下：

```
#  方法 1: find 函数
s1 =input('请输入第 1 个字符串')
s2 =input('请输入第 2 个字符串')
apos =s1.find(s2)
bpos =s2.find(s1)
if apos >=0:
    print('%s is substring of %s' %(s2, s1))
elif bpos >=0:
    print('%s is substring of %s' %(s1, s2))
else:
print('No substring')
#  方法 2: 在长的字符串中查找短的字符串
s1 =input('请输入第 1 个字符串')
s2 =input('请输入第 2 个字符串')
if len(s1) <len(s2):
    s1, s2 =s2, s1
pos =0
flag =False
while pos <=len(s1) -len(s2) and not flag:
    if s1[pos: pos +len(s2)] ==s2:
        flag =True
    else:
        pos +=1
if flag:
    print(f'{s2} is substring of {s1}')
else:
    print('No substring')
```

程序运行结果如下：

```
请输入第 1 个字符串 abc
请输入第 2 个字符串 dddncabca
abc is substring of dddncabca
```

6.4.2 二分查找算法

1. 二分查找算法概述

无序序列一般使用顺序查找算法查找数据，有序序列可以使用二分查找算法。二分查找（binary search）又称折半查找、对分查找，它是一种效率很高的查找方法，但要求被查找的数据序列必须是有序的。

二分查找先将待查找键（key）与有序序列的中点位置的数据元素进行比较，如果中点位置上的元素值与待查找键不同，根据有序序列的有序性特征，可确定是在序列的前半部分还是后半部分继续查找，查找范围缩小一半。在新确定的范围内，每次都与中间位置的数据元素比较，快速缩小查找范围，直至找到待查找键或找不到为止。

2. 二分查找算法实例

数组 d 中存储了 n 个互不相同的升序数据，待查找键为 key，用变量 i 和变量 j 记录查找范围内第一个数据元素和最后一个数据元素的下标，用变量 m 记录查找范围的中点位置。中点位置上的数据 d[m]与待查找键 key 进行比较，有以下三种情况。

(1) key＝d[m]，找到待查找键 key。

(2) key＜d[m]，待查找键 key 小于中点数据 d[m]，数组 d 中数据是递增的，在[m,j]范围内不可能存在值为 key 的数据，下一次在[i,m－1]范围中继续查找。

(3) key＞d[m]，待查找键 key 大于中点数据 d[m]，与(2)理由相同，下一次在[m＋1,j]范围中继续查找。

以规模为 11 的数组 d 为例，数组元素分别为“6，12，15，18，22，25，28，35，46，58，60”，待查找键 key 为 12。在查找过程中，查找范围的变化情况如图 6-28 所示。

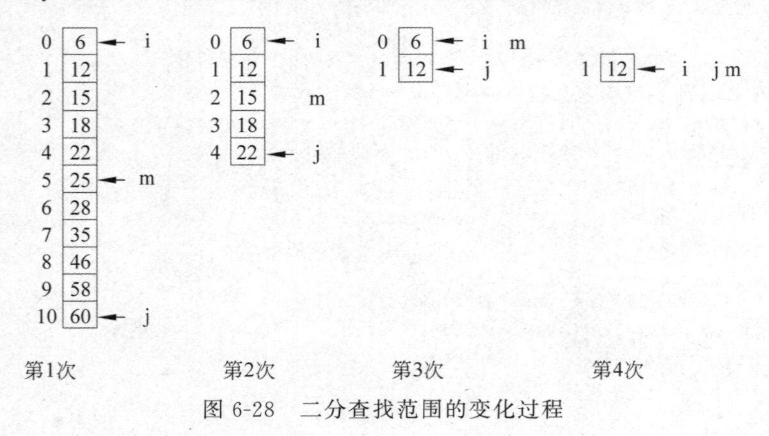

图 6-28 二分查找范围的变化过程

第 1 次比较时，查找范围是[0,10]，中点为 5，待查找键 key 小于中点数据 d[5]，下一次在[0,4]范围中继续查找。

第 2 次比较时，查找范围是[0,4]，中点为 2，待查找键 key 小于中点数据 d[2]，下一次在[0,1]范围中继续查找。

第3次比较时，查找的范围为[0,1]，中点为0，待查找键key大于中点数据d[0]，下一次在[1,1]范围中继续查找。

第4次比较时，查找的范围为[1,1]，中点为1，待查找键key与中点数据d[1]相等，找到指定的数据。

二分查找的实现程序有多种方法，示例程序介绍了其中的两种方法。

【示例程序6-50】 最基本的二分查找。

程序如下：

```
# 方法1
d =[6, 12, 15, 18, 22, 25, 28, 35, 46, 58, 60]
key =12;i =0;j =len(d) -1
while i <=j:
    m =(i +j) // 2
    if d[m] ==key:
        break
    if key <d[m]:
        j =m -1
    else:
        i =m +1
if i <=j:
    print('查找成功!第' +str(m +1) +'个')
else:
    print('没有找到!')
# 方法2
d =[6, 12, 15, 18, 22, 25, 28, 35, 46, 58, 60]
key =12;i =0;j =len(d) -1
flag =False
while i <=j and not flag:
    m =(i +j) // 2           # 计算中间位置
    if d[m] ==key:           # 若查找成功,则记录位置m并改变标记flag
        flag =True
    elif key <d[m]:
        j =m -1              # 准备在左半区继续查找
    else:
        i =m +1              # 准备在右半区继续查找
if flag:
    print('查找成功!第' +str(m +1) +'个')
else:
    print('没有找到')
```

程序运行结果如下：

```
查找成功!第2个
```

【示例程序6-51】 两数之和。

1. 问题描述

已知升序排列的整数数组numbers，数据元素互不重复。请找到数组中的两个数，它们的和等于一个特定值target，输出两个数的位置(索引加1)；若没有找到，输出[－1，－1]。比如，numbers ＝ [2, 7, 11, 15], target ＝ 9，输出的结果为[1,2]。

2. 问题分析

数组中的数据元素按升序排列,可以从第一个元素开始遍历数组,若当前元素为numbers[i],则在[i+1,len(numbers)-1]范围内使用二分查找算法查找 target - numbers[i]。如果找到,则返回[i + 1, mid + 1];如果没有找到,则输出[-1, -1]。

3. 程序实现

程序如下:

```
def two_sum(numbers, target):
    for i in range(len(numbers)):
        second_val =target -numbers[i]
        low, high =i +1, len(numbers) -1
        while low <=high:
            mid =low +(high -low) // 2
            if second_val ==numbers[mid]:
                return [i +1, mid +1]
            elif second_val >numbers[mid]:
                low =mid +1
            else:
                high =mid -1
    return [-1, -1]
```

【示例程序 6-52】 奇数和偶数数组中的二分查找。

1. 问题描述

已知正整数数组 a,其中奇数在前,偶数在后,奇数与偶数已分别升序排序,如[1,7,13,15,21,2,4,8,22,26,30,36,40]。依据二分查找算法,请设计从数组 a 中查找 key 的算法。

2. 问题分析

数组 a 中奇数在前,偶数在后,需要分析待查找键 key 是奇数还是偶数。如果 key 是奇数且中点位置的数据为偶数,说明下次查找的范围应变成[i,m-1];如果 key 是偶数且中点位置的数据为奇数,说明下次查找的范围应变成[m+1,j]。key 和中点数据同为奇数或同为偶数时,按正常的二分查找思路。

3. 程序实现

程序如下:

```
a =[1,7,13,15,21,2,4,8,22,26,30,36,40]
i =0;j =len(a)-1
key =int(input('请输入待查数据: '))
while i <=j:
    m =(i +j) // 2
    if a[m] ==key: break
    if key %2 ==0 and a[m] %2 ==1:
        i =m +1
    elif key %2 ==1 and a[m] %2 ==0:
        j =m -1
    else:
        if key <a[m] :
            j =m -1
```

```
        else:
            i =m +1
if i >j:
    print('未找到')
else:
print('数组元素 a[' +str(m) +']即为所求!')
```

程序运行结果如下：

```
请输入待查数据：13
数组元素 a[2]即为所求!
```

【示例程序 6-53】 左右交替上升序列中的二分查找算法。

1. 问题描述

左右交替上升序列，是指序列中数据最小值在最左端，第 2 小值在最右端，第 3 小值放到次左端，第 4 小值放到次右端，以此类推，最终数组最中间的数据最大。比如，a = [2, 8, 15, 23, 10, 5]，则数组 a 是左右交替上升的有序序列。请依据二分查找算法在数组 a 中查找数据 key。

2. 问题分析

数据左右交替上升，第一个数据元素到中点数据形成升序序列，中点数据到最后一个数据形成降序序列，如果查找的为升序序列，查找范围定为[1,n/2]，在这个区间内做正常的二分查找。因为左右交替序列的特殊性，数据值最小的元素和数据值次小的元素在数组中呈现对称关系，因此，在正常的左半部分有序的区间内查找结束时，再另外判断一下这个数的对称位数据。

3. 程序实现

程序如下：

```
a =[2, 8, 15, 23, 10, 5]
n =len(a) -1
key =int(input('请输入待查数据：'))
i =0;j =n // 2;flag =False
while i <=j and not flag:
    m =(i +j) // 2
    if key ==a[m]:
        flag =True
    elif key <a[m]:
        j =m -1
    else:
        i =m +1
if not flag and j >=0:
    m =n -j
    if key ==a[m]: flag =True
if flag:
    print('数组元素 a[' +str(m) +']即为所求!')
else:
    print('未找到')
```

程序运行结果如下：

```
请输入待查数据: 15
数组元素 a[2]即为所求!
```

【示例程序 6-54】 查找数组元素的起始索引和结束索引。

1. 问题描述

非递减数列有这样的特征:对于数组中所有的 i(1 <= i < n),满足 nums [i] <= nums [i + 1]。在有序非递减整数数组 nums 中,找出查找键的第一次出现索引和最后一次出现索引,如果查找键不存在,则返回[-1,-1]。例如,nums = [5,7,7,8,8,8,10],target = 8,输出的结果为[3,5]。

2. 问题分析

使用二分查找算法在有序数组中查找 target,若找到 target,则往左继续缩小范围,以确保是否是第一次出现的 target,最终 high 会指向 target 的前一个元素,因此第一个 target 的索引为 low 或 high+1。再以 target 和最后一个数据元素的索引作为二分查找的范围,查找最后一个出现的 target 的索引,如果找到 target,范围再向右侧缩,重复这个过程,直到循环结束。

3. 程序实现

程序如下:

```
def search_range(nums, target):
    low =0
    high =len(nums) -1
    while low <=high:                          #  查找第一个不小于 target 的元素下标
        mid =(low +high) // 2
        if nums[mid] <target:                  #  mid 不满足条件,左边界右移
            low =mid +1
        else:
            high =mid -1
    if low <len(nums) and nums[low] ==target:     #  找到了目标对象
        #  查找最后一个不大于 target 的元素下标
        L, R =low, len(nums) -1
        while L <=R:
            mid =(L +R) // 2
            if nums[mid] >target:              #  mid 不满足条件,右边界左移
                R =mid -1
            else:
                L =mid +1
        return [low, R]
    return [-1, -1]
nums =[5, 8, 8, 8, 8, 8, 10]
target =8
print(search_range(nums, target))
```

程序运行结果如下:

```
[1, 5]
```

【示例程序 6-55】 取菜问题。

1. 问题描述

老张需要准备 n 个菜,他在 n 个不同的餐厅订好了菜,每一道菜有两种取菜方式。

(1) 让各店的外卖员送货上门，对于第i个菜需要花费a[i]的时间。

(2) 自己去餐厅取回家，每次出门仅能取回一道菜，对于第i个菜，从出门到回家整个过程需要花费b[i]的时间。

每家餐厅都有各自的外卖员送菜，并且无论老张是否在家，他们都能把菜送到。为了节省时间，能由外卖员送的菜尽量由外卖员各自送达，请计算出最少花费多少时间能集齐所有的菜。

例如，$n=4$，a = [30,70,40,50]，b = [20,10,20,30]，那么花费时间最少的方案是第一个菜和第三个菜让外卖员送，第二个菜和第四个菜让老张自己取，一共需要40分钟。

2. 问题分析

这个问题可套用求满足条件的最小值模型。列表a为外卖员送货的时间，列表b为老张自己取需要花费的时间，构造一个有序数据区间[1,max(a)]，按值进行二分查找。用m存储当前花费的时间，遍历列表a中的元素，如果a[i]>m，则将列表b中的数据元素相加。如果累加和<=m，说明m是一个可能解，但还不一定是最少花费的时间，不断缩小右边界，继续查找，直到找到满足条件的最小值，即最优解。

3. 程序实现

程序如下：

```
def check(t):
    check =False
    total =0
    for i in range(len(a)):
        if a[i] >t:                  #  如果a[i]>t,就自己去取
            total =total +b[i]
    if total <=t:                    #  如果自己取累计时间不大于t,说明t是可能解
        check =True
    return check
a =[30, 70, 40, 50]
b =[20, 10, 20, 30]
left =1;right =max(a);ans =max(a)
while left <=right:
    m =(left +right) // 2
    if check(m)==True:               #  m是可能解,继续寻找最优解
        ans =m
        right =m -1
    else:
        left =m +1
print('最快' +str(ans) +'分钟')
```

程序运行结果如下：

```
最快40分钟
```

二分查找算法作为一种常见的查找方法，将原本是线性时间提升到了对数时间范围，大大缩短了搜索时间。二分查找问题基本上分为两类，即找特定值和找满足条件的最值。

练习题

一、选择题

1. 要从 n 个数据元素中顺序查找某个元素是否存在,最多的比较次数是(　　)次。

A. 1　　B. $n/2$　　C. n　　D. n^2

2. 某查找算法的代码如下:

```
key =int(input())
s =0
a =[3, 5, 8, 10, 5, 6, 9, 5, 36, 35]
for i in range(len(a)):
    if a[i] ==key:
        s =s +1
print(s)
```

当输入 key 的值为 5 时,执行该代码处理后输出的结果是(　　)。

A. 0　　B. 1　　C. 2　　D. 3

3. 某次测试结束,从本班的测试成绩(a[0]~a[n-1])中查找是否存在某个分数 key,其顺序查找的程序段如下:

```
#  数组 a 中的数据从 chengji.csv 中导入,代码略
n =len(a)
s =0
key =int(input('请输入待查找的分数: '))
for i in range(n):
    if ________:
        s =s +1
        break
if s >0:
    print('查找成功,待查数据在数组中的下标为: ', i, sep=' ')
else:
    print('未找到')
```

下画线处的语句是(　　)。

A. a[i]= key　　B. a[i] > key　　C. a[i]! = key　　D. a[i] == key

4. 在 10 个有序的数“21,45,56,65,68,72,79,83,88,96”中用二分查找算法查找 75,则依次需要进行比较的数据是(　　)。

A. 68,83,72　　B. 21,45,56,65,68,72,79

C. 68,83,72,79　　D. 68,45,56,65

5. 某二分查找的程序段如下:

```
i =0;j =7;cs =0
while i <=j:
    cs =cs +1
```

```
    m = (i + j) // 2
    if a[m] == key:
        break
    elif a[m] < key:
        i = m + 1
    else:
        j = m - 1
```

数组元素 a[0]～a[7]的值分别是"11,22,33,44,55,66,77,88"。运行该程序段,cs 的值为 2,则 key 可能的值是(　　)。

A. 33 或 77　　B. 22 或 66　　C. 22 或 77　　D. 33 或 66

6. 某二分查找的程序段如下：

```
i = 0; j = 9; key = 42
while i <= j:
    m = (i + j) // 2
    if a[m] == key:
        break
    elif a[m] < key:
        i = m + 1
    else:
        j = m - 1
```

已知 a[0]～a[9]的值分别是"5,7,9,13,18,23,36,38,49,80",运行该程序段,下列表达式的值为 True 的是(　　)。

A. j==m−1　　B. j>m+1　　C. i=m+1　　D. i=m−1

7. 某程序段如下：

```
import random
a = [1, 5, 24, 35, 38, 41, 45, 69, 78]
i = 0; j = 8; s = ""
key = random.randint(1, 100)
flag = False
while i <= j and flag == False:
    m = (i + j) // 2
    if key == a[m]:
        s = s + 'M'
        flag = True
    if key < a[m]:
        j = m - 1
        s = s + 'L'
    else:
        i = m + 1
        s = s + 'R'
```

数组元素 a[0]～a[8]的值依次为"1,5,24,35,38,41,45,69,78"。运行该程序段,变量 s 可能的值是(　　)。

A. LLR　　B. LLMR　　C. RMR　　D. RRRM

二、上机实践题

1. 每位读者在图书馆可以凭借阅卡借阅书籍，借阅卡的卡号是唯一的，服务器的数据库中记录着每位读者的卡号、姓名、电话等信息。每当读者借书刷卡时，卡号被输入计算机进行查找，找到则显示姓名，否则输出“查无此人”。请编写程序，实现根据卡号查找姓名的功能。

2. 查找最长不重复字符串的子串。字符串内容为"abcabcbb"，字符串的子串有"a"、"ab"、"abc"、"abca"、"abcab"等，没有重复字符且长度最长的为"abc"。请编写程序，找出字符串的最长不重复子串。

3. 在一个单词列表中，找出只使用键盘的某一行就可输入的单词。比如，单词列表为["Hello", "Alaska", "Dad", "Peace"]，输出结果为["Alaska", "Dad"]。请编写程序，根据单词列表，找出只使用键盘的某一行就可输入的单词。

4. 查找升序数组的数字，若数字有重复，则返回最后的索引。例如，array = [2,7,7,7,7,7,15], query =7，则输出 5。

5. 找出列表中大于目标字母的最小字母。给定一个只包含小写字母的已排序字符列表，再给定一个目标字母，找出列表中大于目标字母的最小字母。比如，letters = ["c", "f", "j"]，target = "a"，则输出 c。

6.5 迭代算法

6.5 迭代算法

6.5.1 迭代算法概述

迭代算法是计算机解决问题时经常采用的方法，迭代算法也称辗转算法，是一种不断用变量的旧值递推新值的算法。利用迭代算法处理问题，需要考虑以下三个方面，即确定迭代变量、建立迭代关系式、控制迭代过程。

6.5.2 迭代算法实例

迭代算法分为精确迭代和近似迭代。

1. 精确迭代

精确迭代是指通过迭代得到一个精确的解。求最大公约数、进制转换、质因数分解、角谷猜想所用的算法都属于精确迭代。

【示例程序 6-56】 角谷猜想。

1) 问题描述

对于任意一个正整数 n：若 n 为偶数，将其除以 2；若 n 为奇数，将其乘以 3 再加 1。重复有限次运算后，最终值将变成 1。请根据任意正整数 n，输出 n 的变化过程。

2) 问题分析

整数 n 变化到 1 的过程，可以认为是不断地将 n 的值更新迭代，具体步骤如下。

(1) 设定 n 为迭代变量，初始值为用户输入的正整数值。

(2) 确定迭代公式，迭代关系是 n=n * 3+1(当 n 为奇数)和 n=n/2(当 n 为偶数)。

(3) 重复步骤(2)，直到 n 的值为 1，迭代结束。

3）程序实现

程序如下：

```
def Jiaogu(x):
    while x !=1:
        if x %2 ==1:
            print(x,'* 3+1=', x * 3 +1)
            x =x * 3 +1
        else:
            print(x,'//2=', x // 2)
            x =x // 2
n =int(input())
Jiaogu(n)
```

程序运行结果如下：

```
8
8 //2=4
4 //2=2
2 //2=1
```

【示例程序 6-57】 输出数列中最大连续重复子串的长度。

1）问题描述

重复输入大于0且小于9的整数字符串，输入0代表结束输入，请输出数列中最大连续重复子串的长度。例如，依次输入“1 7 7 9 1 0”，最大连续重复子串为"7 7"，长度为2。

2）问题分析

(1) 设定a为迭代变量，初始值为用户输入的正整数值。

(2) 确定迭代公式，迭代关系是x=a，x代表前一个元素，a代表当前元素，对当前输入元素进行计数，若输入了不一样的值，说明不是连续重复子串，则更新元素，元素个数从1开始计数。

(3) 重复步骤(2)，循环迭代，直到a的值为0。

3）程序实现

程序如下：

```
x =0;i =1;m =0
a =int(input('请输入: '))
while a !=0:
    if a !=x:
        x =a
        i =1
    else:
        i +=1
        if i >m:
            m =i
    a =int(input('请输入: '))
print(m)
```

程序运行结果如下：

```
请输入：1
请输入：7
请输入：7
请输入：9
请输入：1
请输入：0
2
```

【示例程序 6-58】 图像压缩。

1）问题描述

BMP 图片能压缩的一个原因是图片本身存在空间冗余，即一幅图像的像素之间往往存在着连贯性。假设此图为 256 色位图图像，第一行有 16 个白色像素，每个像素颜色用一个 FF 表示，存储信息用十六进制描述为 FF，FF，FF，…，FF(16 个 FF)。压缩后可以用 2 字节 10FF 表示，第 1 字节 10 表示数量，第 2 字节 FF 表示颜色，存储空间为原来的 1/8。现在对 256 色位图图像信息进行压缩，算法描述如下。

(1) 像素用十六进制编码。

(2) 压缩像素，用 2 字节作为一个单元存储，第 1 字节存储连续相同像素的个数，第 2 字节存储此像素的颜色编码。

(3) 连续相同像素若超过 255 个，则用多个单元存储该连续像素。例如，对于 256 个 AA，则分为两部分空间存储，即 255 个 AA 和 1 个 AA，表示为 FFAA 和 01AA，如图 6-29 所示。

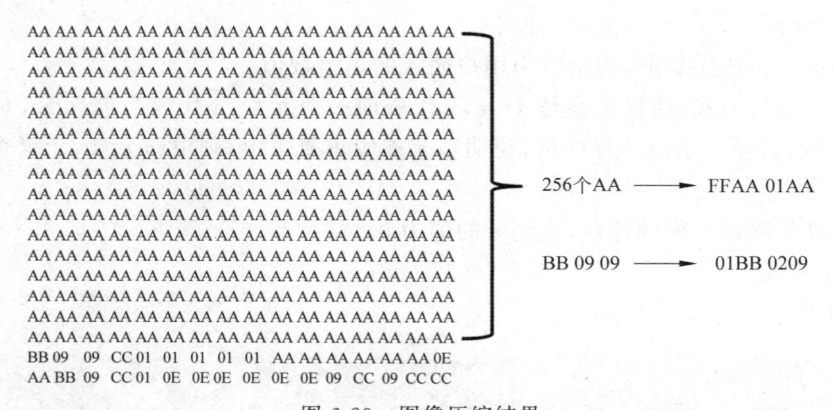

图 6-29 图像压缩结果

2）问题分析

将字符串按空格分割到列表中，设定迭代变量为 key，key 的初值为第一个元素的值。依次向后搜索，若列表中的数据元素与 key 相同，则计数；若不相同，则更新迭代变量的值，继续向后搜索，直到遍历完所有的数据元素。

3）程序实现

程序如下：

```
def dtoh(n):
    tmp =''
    while n >0:
        r =n %16
        n =n // 16
        if r >9:
            tmp =chr(r +55) +tmp
        else:
            tmp =str(r) +tmp
    tmp ='0' +tmp
    return tmp[-2: ]
list1 ='AB AB AA AA AA AA AA AA AA AA AA AA D9'.split()
print('原始数据信息')
print(list1)
print('------------------------------------')
n =len(list1)
list1.append('OV')
ans =[]
key =list1[0]
pos =1
while pos <len(list1):
    count =1
    while pos <len(list1) and key ==list1[pos]:
        count +=1
        pos +=1
    tim =count // 255
    rem =count %255
    for i in range(tim):
        ans.append(dtoh(255) +key)
    if rem >0:
        ans.append(dtoh(rem) +key)
    key =list1[pos]
    pos +=1
print('压缩数据信息')
print(ans)
```

程序运行结果如下：

```
原始数据信息
['AB', 'AB', 'AA', 'AA', 'AA', 'AA', 'AA', 'AA', 'AA', 'AA', 'AA', 'AA', 'D9']
------------------------------------
压缩数据信息
['02AB', '0AAA', '01D9']
```

2. 近似迭代

牛顿迭代法是一种典型的近似迭代，它通过先选一个近似值，再逐渐逼近，得到一个最优的近似值。

【示例程序 6-59】 求 e 的值。

1）问题描述

用近似公式求自然对数的底 e 的值，直到最后一项的值小于 10^{-5}。

$$e \approx 1 + \frac{1}{1!} + \frac{1}{2!} + \frac{1}{3!} + \frac{1}{4!} + \cdots + \frac{1}{n!}$$

2) 问题分析

e的值不断逼近,得到一个最优的近似值,不断地将e的值更新迭代,具体步骤如下。

(1) 设定e为迭代变量,初始值为0。

(2) 确定迭代公式,迭代关系是e=e+1/jc,其中,i=i+1,jc=jc×i。

(3) 重复步骤(2),循环迭代,直到1/jc的值小于10^{-5}。

3) 程序实现

程序如下:

```
e =0;jc =1;i =0
while 1 / jc >=0.00001:
    e =e +1 / jc
    i =i +1
    jc =jc * i
print(round(e, 5))                # 将e以保留5位小数的格式输出
```

程序运行结果如下:

```
2.71828
```

【示例程序6-60】 求$\sqrt{2}$的值。

1) 问题描述

在计算机中求$\sqrt{2}$的值的方法是:先估算一个接近$\sqrt{2}$的值s(如取1),当满足条件$|s^2-2|<0.0001$时,s即为$\sqrt{2}$的近似值(四舍五入保留4位小数)。

2) 问题分析

先估算出$\sqrt{2}$的值的范围为1~2,然后取这两个值的平均值,再与$\sqrt{2}$的值进行比较,根据两者的大小关系,再确定下一次的取值范围,以此来实现快速逼近$\sqrt{2}$的近似值。具体步骤如下。

(1) 设定s为迭代变量,初始值为1和2的平均值。

(2) 确定迭代公式,迭代关系是s =(left+right)/2。

(3) 重复步骤(2),循环迭代,直到abs(s * s - 2) >= 0.00000001。

3) 程序实现

程序如下:

```
left =1
right =2
s =(left +right) / 2
while abs(s * s -2) >=0.00000001:
    if s * s >2:
        right =s
    elif s * s <2:
```

```
        left =s
    s =(left +right) / 2
s =round(s, 8)
print(s)
```

程序运行结果如下：

```
1.41421356
```

练习题

一、选择题

1. 某细菌繁殖用简单的一分为二的分裂方式，每次分裂需要用时 5 分钟。将若干个该品种的细菌放在一个盛有营养液的容器内，45 分钟后容器内充满了该细菌。已知容器中最多可以装 220 个该细菌，请问开始往容器内放了多少个细菌？

```
gs =2 * * 20
for i in range(1, 10):
    ________
    print(gs)
```

下画线处填入的表达式为（　　）。

A. gs＝gs＊2　　B. gs＝gs＋2　　C. gs＝gs//2　　D. gs＝gs－2

2. 显示输出由 0、1 组成的字符串中最长连续相同字符的长度的程序如下：

```
s="001011101"; st=0; maxd=1; k=0
for i in range(0,len(s)):
    c=int(s[i])
    ____①____
    if k==i-st+1 or k==0:
        if i-st+1>maxd:
            ____②____
    else:
        ____③____
print(maxd)
```

下画线处可选代码为

① maxd＝i－st＋1　　② k＝k＋c　　③ st＝i; k＝c

则下画线处语句依次为（　　）。

A. ①②③　　B. ①③②　　C. ③①②　　D. ②①③

二、上机实践题

1. 某压缩算法的基本思想是用一个数值和一个字符代替具有相同值的连续字符串。例如，输入字符串"RRRRRGGBBBBBB"，压缩后为"5R2G6B"，请使用迭代算法编程实现。

2. 方程为 $ax^3+bx^2+cx+d=0$，输入系数 a、b、c 和 d，求 x 在 1 附近的一个实根。牛

顿迭代法的公式是：$x=x_0-f(x_0)/f'(x_0)$，迭代到$|x-x_0|\leqslant 10^{-5}$时结束，请使用牛顿迭代法求方程的根。

3. 数学家斐波那契在《算盘书》里排了一个数列：1,1,2,3,5,…这个数列可以和黄金分割联系起来。这个数列越排到后面，前一个数与后一个数的比值就越接近0.618，就是黄金分割的近似值。请使用迭代算法编写程序计算斐波那契数列的第n项。

6.6　递归算法

6.6　递归算法

6.6.1　递归算法概述

递归(recursion)是一种解决问题的方法，其精髓在于将问题分解为规模更小的相同问题，持续分解，直到问题规模小到可以用非常简单直接的方法来解决。递归的问题分解方式非常独特，其算法方面的明显特征就是调用自身。

6.6.2　递归算法实例

使用递归算法解决问题有以下三大要素。

(1) 递归结束条件：递归算法必须有一个结束条件，指向最小规模问题的解决。

(2) 缩小问题规模：递归算法必须能改变状态向结束条件演进。

(3) 递归公式：构建调用自身的递归公式。

例如，利用递归算法求n的阶乘($n!=1\times2\times3\times\cdots\times n$)。

设函数$\text{fac}(n)=n!$，则$\text{fac}(n)$为$n\times\text{fac}(n-1)$，若n的值为0，$0!=1$，则$\text{fac}(0)=1$。可表示为

$$\text{fac}(n)=\begin{cases}1, & n=0\\ n\times\text{fac}(n-1), & n>0\end{cases}$$

根据递归三要素，先确定递归结束条件，当$n=0$时递归结束，即当递归算法问题规模n为0时，返回结果为1。再缩小问题规模，求从$n!$的问题可以转换成求$(n-1)!$的问题。求$(n-1)!$的问题可以转换成求$(n-2)!$的问题。求$(n-2)!$的问题又可以转换成求$(n-3)!$的问题，如此继续，直到最后转换成求$0!$的问题。最后得出递归公式，递归公式是$\text{fac}(n)=n\times\text{fac}(n-1)$。

用数学表达式展现递归过程：

```
fac(5)                               #  第 1 次调用 fac(5)
5 * fac(4)                           #  第 2 次调用 fac(4)
5 * (4 * fac(3))                     #  第 3 次调用 fac(3)
5 * (4 * (3 * fac(2)))               #  第 4 次调用 fac(2)
5 * (4 * (3 * (2 * fac(1))))         #  第 5 次调用 fac(1)
5 * (4 * (3 * (2 * 1 * fac(0))))     #  第 6 次调用 fac(0)
5 * (4 * (3 * (2 * (1 * 1))))        #  返回(1 * 1)
5 * (4 * (3 * (2 * 1)))              #  返回(2 * 1)
```

```
5 * (4 * (3 * 2))   #  返回(3 * 2)
5 * (4 * 6)         #  返回(4 * 6)
5 * 24              #  返回(5 * 24)
120
```

从 fac(5)依次递推到 fac(4)、fac(3)、fac(2)、fac(1)，最终递推到 fac(0)的过程，就是递的过程，然后返回 fac(0)的结果后，得到 fac(1)、fac(2)、fac(3)、fac(4)，最终得到 fac(5)的值，这个过程是归的过程。

问题规模的变化、递归的出口和调用返回的过程如图 6-30 所示。

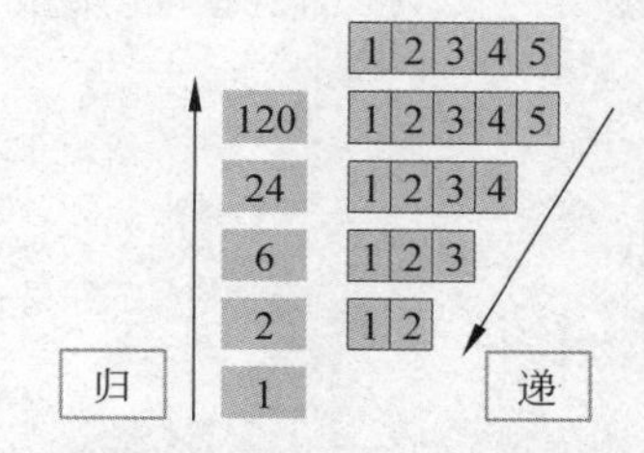

图 6-30 问题规模的变化、递归的出口和调用返回的过程

程序实现如下。

【示例程序 6-61】 递归实现阶乘。

程序如下：

```
def fac(n):
    if n ==0 or n ==1:          #  条件也可写成 n <=1
        return 1
    else:
        return (n * fac(n -1))
print(fac(5))
```

程序运行结果如下：

```
120
```

【示例程序 6-62】 回文串判断。

1. 问题描述

回文串是一个正读和反读都一样的字符串，如"level"或者"123321"等都属于回文串。使用递归算法判断回文串的算法描述如下：若字符串的首尾相同，去掉前后两端的字符，继续判断剩余字符串中的字符两端是否相等。以此类推，直到剩余的字符串长度是 0 或 1。

2. 问题分析

字符串长度为 1 或 0 时，返回 True。字符串首尾元素不相同时，返回 False；字符串首尾元素相同时，调用 hw(s[1:-1])语句，将问题规模缩小到字符串 s[1:-1]。再以 s[1:-1]为新的字符串，重复前面的判断过程，即判断字符串长度是否为 1 或 0，首尾元素是否相同。使用递归算法来解决问题，递归结束条件是长度为 0 或 1，或者首尾元素不同。递归调用语句如下：

```
hw(s[1: -1])
```

3. 程序实现

程序如下：

```
def hw(s):
    if len(s) <=1:
        return True
    elif s[0] !=s[len(s) -1]:        #  此处也可以写成 s[-1]
        return False
    else:
        return hw(s[1: -1])
s =input('输入一个字符串：')
if hw(s):
    print('回文串')
else:
    print('非回文串')
```

程序运行结果如下：

```
输入一个字符串：level
回文串
```

【示例程序 6-63】 汉诺塔问题。

1. 问题描述

汉诺塔游戏的装置上面有 3 根柱子，其中最左侧一根柱子上面放着从小到大排列的 n 个圆盘。游戏的目标是把所有圆盘从最左侧柱子上移动到最右侧柱子上，中间柱子为过渡。游戏规定每次只能移动一个圆盘，并且大盘子不能压在小盘子上面。

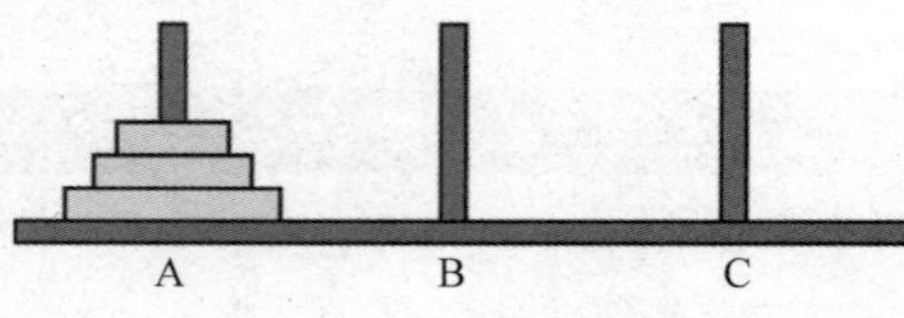

图 6-31　3 个圆盘抽象后的模型

汉诺塔游戏用符号化表示可抽象为：从左到右有 A、B、C 3 根柱子，其中 A 柱子上面放着从小到大的 n 个圆盘，现要求按一定规则，将 A 柱子上的圆盘移到 C 柱子上。如图 6-31 所示是 3 个圆盘抽象后的模型。

2. 问题分析

对于汉诺塔问题的求解，可以通过递归算法的三要素来描述。

递归算法的结束条件是问题规模最小时的情况，即 A 柱子上只有一个圆盘，此时将圆盘从 A 柱子移动到 C 柱子。n 个圆盘从 A 柱子借助 B 柱子移动到目标 C 柱子上，可表示为 Hanoi(n, A, B, C)，要实现这个过程，需要经过下面三步。

(1) 将 A 柱子上的 $n-1$ 个圆盘借助 C 柱子先移动到 B 柱子上，可表示为 Hanoi($n-1$, A, C, B)，问题规模缩小为 $n-1$。

(2) 把 A 柱子上剩下的一个圆盘移动到 C 柱子上，可表示为 move(A, C)。

(3) 将 $n-1$ 个圆盘从 B 柱子借助 A 柱子移动到 C 柱子上，可表示为 Hanoi($n-1$, B, A, C)，问题规模缩小为 $n-1$。

递归表达式为 Hanoi($n-1$, A, C, B)和 Hanoi($n-1$, B, A, C)。

3. 程序实现

程序如下：

```
def Hanoi(n, A, B, C) :
    if (n ==1) :
        move(A, C)              #  只有一个圆盘时直接从 A 柱子移动到 C 柱子上
    else :
        Hanoi(n -1, A, C, B)    #  将 A 柱子的 n-1 个圆盘借助 C 柱子移动到 B 柱子上
        move(A, C)              #  将 A 柱子上最后一个圆盘直接移动到 C 柱子上
        Hanoi(n -1, B, A, C)    #  将 B 柱子上的 n-1 个圆盘借助 A 柱子移动到 C 柱子上
```

【示例程序 6-64】 Pell 数列。

1. 问题描述

Pell 数列 $a_1, a_2, a_3, \cdots$ 的定义如下：

$$a_1=1, a_2=2, \cdots, a_n=2a_{n-1}+a_{n-2} (n>2)$$

2. 问题分析

通过 Pell 数列的定义可以发现，数列第 n 项与第 $n-1$ 项、第 $n-2$ 项的值有关，从通项公式 $a_n=2a_{n-1}+a_{n-2}$ 可知，采用递归算法可以解决该问题。

设函数 pell(n)表示求第 n 项的值，则递归结束条件是 pell(n)$=n$，其中 $n \leqslant 2$。

递归公式为 pell(n)$=2\times$pell($n-1$)$+$pell($n-2$)，其中 $n>2$。

3. 程序实现

程序如下：

```
def pell(n):
    if n <=2:
        return n
    else:
        return 2 * pell(n -1) +pell(n -2)
n =int(input('请输入 n: '))
print(pell(n))
```

程序运行结果如下：

```
请输入 n: 3
5
```

【示例程序 6-65】 倒着念游戏。

1. 问题描述

有 n 个整数，将第一个数加上 1，第二个数加上 2，第三个数加上 3，以此类推，最后倒着念出来。比如，输入 5 个数，分别是 1、2、3、4、5，5 个数依次加上 1、2、3、4、5 后，结果为 2、4、6、8、10，倒着念出来的结果为 10、8、6、4、2。

2. 问题分析

对应到递归算法的三要素：n 个数分别加上 $1,2,3,4,\cdots,n-1$，因此加上多少，取决于这个数所在的索引，若索引为 2，推算出是第 3 个，加上 3，即该数的索引值+1。递归算法必须有一个基本的结束条件，索引 i 的值为 0，输出结果为 a[i] + 1，这是最后一个念的数字，

念完游戏就结束了。

问题规模从 n 个数依次递减 1。倒着念意味着要先输出最右侧的值，然后将范围缩小为 $n-1$ 个数，因此先有输出语句，再递归调用 add(i − 1)。

3. 程序实现

程序如下：

```
def add(i):
    if i ==0:
        print(a[i] +1, end='')
    else:
        print(a[i] +i +1, end='')
        add(i -1)
n =int(input('请输入数的个数：'))
a =list(map(int, input('请输出这些数：').split()))
add(n -1)
```

程序运行结果如下：

```
请输入数的个数：5
请输出这些数：1 2 3 4 5
10 8 6 4 2
```

练习题

一、选择题

1. 有如下程序段：

```
def fun(n):
    if n <2:
        return str(n)
    else:
        return fun(n // 2) +str(n %2)
```

调用语句 print(fun(11))后，程序输出的结果为(　　)。

A. 10　　B. 11　　C. 1101　　D. 1011

2. 下列程序运行后，结果为(　　)。

```
def qpow(a, b):
    if b:
        if b %2:
            return a * qpow(a * a, b // 2)
        return qpow(a * a, b // 2)
    return 1
print(qpow(2, 5))
```

A. 10　　B. 4　　C. 32　　D. 1024

二、上机实践题

1. 运行程序,查看结果并思考先输出后递归和先递归后输出的区别。

```
def fun1(x):
    if x >0:
        print(x)
        fun1(x -1)
def fun2(x):
    if x >0:
        fun2(x -1)
        print(x)
fun1(5)
fun2(5)
```

2. 利用递归算法编程实现求两个整数的最大公约数。

3. 角谷猜想。对于任意一个正整数 n,若 n 为偶数,将其除以 2;若 n 为奇数,将其乘以 3,然后加 1。经过有限次运算后,就能够得到整数 1。

4. 输入两个正整数 x、y($y \leqslant 16$),将十进制数 x 转换为 y 进制。请用递归算法编程实现。

5. 有 n 个数:1,2,3,4,5,…,n。每次可以选择其中一些数并且将这些数减去 x(x 不定),求将这些数全部变成 0 最少需要几次操作。请用递归算法编程实现。

6. 有一个 $n \times n$ 的矩阵,要从 A 位置走到 B。剩余位置要么是“.”,表示路能走,要么是“#”,表示墙不能走。请用递归算法判断是否能从 A 到达 B。

第 3 篇

数据结构的 Python 实现

第 7 章　数据结构

本章导读

“好”的程序都有一个结构化的灵魂。

要编写出一个“好”的程序，必须分析待处理的对象的特征及各对象之间存在的关系，这就是数据结构要研究的问题。

数据的结构直接影响算法的选择和效率。广义上讲，数据结构是指一组数据的存储结构。算法就是操作数据的一组方法。数据结构是为算法服务的，算法要作用在特定的数据结构之上。

数据结构大致上分为线性结构与非线性结构。线性结构的特点是数据元素之间存在一对一的线性关系。其有两种不同的存储结构，即顺序存储结构(数组)和链式存储结构(链表)。顺序存储的线性表称为顺序表，顺序表中的存储元素是连续的。链式存储的线性表称为链表，链表中的存储元素不一定是连续的，元素节点中存放数据元素以及相邻元素的地址信息。线性结构常见的有数组、队列、链表和栈。非线性结构包括广义表、树结构和图结构。

程序＝数据结构＋算法。数据结构是算法的基础，数据结构和算法思想的通用性异常的强大，在任何语言中都能被使用，它们将是编程中的长久利器。数据结构和算法思想也可以帮助我们拓展和历练编程思维，让我们更好地融入编程世界。

7.1　队列

7.1　队列

7.1.1　队列概述

1. 队列概念

队列是一种先进先出的线性表，允许插入的一端称为队尾，允许删除的一端称为队首，队列中的数据元素称为队列元素。在队列中插入一个元素称为入队，从队列中删除一个元素称为出队，如图 7-1 所示。元素 a_1 最先入队，是队首元素；元素 a_n 最后入队，是队尾元素。

2. 队列特性

由队列的定义可知，队列具备“先进先出、后进后出”的特点。如图 7-1 所示，出队时，先入队的队首元素 a_1 优先出队，紧接着是 $a_2,a_3,\cdots,a_{n-1}$，队尾元素 a_n 最后出队。

队列是一种线性表结构，元素个数是有限的。队列既可以是空的，也可以包含多个元素。队列中所有元素呈现线性特征，队首元素只有一个后继节点，队尾元素只有一个前驱节

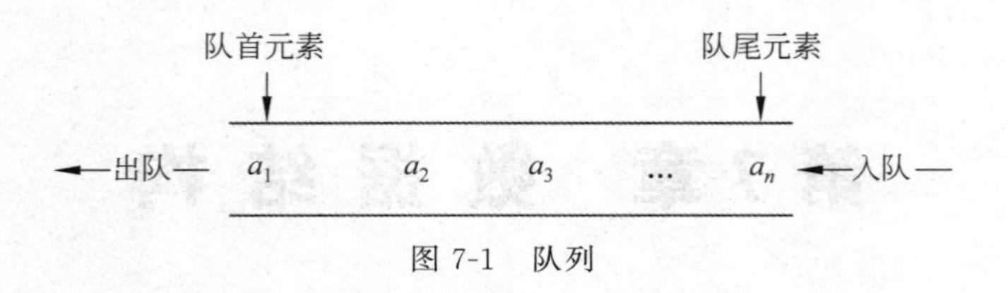

图 7-1 队列

点，其他元素既有一个前驱节点，又有一个后继节点。

3. 队列的存储结构

队列一般按顺序结构存储，可以用数组来实现。如图 7-2 所示，数组 que 中存储了一个队列，共有 4 个元素，队首在索引 0 的位置，队尾在索引 3 的位置。由于在入队和出队过程中，队首元素和队尾元素在数组 que 中的位置在改变，因此需要设置头指针变量 head 和尾指针变量 tail。head 记录队首元素所在的位置，tail 用来记录队尾元素的下一个位置。

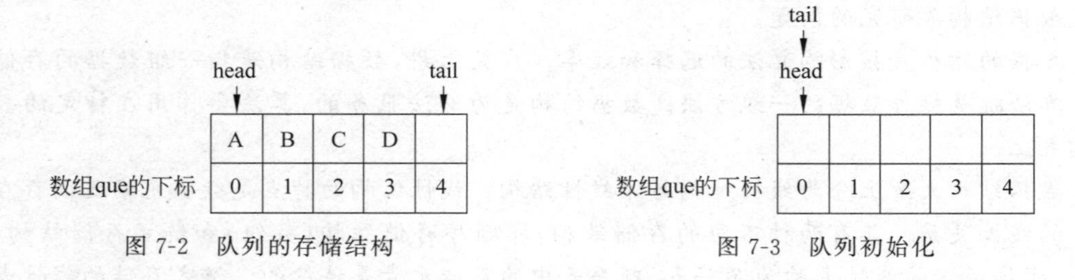

图 7-2 队列的存储结构　　图 7-3 队列初始化

7.1.2 队列的实现

队列的基本操作及其实现方式如下。

建队：创建空队列，第一步设置队列包含的元素个数，第二步利用列表创建队列，第三步将头指针 head 和尾指针 tail 都设置为 0，如图 7-3 所示。

清空队列：只需要将头指针 head 和尾指针 tail 都设置为 0。

判断队列是否为空：若头指针 head 等于尾指针 tail，则队列为空。

求队列元素个数：队列元素个数等于尾指针 tail 减去头指针 head。

入队：队列只能在队尾插入元素，插入时，首先将 que[tail]赋值为要插入的队列元素，其次将尾指针 tail 的值加 1，如图 7-4 所示。

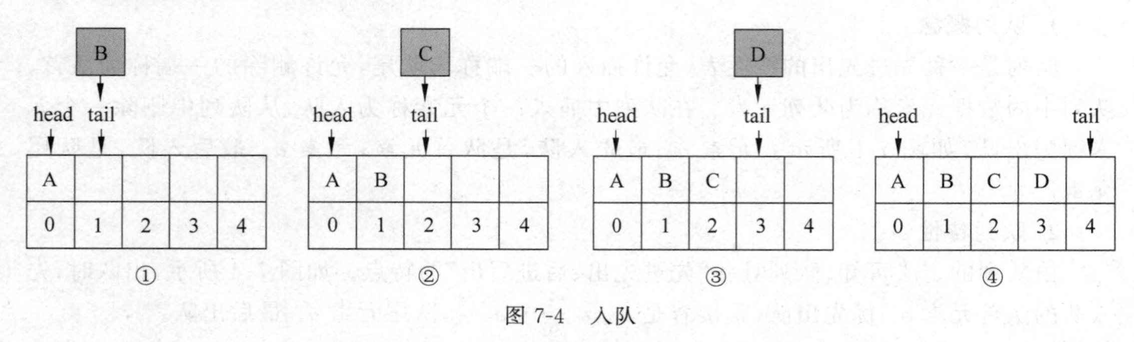

图 7-4 入队

出队：只有排在队首的元素才能出队，头指针 head 的值加 1。当 head 的值等于 tail 值时，队列为空。如图7-5所示，由于head和tail都是不断累加的一个过程，数组中由于出队而出现的空闲位置并不能用来入队，这就造成了存储空间的浪费，使得队列能存储的空间越来越少。解决该问题的办法是将队列的头尾相连，形成循环队列，详见第7.1.4小节。

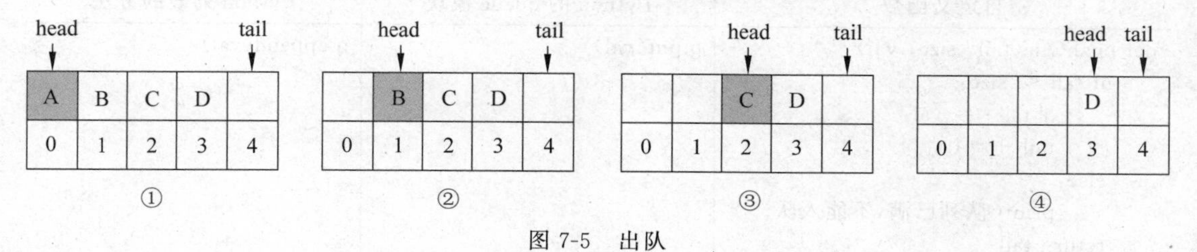

图7-5 出队

打印队列：从队首元素开始依次输出元素，直到队尾元素结束。本质上是队列中的元素依次出队。

下面用列表来描述队列各类操作具体的实现过程。

1. 建队

【示例程序7-1】 建队。

数组方式	Python的queue模块	Python列表的方法

global size
size = 5 # 队列的长度
q = [''] * size
head = tail = 0
	import queue
	q = queue.Queue()
		q = []

2. 清空队列

【示例程序7-2】 清空队列。

自定义函数	Python的queue模块	Python列表的方法

def clearQue(head, tail):
    head, tail = 0, 0
    return head, tail
	q.queue.clear()	q = []

3. 判断队列是否为空

【示例程序7-3】 判断队列是否为空。

自定义函数	Python的queue模块	Python列表的方法
def isEmpty(head, tail): return head == tail	q.empty()	empty = q == []

4. 求队列元素个数

【示例程序7-4】 求队列元素个数。

自定义函数	Python的queue模块	Python列表的方法
def getSize(head, tail): return tail-head	q.qsize()	size = len(q)

5. 入队

【示例程序 7-5】 入队。

自定义函数	Python 的 queue 模块	Python 列表的方法

def pushQue(tail, size, val):
    if tail < size:
        q[tail] = val
        tail +=1
    else:
        print('队列已满,不能入队。')
    return tail
	q.put(val)	q.append(val)

6. 出队

【示例程序 7-6】 出队。

自定义函数	Python 的 queue 模块	Python 列表的方法

def popQue(head, tail):
    if head==tail:
        print('队列已空,不能出队')
        val = None
    else:
        val = q[head]
        head += 1
    return head, val
	q.get()	val = q.pop(0)

7.1.3 队列应用实例

【示例程序 7-7】 输出循环移位后的序列。

1. 问题描述

对于一个给定的字符序列 s,请把其循环左移 k 位后的序列输出。例如,字符序列 s="abcXYZdef",要求输出循环左移 3 位后的结果,即"XYZdefabc"。

2. 问题分析

例如,序列"abcd"向左移 3 位,最终变换为"dabc",以队列方式描述如下:

初始化	索引	0	1	2	3	4
	值	a	b	c	d	
		head				tail

向左移 1 位时,队列的变化如下:

第 1 次左移	索引	0	1	2	3	4	5
	值	a	b	c	d	a	
			head				tail

继续向左移 1 位时，队列的变化如下：

第 2 次左移	索引	0	1	2	3	4	5	6
	值	a	b	c	d	a	b	
				head				tail

每向左移 1 位，都将队首元素出队并添加到队尾，即可解决该问题。

3. 程序实现

程序如下：

```
def move(k, q):
    global head
    global tail
    if k >len(q): k =k %len(q)
    for i in range(k):
        q[tail] =q[head]
        head +=1
        tail +=1
    return q
q =[None] * 100
s =input()
for i in range(len(s)):
    q[i] =s[i]
head, tail =0, len(s)
k =int(input('移位 k 的值'))
q =move(k, q)
print('移位后结果: ', ''.join(q[head: tail]))
```

【示例程序 7-8】 求最少操作次数。

1. 问题描述

给定一个数 x=1，要么进行 x+1 运算，要么进行 x×2 运算，最终计算获得 target，求最少需要的操作次数。例如，target=10，x=1→2→4—→5→10，最少需要 4 次操作。

2. 问题分析

(1) 初始化队列 q，存储 x+1 或 x×2 的结果。

(2) 初始化数组 f，f[i]表示第一次出现 i 所需要的操作次数，−1 表示这个数没有出现。

(3) 循环搜索 target。

① cur=队首，队首出队列。

② 判断队首是否等于 target：如是，则打印 f[target]，且结束循环。

③ f 数组判断 cur+1 是否存在队列 q 中，若不存在，cur+1 入队，且计算 f[cur+1]的值。

④ f 数组判断 cur * 2 是否存在队列 q 中，若不存在，cur * 2 入队，且计算 f[cur * 2]的值。

3. 程序实现

程序如下：

```
target =int(input('输入目标数'))
q =[0] * 1000
```

```
#  f[i]表示第一次出现 i 所需要的操作次数，-1 表示这个数没有出现
f =[-1] * 1000
head =tail =0
q[tail] =1
tail +=1
f[1] =0
while True:
    cur =q[head]
    head +=1
    if cur ==target:
        print(f[target])
        break
    if f[cur +1] ==-1:
        f[cur +1] =f[cur] +1
        q[tail] =cur +1
        tail +=1
    if f[cur * 2] ==-1:
        f[cur * 2] =f[cur] +1
        q[tail] =cur * 2
        tail +=1
```

7.1.4 循环队列

循环队列是一种特殊的队列，它将队列的队首和队尾连接起来，形成逻辑上的环状结构。普通队列中，由于头指针 head、尾指针 tail 总是在不停地加 1，这导致当有队列元素出队之后，存储结构中前面的空闲位置不能继续使用。如图 7-6(a)所示，某队列分配的最大空间为 5，其最后一个位置上的元素为 E，此时，数组中存在空闲位置，但新元素不能入队。将该队列改为循环队列，形成环状结构，此时 head 为 4，tail 重新指向队首 0。当新元素入队时，就加入队首，tail 的值变为 1，如图 7-6(b)所示。

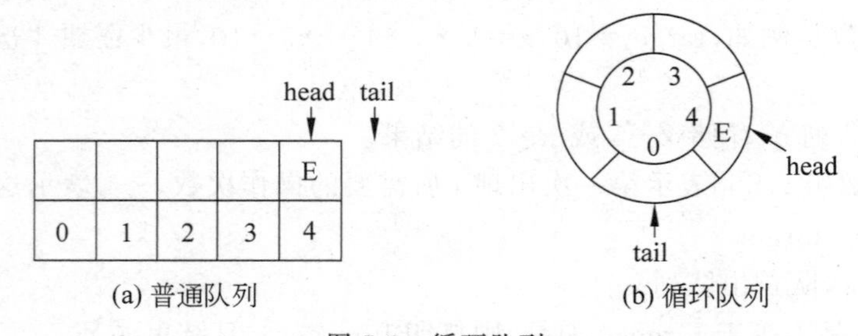

图 7-6　循环队列

在存储循环队列中的队列元素时，队首和队尾之间必须有一个位置是空的，其目的在于区分判断队列是否为空，队列是否已满。如图 7-7(a)所示，若最后一个空位置也插入队列元素，即队列已满时，tail 等于 head；但是，当队列为空的时候，tail 也等于 head；这就导致程序无法判断队列是空的还是满的；而在最后一个位置为空的情况下，队满的时候，tail 和 head 之间正好差一个位置，这样就能够区分队列是满的还是空的。

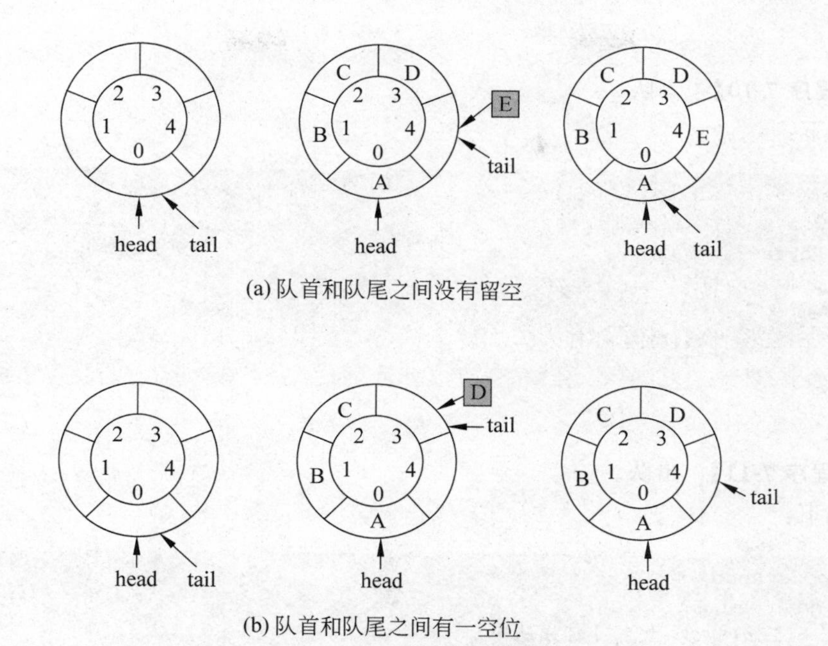

图 7-7　循环队列队首与队尾关系

7.1.5　循环队列的实现

循环队列的操作与队列基本一致，但部分操作在代码实现上会有不同，下面仅讲述不同的操作。

获取队列元素个数：计算公式为(tail－head)%size。其中 tail－head 表示队首＋队尾的间隔。

判断队列是否已满：若 head 等于(tail＋1)%size，则队列已满。其中，size 为队列的最大容量。

入队：队列只能在队尾插入元素，插入时，首先设置尾指针 tail 的值为(tail＋1)%size，然后在 que[tail]设置为要插入的队列元素，直到队列已满。

出队：只有排在队首的元素才能出队，将头指针 head 的值设置为(head＋1)%size，当 head 值等于 tail 值时，队列为空。

打印队列：从队首元素开始依次输出元素，直到队尾元素结束。本质上就是队列中的元素依次出队，打印时，第 i 个元素为 que[(head＋i) % size]。

下面来描述相关操作的具体实现。

1. 获取队列元素个数

【示例程序 7-9】　获取队列元素个数。

程序如下：

```
def getSize(head, tail, size):
    return (tail -head) %size
```

2. 入队

【示例程序 7-10】 入队 2。

程序如下：

```
def pushQue(head, tail, val):
    if (tail +1) %size !=head:
        q[tail] =val
        tail =(tail +1) %size
    else:
        print("队列已满,不能入队。")
    return tail
```

3. 出队

【示例程序 7-11】 出队。

程序如下：

```
def popQue(head, tail):
    if head ==tail:
        print("队列已空,不能出队")
        val =None
    else:
        val =q[head]
        head =(head +1) %size
return head, val
```

7.1.6 循环队列应用实例

【示例程序 7-12】 约瑟夫环问题。

1. 问题描述

已知 n 个人(以编号 1,2,3,…,n 分别表示)围坐在一张圆桌周围。从编号为 1 的人开始报数,数到 3 的那个人出圈;他的下一个人又从 1 开始报数,数到 3 的那个人又出圈;以此规律重复下去,直到圆桌周围只剩最后 1 个人。

2. 问题分析

(1) 把所有的人放到一个循环队列中。

(2) 将队列中的人依次出队报数,如果数字不是 3,这个人重新入队;如果数字是 3,则不入队。

(3) 重复该过程,直到队列中只剩下最后 1 个人。

3. 程序实现

程序如下：

```
n =100                           #  玩游戏的人数
q =[0] * (n +1)
for i in range(n): q[i] =i +1
head, tail =0, n
n =n +1
c =0                             #  报号
while (tail -head) %n !=1:       #  队列仅剩余 1 人
```

```
    c = c + 1
    if c != 3:
        q[tail] = q[head]
        tail = (tail + 1) % n
        head = (head + 1) % n
    if c == 3:
        head = (head + 1) % n
        c = 0
print(q[head])
```

练习题

一、选择题

1. 若进队的序列为“1,2,3,4”,则出队的序列是(　　)。

A. 2,3,4,1　　B. 1,3,2,4　　C. 1,2,3,4　　D. 3,2,4,1

2. 若用一个规模为8的数组来实现队列,已知当前队尾指针tail和队首指针head的值分别为5和0,进行如下操作:①删除两个元素;②插入三个元素;③删除一个元素。操作完成后,指针head和tail的值分别为(　　)。

A. 2和7　　B. 3和7　　C. 3和8　　D. 4和8

3. 下列关于队列的入队操作的说法中,正确的是(　　)。

A. 在队列中插入元素是在队列尾部进行的

B. 入队操作时,先将队尾指针加1,然后将数据元素入队

C. 入队操作时,可把元素插入队列的任意位置

D. 在队列中可以插入无数个元素

4. 最大容量为n的循环队列,队尾指针是tail,队首指针是head,则队列为空的条件是(　　)。

A. (tail − 1) % n == head　　B. (tail + 1) % n == head

C. tail == head − 1　　D. tail == head

5. 有一个循环队列,它的最大容量为50,现经过一系列的入队和出队操作后,发现队首指针head的值为30,队尾指针tail的值为15,则队列中元素的个数为(　　)个。

A. 14　　B. 15　　C. 35　　D. 36

6. 最大容量为n的循环队列,队尾指针是tail,队首是head,则队列为满的条件是(　　)。

A. (tail − 1) % n == head　　B. tail == head

C. tail + 1 == head　　D. (tail + 1) % n == head

7. 利用数组a[n]循环顺序存储一个队列,用f和r分别表示队首和队尾指针,已知队列未满,则当元素x入队时所执行的操作为(　　)。

A. a[r]=x;r=r+1　　B. a[r]=x;r=(r+1)%n

C. r=r+1;a[r]=x　　D. r=(r+1)%n;a[r]=x

二、填空题

循环队列中,设队头指针为front,队尾指针为rear,队中最多有MAX个元素,则元素入队时队尾指针的变化为___①___;元素出队时队头指针的变化为___②___;队列中元素个数为___③___。队满判别条件为___④___,队空判别条件为___⑤___。

三、上机实践题

1. 用队列思想求一个数组中所有连续m个长度的序列中的最大数。例如,a=[11,10,0,0,1,3]中,m=3时,连续m个序列分别有[11,10,0],[10,0,0],[0,0,1],[0,1,3],它们的最大值分别是11、10、1、3。

2. 千岛湖中有若干个岛屿,有些岛屿之间有桥相连;有些岛屿之间无桥相连,可以通过其他的岛屿相连。现在建立一种关系矩阵模拟这种现象,如有9个岛屿,依次编号为1~9,相互之间有桥相连在矩阵中用1表示;无桥相连的用0表示;对于自身也用0表示,即矩阵的左上角到右下角的对角线全为0。设计一个用来求两座岛屿之间相连所需桥的数量的程序。

```
   0  1  2  3  4  5  6  7  8  9
0 [0, 1, 0, 0, 0, 1, 1, 1, 1, 1]
1 [1, 0, 1, 0, 1, 0, 1, 1, 1, 0]
2 [0, 1, 0, 0, 0, 0, 1, 0, 1, 1]
3 [0, 0, 0, 0, 1, 0, 0, 0, 0, 1]
4 [0, 1, 0, 1, 0, 0, 0, 0, 1, 0]
5 [1, 0, 0, 0, 0, 0, 0, 0, 1, 0]
6 [1, 1, 1, 0, 0, 0, 0, 0, 0, 0]
7 [1, 1, 0, 0, 0, 0, 0, 0, 0, 0]
8 [1, 1, 1, 0, 1, 1, 0, 0, 0, 1]
9 [1, 0, 1, 1, 0, 0, 0, 0, 1, 0]
输入要查找连接的两个岛屿,空格隔开:1 9
1和9岛屿之间最少需要两座桥
```

7.2 栈

7.2 栈

7.2.1 栈概述

1. 栈的概念

栈是一种操作受限的线性表,仅允许在表的一端进行插入或删除操作。进行插入或删除的一端称为栈顶,位于栈顶位置的元素称为栈顶元素;相应地,将表的另一端称为栈底,位于栈底位置的元素称为栈底元素。

2. 栈的特性

由栈的定义可知,栈具备"先进后出,后进先出"的特点,即最后入栈的元素最先出栈,最先入栈的元素最后出栈。

同队列一样,栈中的元素也是有限的。栈既可以为空,也可以包含多个元素。栈中元素呈线性关系,栈顶元素有一个前驱节点,栈底元素有一个后继节点,其他元素既有一个前驱节点,又有一个后继节点。

3. 栈的存储结构

栈一般按顺序结构存储,可以使用数组实现。由于栈顶元素在数组中的位置会随着元素的增加或删除而变化,因此通常使用top变量来记录栈顶元素在数组中的位置。如图7-8(a)所示为栈的结构,如图7-8(b)所示为存储该栈的数组。当top=0时,数组存储栈底元素A;

当 top=1 时,存储第二个元素 B;当 top=2 时,存储第三个元素 C;当 top=3 时,存储第四个元素 D。

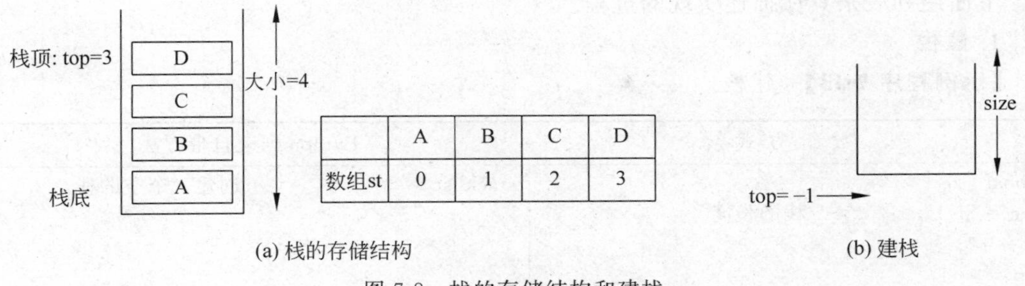

图 7-8　栈的存储结构和建栈

7.2.2　栈的实现

建栈:需要创建大小为 size 的空数组,并把相应的栈顶变量 top 设置为−1。

清空栈:丢掉栈里面的所有元素,只需将栈顶指针 top 设置为−1,即可抛弃所有元素。

判断栈是否为空:检查栈顶指针 top 是否为−1。

求栈内元素的数量:可以通过计算公式 top+1 来得到栈的元素数量。

获取栈顶元素:使用 st[top]得到栈顶元素。

入栈:又叫作压栈、进栈,把操作元素压入栈顶(见图 7-9)。每次入栈时,第一步将栈顶指针 top 加 1,第二步对 st[top]赋值。如果栈的元素个数等于栈的大小,则不能进行入栈操作。入栈只能在栈顶插入元素,因此要想在特定位置插入元素,就必须先对栈顶的元素进行出栈,然后插入指定元素。

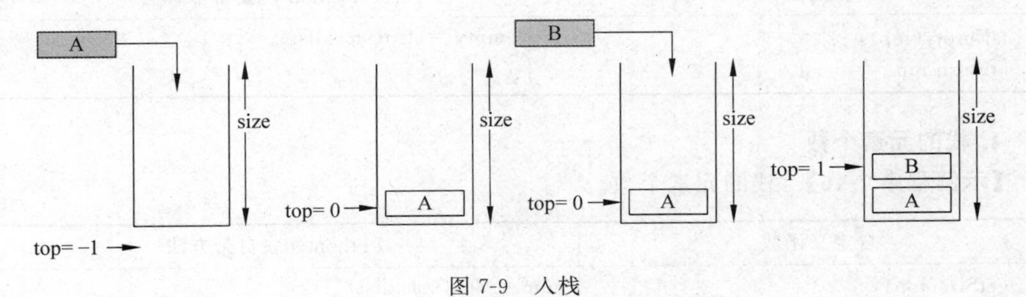

图 7-9　入栈

出栈:又叫作弹栈、退栈,指删除栈顶元素的操作(见图 7-10)。出栈时,首先把栈顶元素取出,其次将栈顶指针 top 值减 1;若栈中没有元素,即 top=−1 时,不能进行出栈操作。

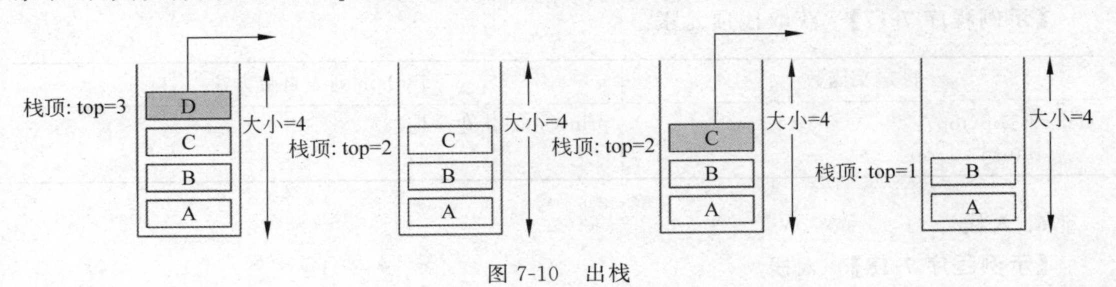

图 7-10　出栈

打印栈：栈具有先进后出的特性。因此在打印栈的过程中，程序从栈顶到栈底依次遍历。

下面用列表来具体描述实现的过程。

1. 建栈

【示例程序 7-13】 建栈。

数组方式	Python 列表自带方法
global size size = 5　　　#　栈的长度 st = [''] * size top = -1	stacklist = []　　　#　创建一个空的栈

2. 清空栈

清空栈和创建栈一样，给栈顶变量 top 赋值−1。

【示例程序 7-14】 清空栈。

自定义函数	Python 列表自带方法
def delstack(top): 　top = -1 　return top	del stacklist

3. 判断栈空

【示例程序 7-15】 判断栈空。

自定义函数	Python 列表自带方法
def isEmpty(top): 　return top == -1	empty = len(stacklist) == 0

4. 栈的元素个数

【示例程序 7-16】 栈的元素个数。

自定义函数	Python 列表自带方法
def getSize(top): 　return top + 1	num = len(stacklist)

5. 获取栈顶元素

【示例程序 7-17】 获取栈顶元素。

自定义函数	Python 列表自带方法
def getTop(top): 　return st[top]	print(stacklist[-1])

6. 入栈

【示例程序 7-18】 入栈。

自定义函数	Python 列表自带方法

def push(top, val):
    if top < size-1:   # 判断栈是否已满
        top +=1   # 栈顶 top 加 1
        st[top] = val   # 插入元素
    else:
        print("栈已满,入栈失败。")
    return top
	stacklist.append(val)

7. 出栈

【示例程序 7-19】 出栈。

自定义函数	Python 列表自带方法

def pop(top):
    if top == -1:   # 判断栈是否为空
        print("空栈,出栈失败。")
    else:
        top = top - 1
    return top
	stacklist.pop()

8. 打印栈

【示例程序 7-20】 打印栈。

自定义函数	Python 列表自带方法

def printStack(top):
    cur = top
    while cur != -1:   # 当栈不为空时
        print(st[cur])   # 打印栈顶元素
        cur = cur - 1   # 栈顶减 1
	print(stacklist[::-1])

7.2.3 栈的应用实例

栈在计算机技术和数学中应用广泛,下面来看 3 个应用实例。

【示例程序 7-21】 求火车开出火车站的顺序。

1. 问题描述

编号为 1、2、3、4 的 4 列火车,按顺序开进一个栈式结构的站点。问:开出火车站的顺序有多少种?写出所有可能的情况

2. 问题分析

在该问题中,并不清楚开出火车站的前后是否有火车进栈,所以开出火车站存在以下几种情况。

(1) 若以 1 开头,则必须 1 进栈后,马上出栈,然后存在以下情况:

出入栈的方式	出栈序列
2 进,2 出,3 进,3 出,4 进,4 出	1,2,3,4
2 进,2 出,3 进,4 进,4 出,3 出	1,2,4,3
2 进,3 进,3 出,2 出,4 进,4 出	1,3,2,4
2 进,3 进,3 出,4 进,4 出,2 出	1,3,4,2
2 进,3 进,4 进,4 出,3 出,2 出	1,4,3,2

(2) 若以 2 开头,则必须 1 进栈,2 进栈,然后 2 马上出栈,之后存在以下情况:

出入栈的方式	出栈序列
1 出,3 进,3 出,4 进,4 出	2,1,3,4
1 出,3 进,4 进,4 出,3 出	2,1,4,3
3 进,3 出,1 出,4 进,4 出	2,3,1,4
3 进,3 出,4 进,4 出,1 出	2,3,4,1
3 进,4 进,4 出,3 出,1 出	2,4,3,1

(3) 若以 3 开头,则必须 1 进栈,2 进栈,3 进栈,然后 3 马上出栈,之后存在以下情况:

出入栈的方式	出栈序列
2 出,1 出,4 进,4 出	3,2,1,4
2 出,4 进,4 出,1 出	3,2,4,1
4 进,4 出,2 出,1 出	3,2,4,1

(4) 若以 4 开头,则只存在一种情况,必须 1 进栈,2 进栈,3 进栈,4 进栈,然后 4、3、2、1 依次出栈。

综上,共有 14 种情况。

【示例程序 7-22】 括号匹配。

1. 问题描述

在一个表达式中用圆括号或方括号等来表示运算的优先级,将这些括号提取出来就构成了括号序列。合法的括号序列称为匹配序列,不合法的括号序列称为不匹配序列。

匹配序列示例如下:

(((a+b) * (c-d) -d)/f)

不匹配序列示例如下:

((a+b) * c) -d) +(e

那么如何判断一个括号序列是否为匹配序列呢?用栈的结构来进行验证。

2. 问题分析

(1) 如图 7-11 所示,初始化一个空栈,顺序读入括号。

(2) 若是右括号,则判断栈,若栈非空,则弹出栈顶元素并遍历下一元素;否则该序列不匹配。若是左括号,则压入栈中。

(3) 若全部元素遍历完毕,栈中仍然存在元素,则该序列不匹配。

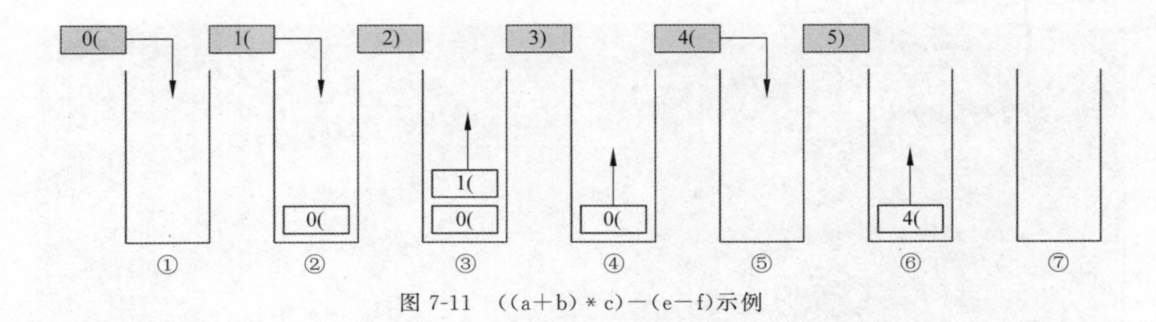

图 7-11　((a+b)*c)-(e-f)示例

3. 程序实现

程序如下：

```
def check(s):
    size, top =100, -1
    st =[None] * size            #  建栈
    for i in s:                  #  遍历每个字符
        if i =='(':              #  若是左括号,则压入栈中
            top +=1
            st[top] =i
        #  若是右括号,判断栈是否为空
        elif i ==')':
            if top ==-1:
                return False
            else:
                top =top -1
    if top ==-1: return True
    else: return False
s =input("输入计算公式: ")
if check(s):
    print("括号匹配")
else:
    print("括号不匹配")
```

【示例程序 7-23】 判断是否是回文字符串。

1. 问题描述

用栈的方法判断字符串是否是回文。例如，abcba 是回文，aa 是回文，abab 不是回文。

2. 问题分析

读取字符串时，将每个已读字符放入栈中。利用栈的先进后出特性，这样字符串在出栈时就是反的，可以把一个个的字符从栈中弹出，同时和原字符串的开头比较。如果任何位置的两个比较的字符串都相同，那么字符串就是回文，否则就不是。

3. 程序实现

程序如下：

```
def check(s):
    size, top =100, -1
    st =[None] * size
    t =''
    for i in s:
```

```
        top +=1
        st[top] =i
    while top !=-1:
        t +=st[top]
        top -=1
    return s ==t
s =input("输入字符串: ")
if check(s):
    print("是回文字符串")
else:
    print("不是回文字符串")
```

练习题

一、选择题

1. 下列关于栈的说法错误的是（　　）。

A. 栈是先进后出。它的数据元素只能在同一端（称为栈顶）进行操作

B. pop(0)方法可以删除列表的尾元素（相当于栈的"出栈"操作）

C. pop()方法可以删除列表的尾元素（相当于栈的"出栈"操作）

D. append()方法可以在列表尾部添加一个数据元素（相当于栈的"入栈"操作）

2. 一个栈的入栈序列为A、B、C、D、E，则不可能的输出序列为（　　）。

A. EDCBA　　B. DECBA　　C. DCEAB　　D. ABCDE

3. 已知一个栈的进栈序列为1、2、3、…、n，其出栈输出序列是p1、p2、p3、…、pn。若p1=3，则p2的值（　　）。

A. 一定是2　　B. 一定是1　　C. 可能是1　　D. 可能是2

4. 如果5个元素出栈的顺序是1、2、3、4、5，则进栈的顺序可能是（　　）。

A. 3、5、4、1、2　　B. 1、4、5、3、2

C. 5、4、1、3、2　　D. 2、4、3、1、5

5. 设输入元素为1、2、3、P和A，输入次序为123PA，元素经过栈后得到各种输出序列，则可以作为Python变量名的序列数量有（　　）个。

A. 4　　B. 5　　C. 6　　D. 7

6. 在利用栈来判断一个表达式中的括号（只有小括号）是否匹配的过程中，当遇到表达式中的一个左括号时就让其进栈，遇到一个右括号时，就对栈进行一次出栈操作；当栈最后为空时，表示括号是配对的，否则是不配对的。现有表达式$(a+b)\times c+[(d-e)\times f+g]\times h$，针对该表达式设计栈的大小至少为（　　）。

A. 1　　B. 2　　C. 3　　D. 4

7. 已知一个栈的入栈序列是1、2、3、…、n，其输出序列为p1、p2、p3、…、pn。若p1=n，则pi为（　　）。

A. i　　B. n−i　　C. n−i+1　　D. 不确定

8. 若用1表示入栈操作，用0表示出栈操作，元素的入栈顺序是q、w、e、r、t，为了得到

出栈序列 ewrtq,则应进行的操作序列为(　　)。

A. 1101010100　　B. 1110011000

C. 1110010100　　D. 1101011000

二、填空题

栈和队列是一种特殊的线性表,其特殊性体现在是操作受限线性表。现有元素 e1、e2、e3、e4、e5 和 e6 依次进栈,若出栈的序列是 e2、e4、e3、e6、e5、e1,则栈 S 的容量至少是__________。

三、上机实践题

1. 给定 s 和 t 两个字符串,当它们分别被输入到空白的文本编辑器后,如果两者相等,返回 True。#代表退格字符。例如,输入为 s = "ab#c",t = "ad#c",输出为 True。

2. 标准的表达式如 A+B,在数学上学名叫中缀表达式,原因是运算符号在两个运算对象的中间。相对应的还有前缀表达式,如"+ - A * B C D",转换成中缀表达式为 A-B*C+D";如前所述的中缀表达式转换为后缀表达式为"A B C * - D +"。

为了纪念波兰数学家鲁卡谢维奇(Jan Lukasiewicz),前缀表达式称为波兰表达式,后缀表达式称为逆波兰表达式。逆波兰表达式是一种把运算符后置的算术表达式,如普通的表达式 2+3 的逆波兰表示法为"2 3 +"。逆波兰表达式的优点是运算符之间不必有优先级关系,也不必用括号改变运算次序,运算符放在两个运算对象之后,所有计算按运算符出现的顺序,严格地由左往右进行。

例如,5*(27-13)+90 对应的逆波兰表达式为"5 27 13- * 90 +",其中用空格作为操作数(运算符)的间隔符。计算过程如下:

5 27 13 - * 90 + = 5 14 * 90 + = 70 90 + = 160

本题要求计算逆波兰表达式的值。为简单起见,假设操作数为正整数,且运算符只包括+、-、*、/。

7.3 链表

7.3 链表

7.3.1 链表概述

1. 链表的概念

链表是指将数据以节点的形式,通过指针串联在一起的一种数据结构。链表中,节点在物理上可以位于内存中的任何位置,节点间通过指针建立逻辑链接。节点由数据区域和指针区域两部分构成,如图 7-12 所示。数据区域用于保存数据元素,指针区域用于保存该节点相邻节点的存储地址。链表有单链表、循环单链表、双向链表等几种形式。

数据区域	指针区域

图 7-12 链表节点结构

单链表是最常见的一种链表。图 7-13 就是一个单链表,节点前面的相邻节点称为前驱节点,后面的相邻节点称为后继节点。第一个节点称为头节点,它没有前驱节点,最后一个节点称为尾节点,指针指向 None,表示没有后继节点。每个单链表都有一个表头(也称头指针),通常用 head 表示,head 指向头节点,它是单链表的入口,只有通过头指针才能进入单链表。

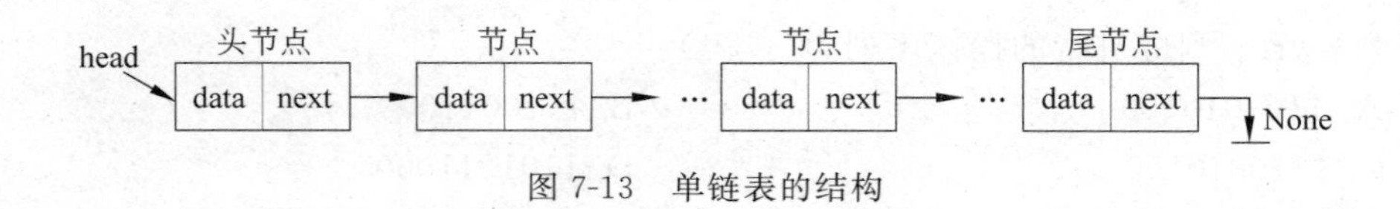

图 7-13　单链表的结构

2. 列表实现单链表程序

Python 没有直接定义单链表结构,可以用列表来模拟实现。图 7-14 用列表模拟了单链表的存储结构,它包含 4 个节点,link = [[5, 2],[8, 3],[2, 1],[7, None]],节点[2, 1]中的 2 表示该节点的值为 2,1 表示该节点的后继节点在列表中的索引。[7, None]是尾节点。head 是头指针,存储头节点的索引,图 7-14 中 head 值为 0。

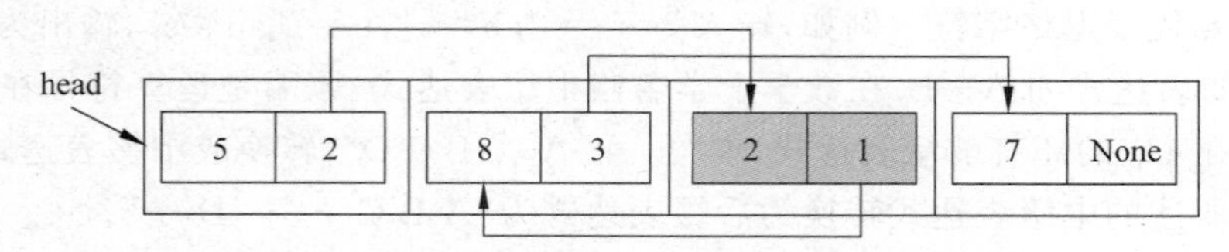

图 7-14　用列表实现单链表程序的存储结构图示

3. 单链表类的描述

单链表还可以用“类”来实现。

类是一种抽象的数据结构,是描述具有相同属性和方法的对象的集合。每个节点的两个区域可以定义成一个包含两个属性的节点类。自定义单链表节点类的程序如下。

【示例程序 7-24】　自定义单链表节点类。

程序如下:

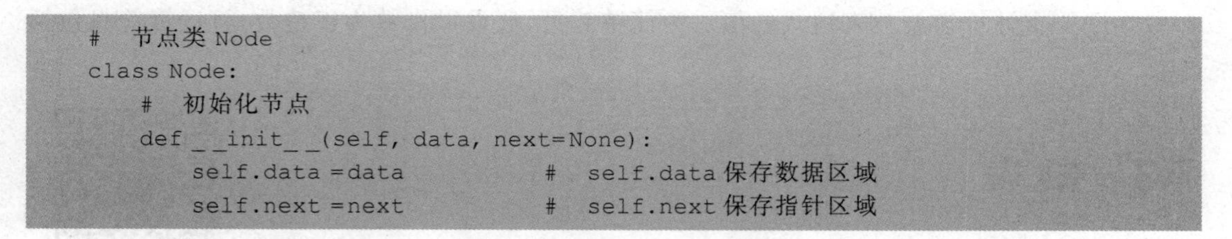

```
#  节点类 Node
class Node:
    #  初始化节点
    def __init__(self, data, next=None):
        self.data =data              #  self.data 保存数据区域
        self.next =next              #  self.next 保存指针区域
```

类是抽象的,不能直接使用,必须创建具体对象,即类的实例化。创建的对象拥有类中定义的属性,可以使用类中定义的方法。如图 7-15 所示的单链表就是用类来实现的,程序如下。

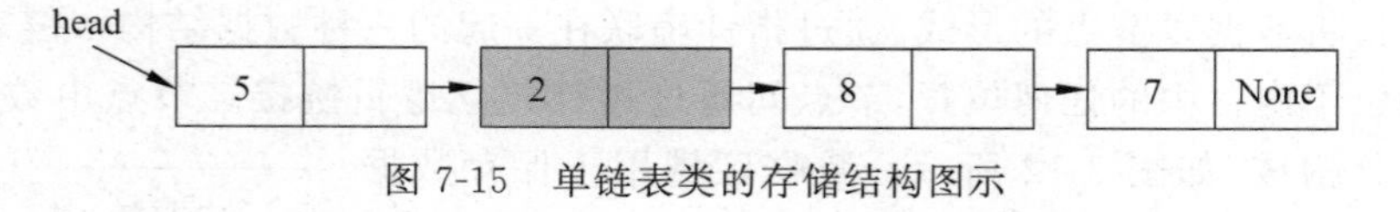

图 7-15　单链表类的存储结构图示

【示例程序 7-25】　用类来实现单链表。

程序如下:

```
#  生成节点
node1 =Node(5)
node2 =Node(2)
node3 =Node(8)
```

```
node4 =Node(7)
#  关联节点
node1.next =node2
node2.next =node3
node3.next =node4
```

7.3.2 单链表的基本操作

1. 创建空单链表

空单链表中没有任何节点，创建空单链表时，只需把表头 head 的值设为 None。

【示例程序 7-26】 创建空单链表。

列表实现	类实现

link 存储单链表结构
link = []
# 创建空单链表，把表头设为 None 	
def create()：
    head = None
    return head
	# 单链表类 Link
	class Link：
	    # 初始化单链表类
	    def __init__(self)：
	        # 空单链表的 head 属性为 None
	        self.head = None

2. 在表头插入节点

在表头插入节点时，先生成一个新节点，指针区域值为 None，表示新节点还未加入单链表，再考虑以下两种情况。

(1) 单链表为空，只需把 head 指针指向新节点。

(2) 单链表不为空，如图 7-16 所示。

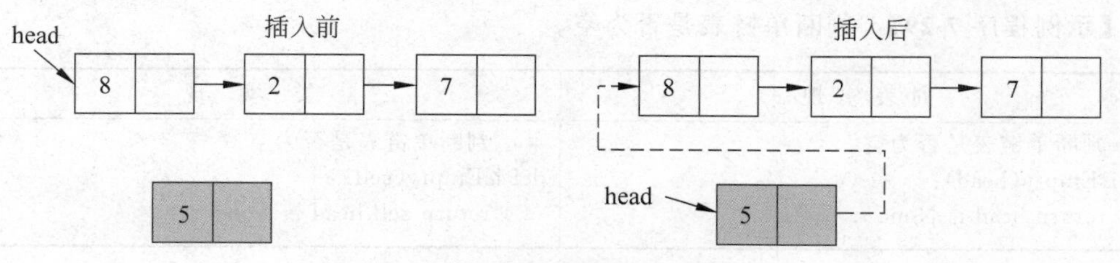

图 7-16 在单链表表头插入节点

① 把新节点的指针设为 head，即把新节点指针指向当前的头节点。

② 把 head 指向新节点。

【示例程序 7-27】 在表头插入节点。

列表实现	类实现

# 在表头插入节点 	
def insertHead(head, val)：
    # 新建节点，获取新节点的索引
    node = [val, None]
	# 在表头插入节点
	def insertHead(self, val)：
	    # 生成一个节点对象
	    node = Node(val)

续表

列表实现	类实现

link.append(node)
pos = len(link) - 1
if head is not None:
    # 单链表不为空,新节点指向头节点
    link[pos][1] = head
    head = pos
else:
    # 单链表为空,head指向新节点
    head = pos
return head
	if self.head:
	    # 单链表不为空,新节点指向头节点
	    node.next = self.head
	    self.head = node
	else:
	    # 单链表为空,head指向新节点
	    self.head = node

3. 清空单链表

清空单链表时,将head值设为None,即抛弃所有节点,Python解释器的存储管理系统会自动回收不用的存储空间。

【示例程序7-28】 清空单链表。

列表实现	类实现

# 清空单链表 	
def clear():
    head = None
    return head
	# 清空单链表
	def clear(self):
	    self.head = None

4. 判断单链表是否为空

判断单链表是否为空时,只需检查head的值是否为None。

【示例程序7-29】 判断单链表是否为空。

列表实现	类实现

# 判断单链表是否为空 	
def isEmpty(head):
    return head is None
	# 判断单链表是否为空
	def isEmpty(self):
	    return self.head is None

5. 打印单链表

打印单链表要遍历单链表中的每个节点。遍历时,由头节点出发,通过节点指针区域依次访问每一个节点。

【示例程序7-30】 打印单链表。

列表实现	类实现

# 打印单链表 	
def printLink(head):
    cur = head
	# 打印单链表
	def printLink(self):
	    cur = self.head

续表

<table>
<tr><th>列表实现</th><th>类实现</th></tr>
<tr><td><pre>
while cur is not None:
    # 遍历单链表
    print(link[cur][0], end='')
    cur = link[cur][1]
print()
</pre></td><td><pre>
while cur:
    # 遍历单链表
    print(cur.data, end='')
    cur = cur.next
print()
</pre></td></tr>
</table>

6. 统计单链表节点个数

统计单链表节点个数与打印单链表类似，通过遍历整个单链表统计节点的个数。

【示例程序 7-31】 统计单链表节点个数。

<table>
<tr><th>列表实现</th><th>类实现</th></tr>
<tr><td><pre>
# 统计单链表节点个数
def size(head):
    cnt = 0
    cur = head
    while cur is not None:
        # 遍历单链表，统计节点数
        cnt += 1
        cur = link[cur][1]
    return cnt
</pre></td><td><pre>
# 统计单链表节点个数
def size(self):
    cnt = 0
    cur = self.head
    while cur:
        # 遍历单链表，统计节点数
        cnt += 1
        cur = cur.next
    return cnt
</pre></td></tr>
</table>

7. 查找节点

在单链表中查找节点有两种常见方式，即按索引查找和按值查找。

(1) 按索引查找。假设 pos 是要查找的索引，按索引查找是指返回索引为 pos 的节点的数据值(规定头节点的索引为 0)，可以通过遍历单链表，找到索引为 pos 的节点，然后返回其数据值。

【示例程序 7-32】 按索引查找。

<table>
<tr><th>列表实现</th><th>类实现</th></tr>
<tr><td><pre>
# 按索引查找
def findPos(head, pos):
    cur = head
    if pos < 0:
        print("索引不能小于 0")
        return None
    else:
        # p 表示当前节点的索引
        p = 0
        # 遍历单链表
        while cur is not None:
            # 找到 pos 节点，返回数据值
            if p == pos:
                return link[cur][0]
            cur = link[cur][1]
            p += 1
        print("索引大于单链表长度!")
        return None
</pre></td><td><pre>
# 按索引查找
def findPos(self, pos):
    cur = self.head
    if pos < 0:
        print("索引不能小于 0")
        return None
    else:
        # p 表示当前节点的索引
        p = 0
        # 遍历单链表
        while cur:
            # 找到 pos 节点，返回数据值
            if p == pos:
                return cur.data
            cur = cur.next
            p += 1
        print("索引大于单链表长度!")
        return None
</pre></td></tr>
</table>

(2) 按值查找。假设 val 是待查找的值,遍历单链表,找到第一个数据值等于 val 的节点的索引。

【示例程序 7-33】 按值查找。

列表实现	类实现

<pre># 按值查找 	
def findVal(head, val):
    cur = head
    pos = 0
    # 遍历单链表
    while cur is not None:
        # cur 数据值等于 val,返回 pos
        if link[cur][0] == val:
            return pos
        pos += 1
        cur = link[cur][1]
    print("没有找到节点!")
    return None</pre>
	<pre># 按值查找
	def findVal(self, val):
	    cur = self.head
	    pos = 0
	    # 遍历单链表
	    while cur:
	        # cur 数据值等于 val,返回 pos
	        if cur.data == val:
	            return pos
	        pos += 1
	        cur = cur.next
	    print("没有找到节点!")
	    return None</pre>

8. 在指定索引前插入节点

假设 pos 为指定索引,当 pos 为 0 或者单链表为空时,表示要在表头插入节点,直接调用 insertHead()方法;否则要遍历单链表,找到索引为 pos 的节点 cur 和前驱结点 pre,创建一个新节点 node,node 节点指向 cur,把 pre 节点指向 node,这样新节点就加入 cur 节点前,具体操作如图 7-17 所示。

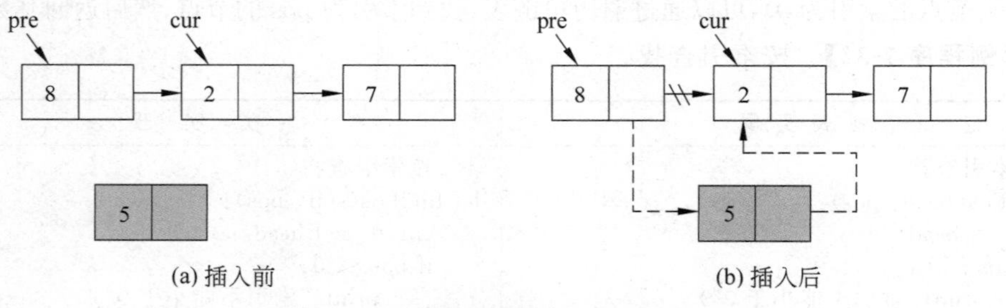

图 7-17 在单链表指定索引前插入节点

【示例程序 7-34】 在指定索引前插入节点。

列表实现	类实现

<pre># 在指定索引前插入节点 	
def insertPos(head, pos, val):
    if pos == 0 or isEmpty(head):
        # 直接调用 insertHead()函数
        return insertHead(head, val)</pre>
	<pre># 在指定索引前插入节点
	def insertPos(self, pos, val):
	    if pos == 0 or self.isEmpty():
	        # 直接调用 insertHead()函数
	        self.insertHead(val)</pre>

续表

列表实现	类实现

if pos < 0:
    print("索引不能小于0!")
    return head
#　在表头以外其他地方插入节点
cur = head
#　pre表示cur的前驱节点
pre = head
p = 0
#　创建新节点
node = [val, None]
while cur is not None:
    if p == pos:
        #　新节点指向cur
        node[1] = cur
        #　新节点加入列表尾部
        link.append(node)
        #　pre节点指向新节点
        link[pre][1] = len(link) - 1
        return head
    p += 1
    pre = cur
    cur = link[cur][1]
#　pos大于单链表长度,加到尾节点之后
link.append(node)
link[pre][1] = len(link) - 1
return head
	return
	if pos < 0:
	    print("索引不能小于0!")
	    return
	#　在表头以外其他地方插入节点
	cur = self.head
	#　pre表示cur的前驱节点
	pre = self.head
	p = 0
	#　创建新节点
	node = Node(val)
	while cur:
	    if p == pos:
	        #　新节点指向cur
	        node.next = cur
	        #　pre节点指向新节点
	        pre.next = node
	        return
	    p += 1
	    pre = cur
	    cur = cur.next
	#　pos大于单链表长度,加到尾节点之后
	pre.next = node

9. 删除指定索引的节点

pos表示要删除节点的索引,如果pos小于0或者大于单链表长度,那么pos是一个非法索引,否则分情况讨论。

(1) pos = 0,表示要删除的节点是头节点,如图7-18所示,直接把head指向头节点的后继节点。

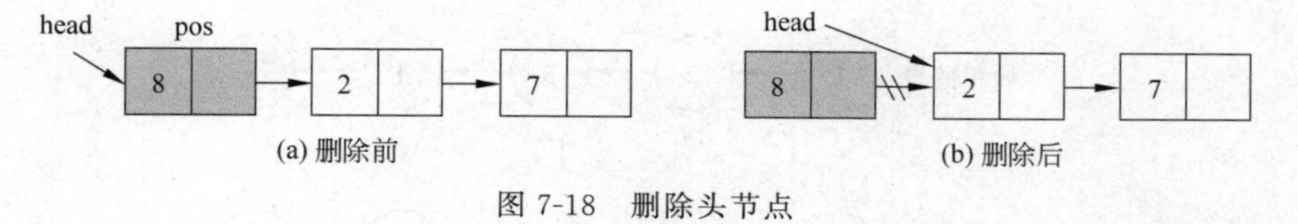

(a) 删除前　　(b) 删除后

图7-18　删除头节点

(2) pos>1,表示删除头节点外的其他节点,则遍历单链表,找到索引为pos的节点,再把pre节点指向cur节点的后继节点,cur节点即被移除,如图7-19所示。

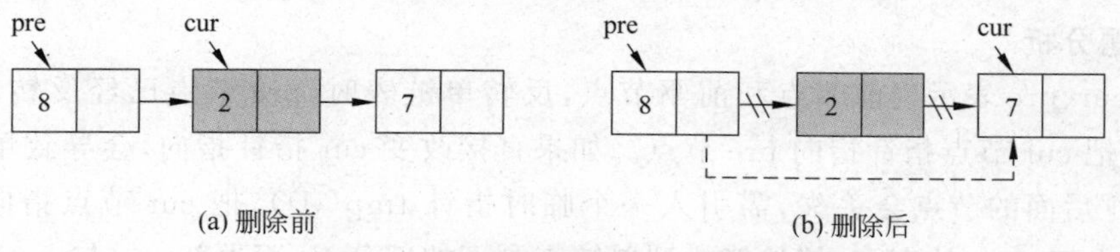

(a) 删除前　　(b) 删除后

图7-19　删除头节点外的其他节点

【示例程序 7-35】 删除指定索引的节点。

列表实现	类实现

# 删除指定索引的节点 	
def deletePos(head, pos):
    if pos < 0:
        print("索引不能小于 0!")
    elif isEmpty(head):
        print("单链表为空!")
    elif pos == 0:
        # 删除表头,修改 head
        head = link[head][1]
    else:
        # 删除其他节点
        p = 0
        cur = head
        pre = head
        # 遍历单链表
        while cur is not None:
            if p == pos:
                link[pre][1] = link[cur][1]
                return head
            pre = cur
            cur = link[cur][1]
            p += 1
        print("索引大于单链表长度!")
    return head
	# 删除指定索引的节点
	def deletePos(self, pos):
	    if pos < 0:
	        print("索引不能小于 0!")
	    elif self.isEmpty():
	        print("单链表为空!")
	    elif pos == 0:
	        # 删除表头,修改 head
	        self.head = self.head.next
	    else:
	        # 删除其他节点
	        p = 0
	        cur = self.head
	        pre = self.head
	        # 遍历单链表
	        while cur:
	            if p == pos:
	                pre.next = cur.next
	                return
	            pre = cur
	            cur = cur.next
	            p += 1
	        print("索引大于单链表长度!")

7.3.3 单链表处理实例

【示例程序 7-36】 单链表反转。

1. 问题描述

单链表节点的值为[1, 2, 3, 4, 5],如图 7-20 所示,请反转单链表。

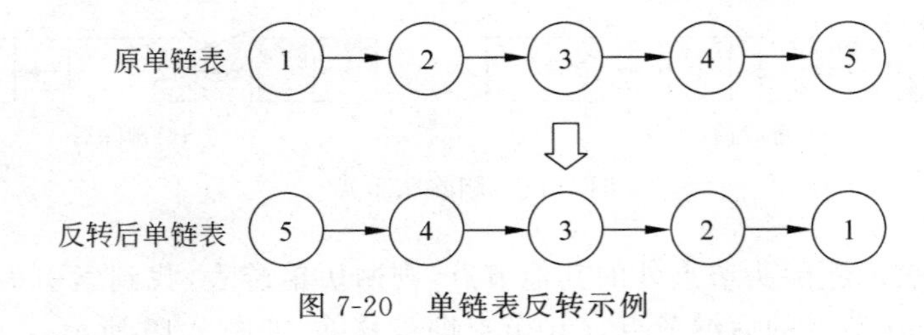

图 7-20 单链表反转示例

2. 问题分析

变量 cur、pre 表示当前节点和前驱节点,反转单链表时,pre 节点已经反转,如图 7-21 所示,只需把 cur 节点指针指向 pre 节点。如果直接改变 cur 指针指向,会导致单链表结构被破坏,cur 后面的节点会丢失,需引入一个临时指针 tmp(①),把 cur 节点指向 pre 节点(②),同时由于 tmp 的存在,依然能找到单链表剩下的部分,从而更新 cur 与 pre 节点(③)。

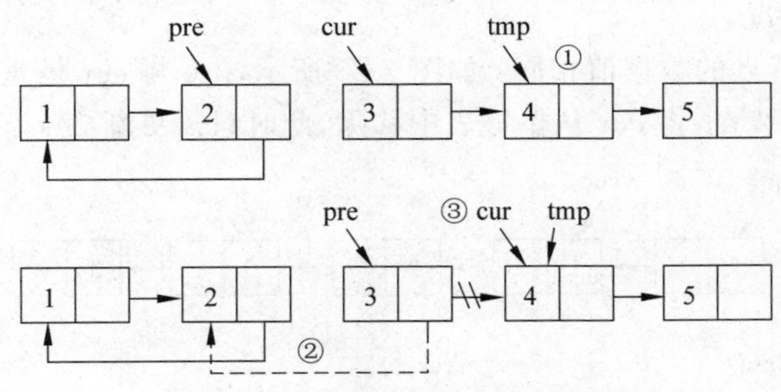

图 7-21　单链表反转的过程

3. 程序实现

单链表反转函数程序	反转主程序

`#　单链表反转函数`
`def reverseLink(head):`
`    pre =None`
`    cur =head`
`    while cur is not None:`
`        #　临时记录 cur 节点的后继节点`
`        tmp =link[cur][1]`
`        #　cur 指向前驱节点`
`        link[cur][1] =pre`
`        #　更新 cur 与 pre`
`        pre =cur`
`        cur =tmp`
`    return pre`
	`#　单链表反转实例程序`
	`data =[1, 2, 3, 4, 5]`
	`hd =create()`
	`#　添加元素`
	`for i in data[: : -1]:`
	`    hd =insertHead(hd, i)`
	`print("反转前：",)`
	`printLink(hd)`
	`#　调用反转函数`
	`hd =reverseLink(hd)`
	`print("反转后：")`
	`printLink(hd)`
	运行结果：
	反转前：
	1 2 3 4 5
	反转后：
	5 4 3 2 1

【示例程序 7-37】　删除有序单链表的重复节点。

1. 问题描述

升序单链表存在数据值重复的节点，请删除重复节点，使每个节点只出现一次，如图 7-22 所示。

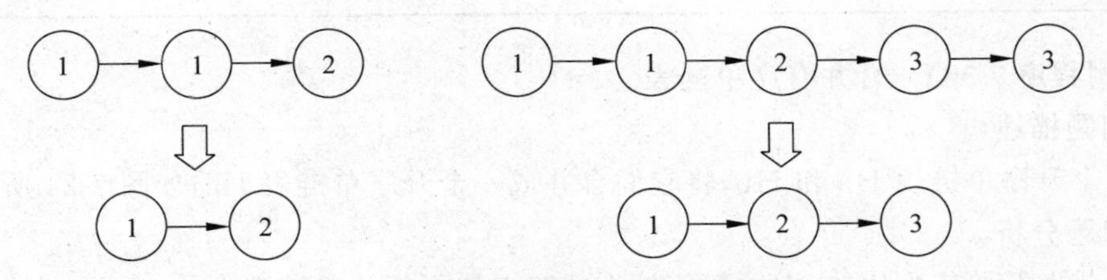

图 7-22　删除有序单链表的重复节点

2. 问题分析

定义变量 pre 和 cur，pre 指向头节点，指针 cur 指向头节点的后继节点。对单链表进行遍历分为以下两种情况。

(1) pre 与 cur 节点的数据值相同：如图 7-23 所示，pre 与 cur 是重复节点，把 pre 节点指针指向 cur 的后继节点，将 cur 从单链表中移除，此时只需更新 cur。

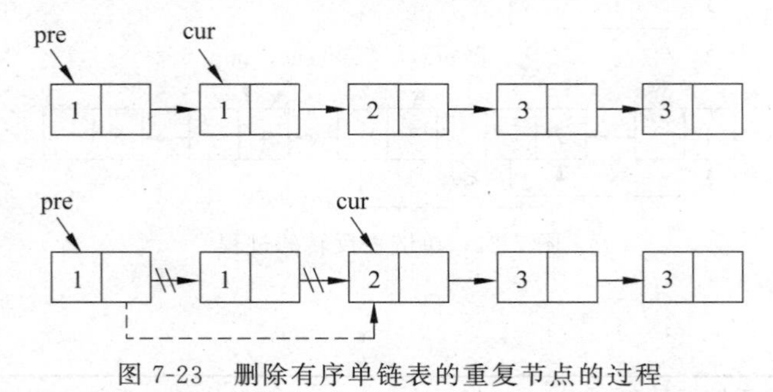

图 7-23 删除有序单链表的重复节点的过程

(2) pre 与 cur 节点的数据值不同：说明单链表中已经不存在其他节点与 pre 节点有相同的数据值，此时可以更新 pre 与 cur，将 pre 和 cur 指向下一节点。

3. 程序实现

程序如下：

<table>
<tr><th>删除有序单链表的重复节点函数</th><th>应用案例</th></tr>
<tr><td><pre>
# 删除有序单链表的重复节点
def deleteDuplicates(head):
    pre = head
    cur = link[head][1]
    while cur is not None:
        # pre 与 cur 节点的值不相等,遍历下一个节点
        if link[pre][0] != link[cur][0]:
            pre = cur
        else:
            # pre 与 cur 节点的值相同
            # pre 指向 cur 的后继节点
            link[pre][1] = link[cur][1]
        cur = link[pre][1]
    return head
</pre></td><td><pre>
# 单链表去除重复节点实例
data = [1, 1, 2, 3, 3]
hd = create()
for i in data[: : -1]:
    hd = insertHead(hd, i)
print("去重前: ")
printLink(hd)
# 调用去除重复元素
hd = deleteDuplicates(hd)
print("去重后: ")
printLink(hd)
运行结果:
去重前:
1 1 2 3 3
去重后:
1 2 3
</pre></td></tr>
</table>

【示例程序 7-38】 合并有序单链表。

1. 问题描述

有两个升序单链表 Ha 和 Hb，将它们合并成一个升序单链表 Hc，如图 7-24 所示。

2. 问题分析

从头节点开始依次比较，把数据值较小的节点加入新的单链表中。

(1) 定义一个新的空单链表 Hc，pa、pb 和 pc 是指向单链表 Ha、Hb 和 Hc 的指针，由于 Hc 中没有节点，在 Hc 中加入一个辅助节点，保证 pc.next 语句不出错。

(2) 依次遍历 Ha 和 Hb 中的节点，比较 pa 和 pb 节点的数据值，将数据值较小的节点

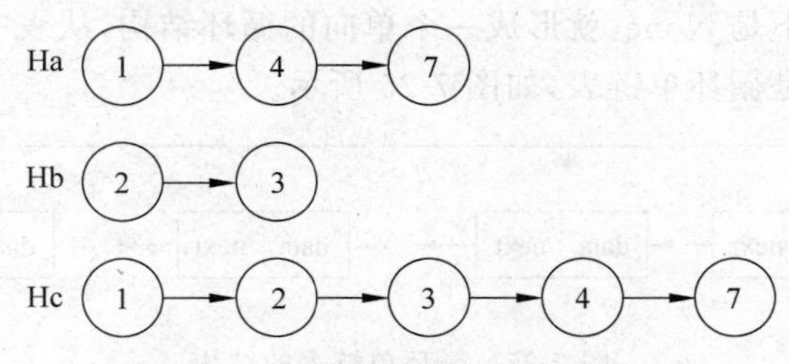

图 7-24　合并有序单链表示图

添加到 Hc 的末尾，直到 Ha 和 Hb 中的一个被遍历完。

(3) 将另外一个单链表中余下的节点添加到 Hc 的末尾即可，最后返回 Hc 头指针的后继节点，从而移除辅助节点。

3. 程序实现

程序如下：

自定义函数	应 用 案 例

`# 合并有序单链表`
`def mergeLink(ha, hb):`
`    # 新建单链表，并插入一个辅助节点`
`    hc = Link()`
`    hc.insertHead(0)`
`    pa, pb, pc = ha.head, hb.head, hc.head`
`    # 遍历 ha、hb 直到其中一个到达表尾`
`    while pa and pb:`
`        if pa.data < pb.data:`
`            pc.next = Node(pa.data)`
`            pa = pa.next`
`        else:`
`            pc.next = Node(pb.data)`
`            pb = pb.next`
`        pc = pc.next`
`    # 把 ha 或 hb 中剩下的节点加入 hc`
`    while pa:`
`        pc.next = Node(pa.data)`
`        pa = pa.next`
`        pc = pc.next`
`    while pb:`
`        pc.next = Node(pb.data)`
`        pb = pb.next`
`        pc = pc.next`
`    # 返回合并后的单链表表头`
`    return hc.head.next`
	`# 合并有序单链表实例`
	`Ha = Link()`
	`for i in [7, 4, 1]:`
	`    Ha.insertHead(i)`
	`print("合并前 Ha:")`
	`Ha.printLink()`
	`Hb = Link()`
	`for i in [3, 2]:`
	`    Hb.insertHead(i)`
	`print("合并前 Hb:")`
	`Hb.printLink()`
	`Hc = Link()`
	`Hc.head = mergeLink(Ha, Hb)`
	`print("合并后 Hc:")`
	`Hc.printLink()`
	运行结果：
	合并前 Ha：
	1 4 7
	合并前 Hb：
	2 3
	合并后 Hc：
	1 2 3 4 7

7.3.4　循环单链表

1. 循环单链表的概念

单链表具有方向性，表头被破坏或遗失，整个单链表就会遗失。如果把单链表中尾节点的指针指向头节点,而不是 None,就形成一个单向的循环结构,从表中任一节点出发均可找到表中其他节点,这就是循环单链表,如图 7-25 所示。

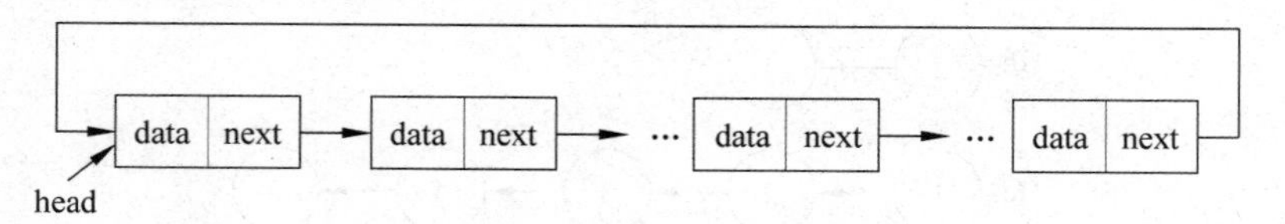

图 7-25 循环单链表的结构

2. 循环单链表存储结构

循环单链表的实现可以用列表来模拟,也可以设计循环单链表类。图 7-26 是两种实现方式的存储结构,head 是头指针,是循环单链表的入口,通过 head 可以依次访问所有节点,尾节点的指针不是 None,而是指向头节点。

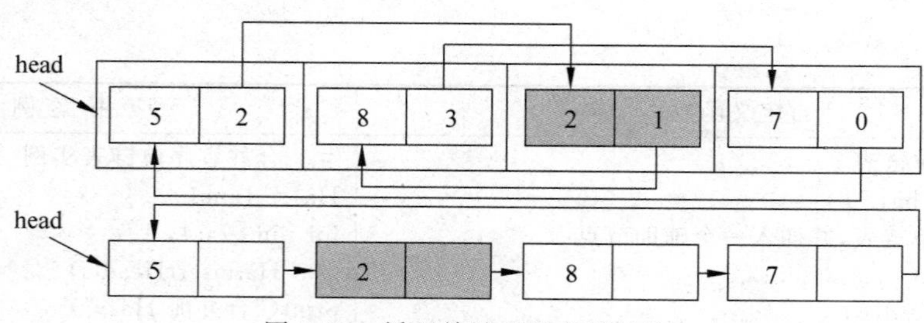

图 7-26 循环单链表的存储结构

7.3.5 循环单链表基本操作

循环单链表的实现与单链表十分相似,但是判断循环单链表是否结束的条件有所不同,在非循环单链表中判断链表结束的标志是节点的指针是否为 None;而在循环单链表中,判断链表结束的标志是节点指针是否和 head 指向同一个节点。

1. 创建循环单链表

列表模拟循环单链表时,创建一个空列表 circulaLink 存储循环单链表,创建空循环单链表时,把表头 head 值设为 None。

【示例程序 7-39】 创建循环单链表。

<table>
<tr><th>列表实现</th><th>类实现</th></tr>
<tr><td><pre># circulaLink 存储循环单链表结构
circulaLink =[]
# 创建空循环单链表,把表头设为 None
def create():
    head =None
    return head</pre></td><td><pre># 循环单链表类 CirculaLink
class CirculaLink:
    # 初始化循环单链表类
    def __init__(self):
        # 空循环单链表的 head 指针为 None
        self.head =None</pre></td></tr>
</table>

2. 在循环单链表尾端插入节点

插入节点时,若循环单链表为空,把 head 指向新节点,把新节点的指针设为 head;若不为空,遍历找到循环单链表的尾节点,插入新节点,如图 7-27 所示。

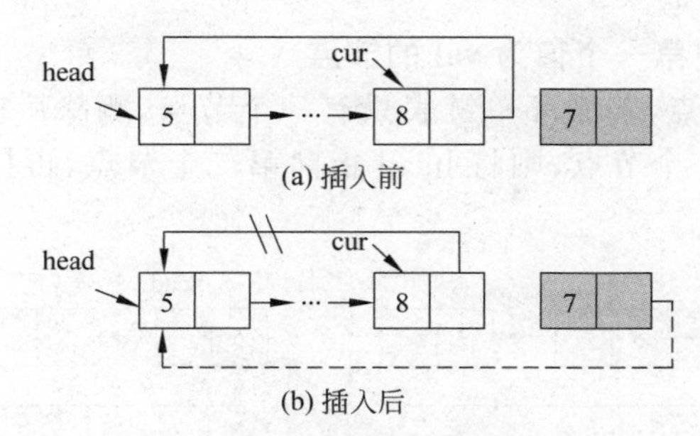

(a) 插入前

(b) 插入后

图 7-27　循环单链表在尾端插入节点

【示例程序 7-40】 在循环单链表尾端插入节点。

列表实现

```
#  在循环单链表尾端插入节点
def insertTail(head, val):
    #  创建新节点
    circulaLink.append([val, None])
    pos = len(circulaLink) -1
    #  循环单链表为空,插入后只有一个节点
    if head is None:
        circulaLink[pos][1] = pos
        head = pos
    else:
        #  循环单链表不为空
        cur = head
        #  遍历该链表直到表尾
        while circulaLink[cur][1] !=
    head:
            cur = circulaLink[cur][1]
        #  调整指针
        circulaLink[cur][1] = pos
        circulaLink[pos][1] = head
    return head
```

类实现

```
#  在循环单链表尾端插入节点
def insertTail(self, val):
    #  创建新节点
    node = Node(val)
    #  循环单链表为空,插入后只有一个节点
    if self.head is None:
        self.head = node
        node.next = self.head
    else:
        #  循环单链表不为空
        cur = self.head
        #  遍历该链表直到表尾
        while cur.next != self.head:
            cur = cur.next
        #  调整指针
        cur.next = node
        newNode.next = self.head
```

3. 打印循环单链表

打印循环单链表需要遍历每个节点,遍历时要注意遍历结束的标志。

【示例程序 7-41】 打印循环单链表。

列表实现

```
#  打印循环单链表
def printCirculaLink(head):
    if head is not None:
        #  遍历循环单链表
        cur = head
        while cur is not None:
            print(circulaLink[cur][0],
                  end=' ')
            #  遍历到尾节点,跳出循环
            if circulaLink[cur][1] == head:
                break
            cur = circulaLink[cur][1]
    print()
```

类实现

```
#  打印循环单链表
def printCirculaLink(self):
    if self.head:
        #  遍历循环单链表
        cur = self.head
        while cur:
            print(cur.data, end=' ')
            #  遍历到尾节点,跳出循环
            if cur.next == self.head:
                break
            cur = cur.next
    print()
```

4. 删除循环单链表中第一个值为 val 的节点

(1) 要删除的是头节点,若循环单链表只有一个节点,删除后就是空链表,可以直接把 head 设为 None;若超过一个节点,则将 head 指向第二个节点,再把尾节点指针指向 head,如图 7-28 所示。

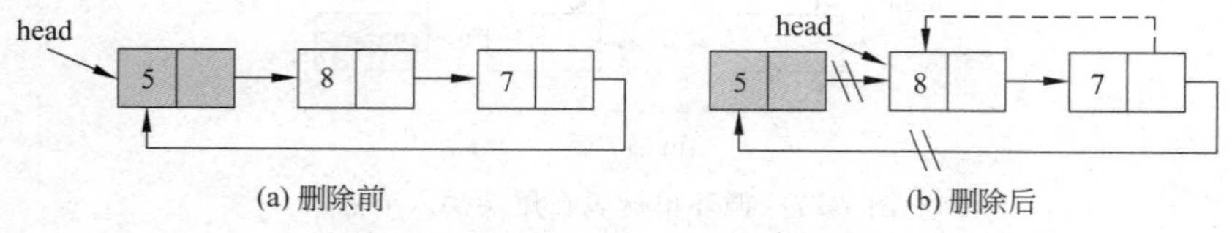

图 7-28　头节点数据值为 val

(2) 若要删除的节点不是头节点,则遍历循环单链表,找到第一个值为 val 的节点 cur,删除 cur 节点,如图 7-29 所示。

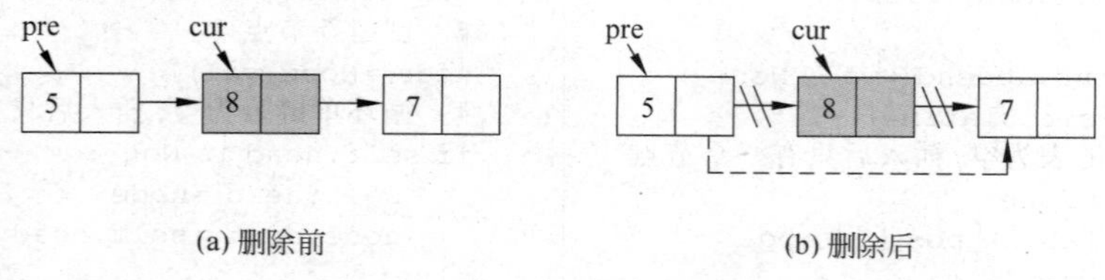

图 7-29　头节点数据值不为 val

【示例程序 7-42】 删除循环单链表中第一个值为 val 的节点。

<table>
<tr><th>列 表 实 现</th><th>类 实 现</th></tr>
<tr><td>

```
# 删除循环单链表中第一个值为 val 的节点
def deleteVal(head, val):
    if head is not None:
        # 循环单链表中头节点的值为 val
        if circulaLink[head][0] ==val:
            # 如果循环单链表中只有一个节点,返
              回 None
            if head ==circulaLink[head][1]:
                return None
            # 否则,把表头指向第二个节点,把尾节
              点指向头节点
            else:
                node =head
                head =circulaLink[head][1]
                cur =head
                # 遍历到尾节点
                while circulaLink[cur][1] !=
                node:
                    cur =circulaLink[cur][1]
                circulaLink[cur][1] =head
                return head
        # 如果头节点的值不是 val,遍历循环单链表
        pre =head
        cur =head
```

</td><td>

```
# 删除循环单链表中第一个值为 val 的节点
def deleteVal(self, val):
    if self.head is not None:
        # 循环单链表中头节点的值为 val
        if self.head.data ==val:
            # 如果循环单链表只有一个节点,
              返回 None
            if self.head ==self.head.next:
                self.head =None
            # 否则,把表头指向第二个节点,把
              尾节点指向头节点
            else:
                cur =self.head
                # 遍历到尾节点
                while cur.next !=self.head:
                    cur =cur.next
                cur.next =self.head.next
                self.head =self.head.next
            return
        else:
            # 如果头节点的值不是 val,遍历循
              环单链表
            pre =self.head
            cur =self.head
```

</td></tr>
</table>

续表

列表实现	类实现

while cur is not None:
#　如果找到 val,删除 cur 节点
if circulaLink[cur][0] == val:
circulaLink[pre][1] = circulaLink[cur][1]
return head
if circulaLink[cur][1] == head:
print("找不到要删除的节点!", val)
return head
pre = cur
cur = circulaLink[cur][1]
else:
print("循环单链表为空!")
return head
	while cur:
	#　如果找到 val,删除 cur 节点
	if cur.data == val:
	pre.next = cur.next
	return
	if cur.next == self.head:
	print("找不到要删除的节点!", val)
	return
	pre = cur
	cur = cur.next
	else:
	print("循环单链表为空!")

7.3.6　循环单链表应用实例

【示例程序 7-43】　约瑟夫问题。

1. 问题描述

n 个人排成一圈,从某个人开始,按顺时针方向从 1 开始依次编号。从编号为 1 的人开始顺时针(1,2,3,…,*m*,1,2,3,…,*m*)报数,报到数 *m*(*m*>1)的人退出圈子,从他的下一位重新报数。这样不断循环下去,圈子里的人数将不断减少,最终只剩下一个人。试问最后剩下的人的初始编号是多少?

2. 问题分析

从编号 1 开始计数,每过一个编号加 1,当计数到 *m* 时,将该编号从数据序列中移除,下一个编号从 1 开始重新计数。而当计数到序列中最后一个编号后,又从序列的开始编号继续计数,从而将计数序列构成一个环。重复这个过程,直到序列中只剩一个编号为止。可以选择循环单链表来存储 *n* 个参与人员的编号,算法如下。

(1) 创建一个由 n 个节点组成的循环单链表,同时每个节点的数据区域的数值分别是 1,2,…,n,新建两个指针 cur=0,pre=−1 表示分别指向头节点和尾节点。

(2) 遍历循环单链表进行报数,随着报数的进行,指针 pre、cur 不断指向下一个节点,报数计数器 c 也随之增加,当 c 增加到淘汰数 m 时,将对应的链表节点删除,在删除节点的同时,需要重置报数计数器 c 的值为 0。

(3) 将循环单链表中的唯一节点输出,就是最后的获胜者。

3. 程序实现

程序如下:

```
n =int(input("请输入总人数(n): "))
m =int(input("请输入报数值(m): "))
#  创建循环单链表
circulaLink =[[i +1, i +1] for i in range(n)]
```

```
circulaLink[-1][1]=0
cur=0
pre=-1
c=1
while n>1:
    if c==m:
        #  报数到 m,删除该节点
        circulaLink[pre][1]=circulaLink[cur][1]
        #  计数器重置
        c=0
        n-=1
    c+=1
    pre=cur
    cur=circulaLink[cur][1]
print("最后的获胜者是: ", circulaLink[cur][0])
```

程序运行结果如下:

```
请输入总人数(n): 8
请输入报数值(m): 5
最后的获胜者是: 3
```

练习题

一、选择题

1. 对于单链表的节点结构,以下说法不正确的是(　　)。

A. 节点的数据区域用于存放实际需要处理的数据元素

B. 节点的指针区域用于存放该节点后继节点的存储地址

C. 单链表必须带有数据区域为空的头节点和尾节点

D. 单链表中的各个节点在内存中可以非顺序存储

2. 非空的循环单链表 head 的尾结点 p 满足(　　)。

A. p.next = head　　B. p.next = None

C. p = None　　D. p = head

3. 从一个具有 n 个节点的单向链表中查找其值等于 y 的节点时,在查找成功的情况下,需查找的平均次数为(　　)次。

A. n　　B. $n/2$　　C. $(n-1)/2$　　D. $(n+1)/2$

4. 下列关于链表的叙述中,正确的是(　　)。

A. 链表中的各元素在存储空间中的地址必须是连续的

B. 链表中的表头元素一定存储在其他元素的前面

C. 链表中的各元素在存储空间中的地址不一定是连续的,但表头元素一定存储在其他元素的前面

D. 链表中的各元素在存储空间中的地址不一定是连续的,且各元素在存储空间中的

存储顺序也是任意的

5. 用列表来模拟单链表，每个节点第一个元素存储数据，第二个元素存储指向后继节点的指针。若要删除节点 a[p]的后继节点，则需执行语句(　　)。

A. p = a[p][1]　　　　B. a[a[p][1]][1] = a[p][1]

C. a[p][0] = a[a[p][1]][0]　　　　D. a[p][1] = a[a[p][1]][1]

二、上机实践题

1. 创建有序链表。给定一组数据，以链表的形式组织这些数据，依次加入链表中，使链表保持从小到大的顺序。

2. 两个非空链表，其值均为非负整数，整数不包含前置0。每位数字按逆序方式存储到链表中，且每个节点只存储一位数字。请将两个数相加，并逆序返回一个表示结果和的链表。

示例1：

有两个链表：

l1 = [2,4,3], l2 = [5,6,4]

新链表：

[7,0,8]

解释：

342 + 465 = 807

示例2：

有两个链表：

l1 = [9,9,9,9,9,9,9], l2 = [9,9,9,9]

新链表：

[8,9,9,9,0,0,0,1]

解释：

9999999 + 9999 = 10009998

7.4 树

7.4 树

栈、队列和链表都属于线性结构，难以实现对对象的分层表示，现引入一种新的数据结构，称为树，它属于分层非线性结构。

7.4.1 树概述

树在生活中应用广泛，家谱和各种社会组织机构都可以用树来表示。在计算机领域，操作系统用树来表示文件目录组织结构，编译系统用树来表示源程序的语法结构，数据库系统中的树结构也是信息的重要组织形式。

1. 树的定义

树是 $n(n\geqslant 0)$ 个节点的有限集合，它或为空树 $(n=0)$，或为非空树 $(n>0)$。对于非空树 T：

(1) 有且仅有一个根节点;

(2) 除根节点以外的其余节点可分为 $m(m>0)$ 个互不相交的有限集合 $T_1, T_2, \cdots, T_m$,其中每一个集合本身又是一棵树,称为根的子树。

如图 7-30(a)所示是一棵只有根节点的树。如图 7-30(b)所示是一棵有 15 个节点的树,其中 A 是根节点,其余节点分成 3 个互不相交的子集:$T_1=\{B,E,F,G,K,L\}$,$T_2=\{C,H,M\}$,$T_3=\{D,I,J,N,O\}$。T_1、T_2 和 T_3 都是根节点 A 的子树,且本身也是一棵树。

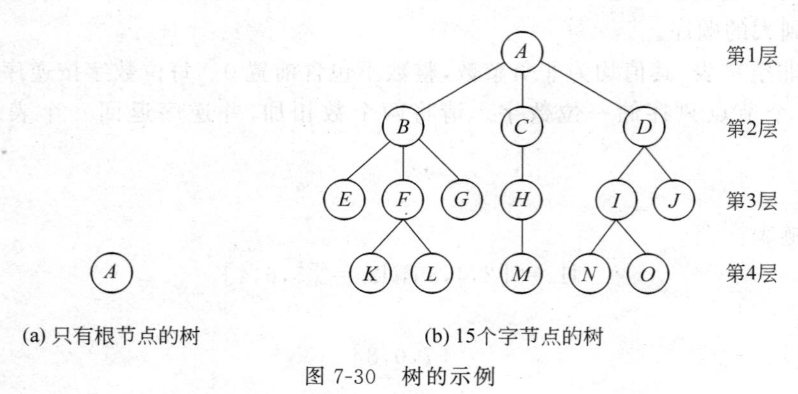

图 7-30 树的示例

2. 树的基本术语

树的基本术语以图 7-30(b)为例说明如下。

(1) 节点:树中的一个独立单元。例如,B、C、D、F、G 等都是节点。

(2) 节点的度:节点的子树数目。例如,A 的度为 3,C 的度为 1,K 的度为 0。

(3) 树的度:树内各节点度的最大值。图 7-30 中树的度为 3。

(4) 叶子节点:度为 0 的节点。例如,E、K、L、G、M、N、O、J 都是叶子节点。

(5) 分支节点:度不为 0 的节点。例如,A、B、C、D 是分支节点。

(6) 内部节点:除根节点之外的分支节点。例如,B、C、D 是内部节点。

(7) 孩子:将某个节点子树的根称为该节点的孩子。例如,B 的孩子有 E、F 和 G。

(8) 双亲:将某个节点的上层节点称为该节点的双亲。例如,B 的双亲为 A。

(9) 兄弟:同一个双亲的孩子之间互称兄弟。例如,E、F 和 G 互为兄弟。

(10) 堂兄弟:双亲在同一层的节点互为堂兄弟。例如,节点 M 与 K、L、N、O 互为堂兄弟。

(11) 祖先:从根到该节点所经分支上的所有节点都称为该节点的祖先。例如,M 的祖先为 A、C 和 H。

(12) 子孙:以某节点为根的子树中的任一节点都称为该节点的子孙。例如,D 的子孙为 I、J、N 和 O。

(13) 层次:节点的层次从根开始算起,根为第 1 层,根的孩子为第 2 层。树中任一节点的层次等于其双亲节点的层次加 1。例如,E 在第 3 层,A 在第 1 层。

(14) 树的深度:树中节点的最大层次称为树的深度或高度。图 7-30 中树的深度为 4。

7.4.2　二叉树概述

1. 二叉树的概念

二叉树是一种最简单的树形结构，其特点是每个节点至多只有两棵子树，子树有左、右之分，其次序不能颠倒。如图 7-31 所示就是二叉树。

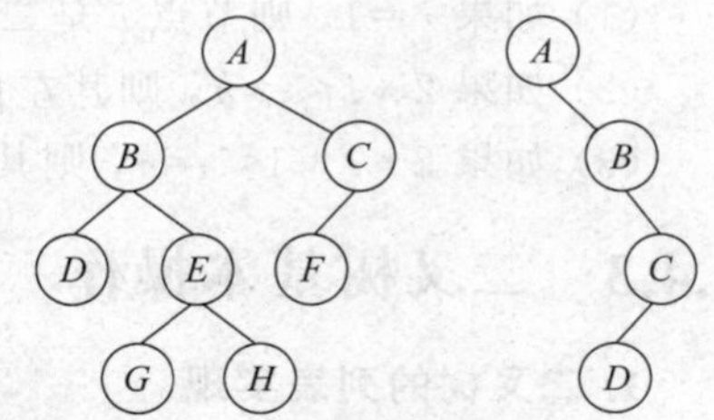

图 7-31　二叉树的示例

二叉树是由 $n(n\geqslant 0)$ 个节点所构成的集合，它或为空二叉树（$n=0$），或为非空二叉树。对于非空二叉树 T：

(1) 有且仅有一个根节点；

(2) 除根节点以外的其余节点分为两个互不相交的子集 T_1 和 T_2，分别称为 T 的左子树和右子树，且 T_1 和 T_2 本身又都是二叉树。

二叉树有 5 种基本形态，如图 7-32 所示。

(a) 空二叉树　(b) 只有根节点的二叉树　(c) 右子树为空的二叉树　(d) 左子树为空的二叉树　(e) 左、右子树均非空的二叉树

图 7-32　二叉树的 5 种基本形态

2. 二叉树的性质

【性质 7-1】 二叉树的第 i 层上至多有 2^{i-1} 个节点（$i\geqslant 1$）。

【性质 7-2】 深度为 k 的二叉树至多有 2^k-1 个节点（$k\geqslant 1$）。

【性质 7-3】 对任何一棵二叉树 T，如果其叶子节点数为 n_0，度为 2 的节点数为 n_2，则 $n_0=n_2+1$。

二叉树有两种特殊形态的树，即满二叉树和完全二叉树。

(1) 满二叉树。满二叉树满足两个条件：①节点的度数为 2(具有两个非空子树)，或者度数为 0(叶子节点)；②所有叶子节点都在同一层。图 7-33 就是一棵满二叉树。

(2) 完全二叉树。完全二叉树须满足两个条件：①至多只有最下两层中的节点度数小于 2；②最下层的叶子节点都依次排列在该层最左边。图 7-34 就是一棵完全二叉树。

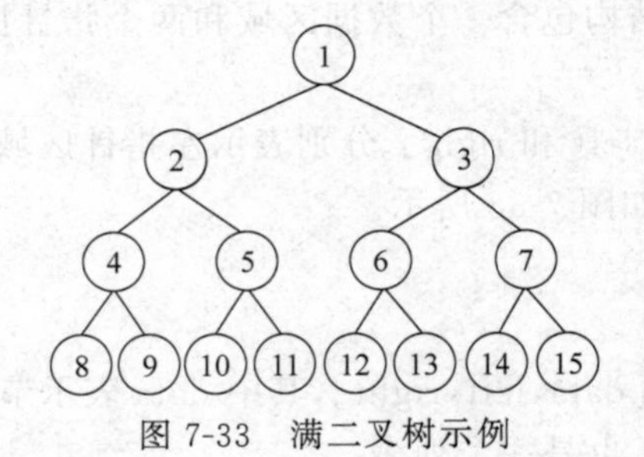

图 7-33　满二叉树示例

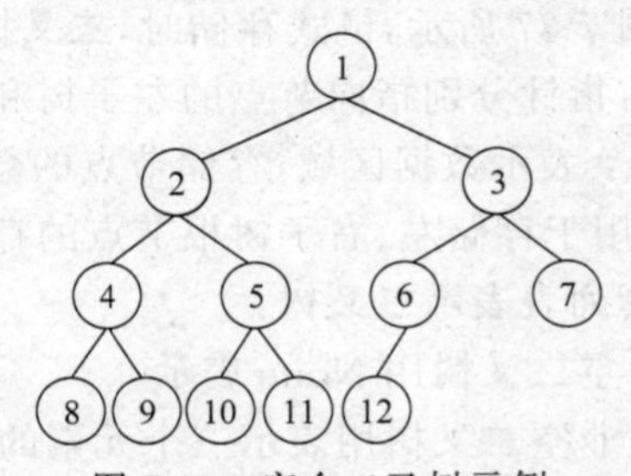

图 7-34　完全二叉树示例

完全二叉树有两个重要特性。

【性质 7-4】 具有 n 个节点的完全二叉树的深度为 $\text{int}(\log_2 n)+1$。

【性质 7-5】 如果对一棵有 n 个节点的完全二叉树,从根节点起按层序编号(从上到下,从左到右),对任一节点 $i(1\leqslant i\leqslant n)$:

(1) 如果 $i=1$,则节点 i 是二叉树的根;如果 $i>1$,则其双亲节点编号为 $i/2$。

(2) 如果 $2*i<=n$,则其左孩子节点编号为 $2*i$;否则节点 i 无左孩子。

(3) 如果 $2*i+1<=n$,则其右孩子节点编号为 $2*i+1$;否则节点 i 无右孩子。

7.4.3 二叉树基本操作

1. 二叉树的列表实现

(1) 完全二叉树。从根节点开始,从上到下、从左到右依次对 n 个节点编号,假设根节点编号为 0,将完全二叉树的节点用一组连续的列表元素表示,节点编号与列表下标一一对应,如图 7-35 所示。

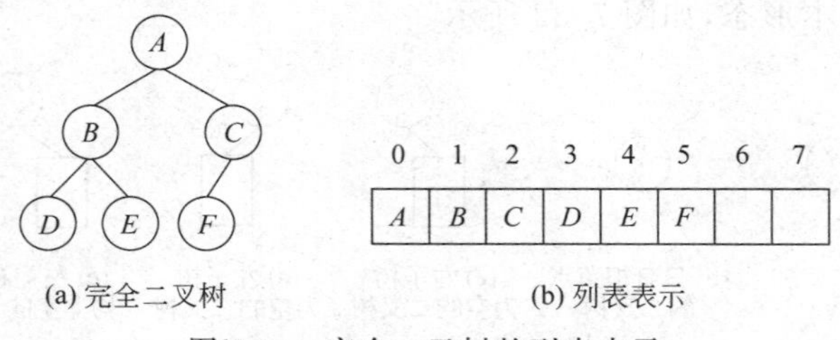

图 7-35 完全二叉树的列表表示

(2) 非完全二叉树。对于非完全二叉树,先将它补全为完全二叉树,补上的节点及分支用虚线表示,再按照完全二叉树的存储方式存储各节点,如图 7-36 所示。

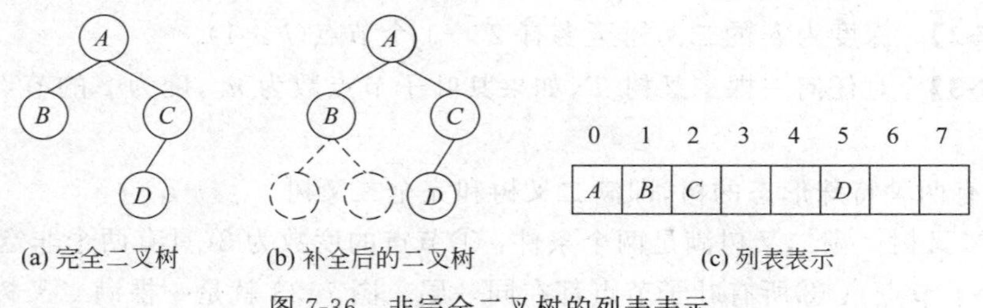

图 7-36 非完全二叉树的列表表示

2. 二叉树的链式存储

如图 7-37 所示,链式存储时,二叉树的节点结构包含一个数据区域和两个指针区域,左指针和右指针分别指向节点的左子树和右子树。

data:表示数据区域,存储节点的数据元素。left 和 right:分别表示左指针区域和右指针区域,用于存储左、右子树根节点的存储地址,如图 7-38 所示。

嵌套列表表示二叉树:

(1) 空二叉树用 None 表示;

(2) 非空二叉树用表示三个元素的列表表示[data,left,right],其中 data 表示节点的数据值,left 与 right 表示左、右子树,因此 left、right 也是一个列表。

left	data	right

图 7-37　二叉树节点结构

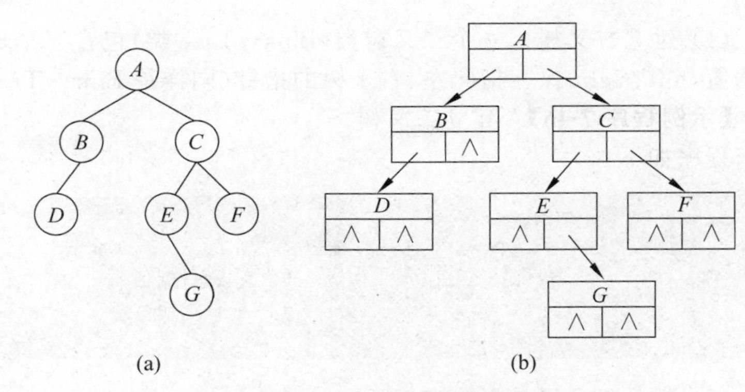

图 7-38　二叉树的链式结构

图 7-38 所示的二叉树，可以用下面的嵌套列表来描述：

```
['A',
      ['B', ['D', None, None],None],
      ['C', ['E', None,
                 ['G',None, None ]
             ],
             ['F',None,None]]]
```

通过如下代码构建一棵二叉树。

【示例程序 7-44】 构建一棵二叉树。

程序如下：

```
#  二叉树构建函数
def binaryTree(data,left=None, right=None):
      return [data, left, right]
```

利用构建函数，创建如图 7-38(a)所示的代码如下。

【示例程序 7-45】 创建二叉树。

程序如下：

```
#  创建二叉树
bintree =binaryTree('A',
             binaryTree('B', binaryTree('D')),
             binaryTree('C',
                    binaryTree('E', None, binaryTree('G')),
                    binaryTree('F')))
print(bintree)
```

程序运行结果如下：

```
['A', ['B', ['D', None, None], None], ['C', ['E', None, ['G', None, None]], ['F',
None, None]]]
```

3. 二叉树基本操作

二叉树更多是采用类的方式来实现，下面以类的方式实现二叉树的基本操作。

(1) 建立二叉树。一个二叉树类(BinaryTree 类)包含三个成员属性：data 保存节点的数据值,left、right 保存指向左、右子树的指针(同样是 BinaryTree 对象)。

【示例程序 7-46】 建立二叉树。

程序如下：

```
class BinaryTree:
    def __init__(self, data, left=None, right=None):
        self.data =data              # 节点数据值
        self.left =left              # 左右子树
        self.right =right
```

(2) 判断二叉树是否为空。

【示例程序 7-47】 判断二叉树是否为空。

程序如下：

```
# 判断二叉树是否为空
def is_empty(self):
    return self is None
```

(3) 获取二叉树的左、右子树。

【示例程序 7-48】 获取二叉树的左、右子树。

程序如下：

```
# 获取二叉树的左、右子树
def get_left(self):
        return self.left

def get_right(self):
        return self.right
```

(4) 向左、右子树插入节点。插入左子节点,必须考虑两种情况：第一种情况是没有左子节点,将新节点添加进来即可;第二种情况是存在左子节点,此时需要插入一个节点并将原先的子节点降一级。插入右子节点的方法与插入左子节点的方法一致。

【示例程序 7-49】 向左子树插入节点。

程序如下：

```
# 向左子树插入节点
def insertLeft(self, data):
      if self.left is None:
         self.left =BinaryTree(data)
      else:
         node =BinaryTree(data)
         node.left =self.left
         self.left =node
```

【示例程序 7-50】 向右子树插入节点。

程序如下：

```
# 向右子树插入节点
def insertRight(self, data):
```

```
    if self.right is None:
        self.right =BinaryTree(data)
    else:
        node =BinaryTree(data)
        node.right =self.right
        self.right =node
```

(5) 统计二叉树中节点的个数。统计二叉树中的节点个数要遍历二叉树,这里采用递归的方式遍历节点,对于一个节点,它的左、右子树有 4 种情况,分别对应 4 种处理方式。

① 没有左、右子树(叶子节点),直接返回节点数为 1。

② 只有左子树,节点数就是 1+左子树的节点数和,需要递归左子树。

③ 只有右子树,节点数就是 1+右子树的节点数和,需要递归右子树。

④ 有左、右两个子树,节点数就是 1+左子树的节点数和+右子树的节点数和,需要递归左、右子树。

【示例程序 7-51】 统计二叉树中节点的个数。

程序如下:

```
#  统计二叉树中节点的个数
def count_node(self):
    if self.left is None and self.right is None:
        return 1
    if self.left is None:
        return 1 +self.right.count_node()
    if self.right is None:
        return 1 +self.left.count_node()
return 1 +self.left.count_node() +self.right.count_node()
```

(6) 计算二叉树的深度。与统计节点个数类似,二叉树的深度也采用递归方式实现,分为以下 4 种情况。

① 没有左、右子树(叶子节点),深度就是 1。

② 只有左子树,深度就是"1+左子树的深度",需要递归左子树。

③ 只有右子树,深度就是"1+右子树的深度",需要递归右子树。

④ 有左、右两个子树,节点数就是"1+ max(左子树的深度和+右子树的深度)",需要递归左、右子树。

【示例程序 7-52】 计算二叉树的深度。

程序如下:

```
#  计算二叉树的深度
def tree_depth(self):
    if self.left is None and self.right is None:
        return 1
    if self.left is None:
        return 1 +self.right.tree_depth()
    if self.right is None:
        return 1 +self.left.tree_depth()
return 1 +max(self.left.tree_depth(), self.right.tree_depth())
```

(7) 二叉树的简单应用。

创建如图 7-38 所示的二叉树,并计算该二叉树的节点数和深度。

【示例程序 7-53】 创建二叉树并计算该二叉树的节点数和深度。

程序如下:

```
r =BinaryTree('A')                                # 创建一棵二叉树,节点值为 A
r.insert_left('B')                                # 创建 A 的左子树 B
r.insert_right('C')                               # 创建 A 的右子树 C
r.get_left().insert_left('D')                     # 创建 B 的左子树 D
r.get_right().insert_left('E')                    # 创建 C 的左子树 E
r.get_right().insert_right('F')                   # 创建 C 的右子树 F
r.get_right().get_left().insert_right('G')        # 创建 E 的右子树 G
print("二叉树的总节点数: ", r.count_node())       # 求二叉树的节点数
print("二叉树的深度: ", r.tree_depth())           # 求二叉树的深度
```

程序运行结果如下:

```
二叉树的总节点数: 7
二叉树的深度: 4
```

7.4.4 二叉树的遍历

1. 二叉树遍历算法描述

二叉树的遍历是指按照一定的规则和次序依次访问二叉树中的所有节点。有两种基本方式,即深度优先遍历和宽度优先遍历。

1) 深度优先遍历

如图 7-39 所示,在限定先左后右的前提下,遍历有 3 种情况,分别是先(根)序遍历 *DLR*、中(根)序遍历 *LDR* 和后(根)序遍历 *LRD*。

图 7-39(b)所示的二叉树的三种遍历序列如下。

先序遍历序列: *A B D C E G F*

中序遍历序列: *D B A E G C F*

后序遍历序列: *D B G E F C A*

(1) 先序遍历程序实现。如图 7-40 所示(黑色圆点表示访问该节点),先序遍历二叉树的操作定义为:若二叉树为空,则空操作;否则先访问根节点,然后先序遍历左子树,最后先序遍历右子树。

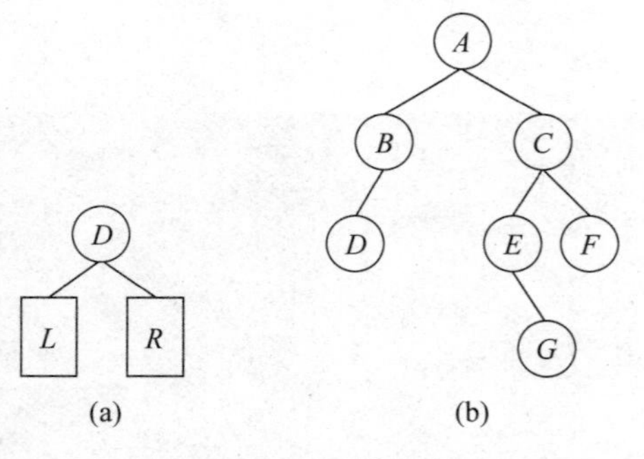

图 7-39 二叉树的遍历

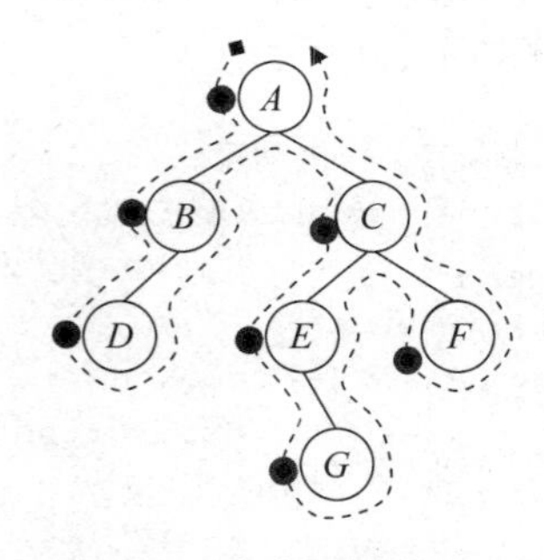

图 7-40 先序遍历的过程

【示例程序 7-54】 先序遍历。

程序如下：

```
#   先序遍历
def preorder(self):
    print(self.data, end=" ")
    if self.left:
        self.left.preorder()
    if self.right:
        self.right.preorder()
```

(2) 中序遍历程序实现。如图 7-41 所示，中序遍历二叉树的操作定义为：若二叉树为空，则空操作；否则先中序遍历左子树，其次访问根节点，最后中序遍历右子树。

【示例程序 7-55】 中序遍历。

程序如下：

```
#   中序遍历
def inorder(self):
    if self.left:
        self.left.inorder()
    print(self.data, end=" ")
    if self.right:
        self.right.inorder()
```

(3) 后序遍历程序实现。如图 7-42 所示，后序遍历二叉树的操作定义为：若二叉树为空，则空操作；否则先后序遍历左子树，其次后序遍历右子树，最后访问根节点。

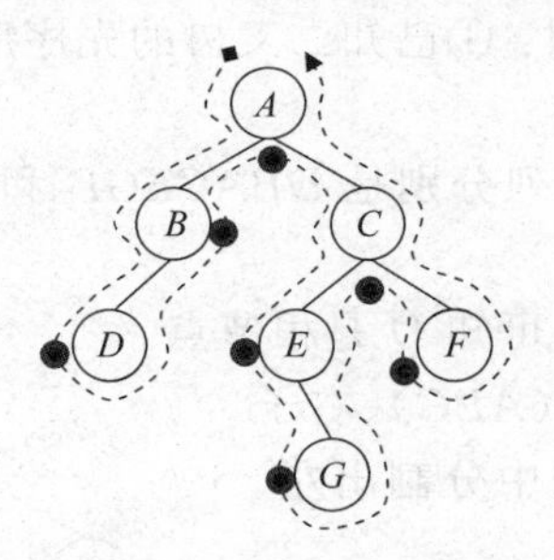

图 7-41 中序遍历的过程

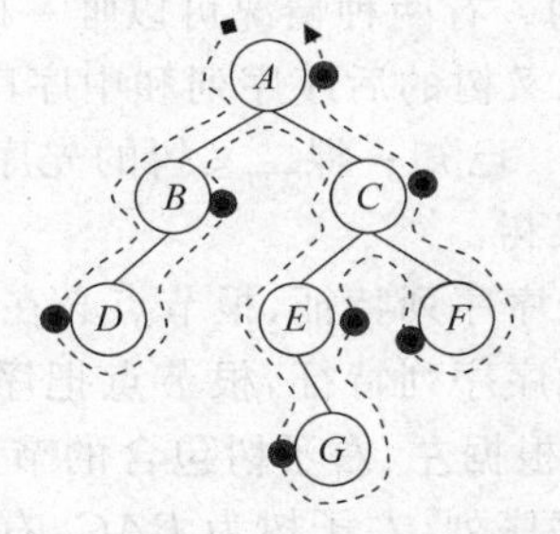

图 7-42 后序遍历的过程

【示例程序 7-56】 后序遍历。

程序如下：

```
#   后序遍历
def postorder(self):
    if self.left:
        self.left.postorder()
    if self.right:
        self.right.postorder()
    print(self.data, end=" ")
```

2) 宽度优先遍历

宽度优先遍历又称层序遍历，是按二叉树的层次逐层访问树中的各节点，每一层中，从左

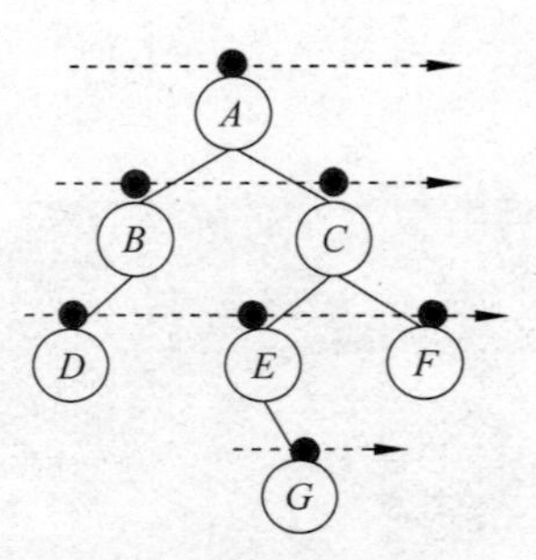

图 7-43　层序遍历的过程

到右逐个访问。如图 7-39(b)的层序遍历序列是：$A\quad B\quad C\quad D\quad E\quad F\quad G$,如图 7-43 所示。

层序遍历需要借助队列,操作定义如下。

(1) 把二叉树放入队列。

(2) 如果队列不为空,输出子树根节点的值。

(3) 访问左子树,如果左子树不为空,把左子树加入队列。

(4) 访问右子树,如果右子树不为空,把右子树加入队列。

(5) 重复(2)～(4)操作,直到没有节点(队列为空)。

【示例程序 7-57】 层序遍历。

程序如下：

```
#  层序遍历
def breadth(self):
    queue =[self]
    while queue:
        cur_node =queue.pop(0)
        print(cur_node.data, end=" ")
        if cur_node.left is not None:
            queue.append(cur_node.left)
        if cur_node.right is not None:
            queue.append(cur_node.right)
```

2. 根据遍历序列确定二叉树

若二叉树中各节点的值均不相同,任意一棵二叉树节点的先序序列、中序序列和后序序列都是唯一的。有两种情况可以唯一确定一棵二叉树：①已知二叉树的先序序列和中序序列；②已知二叉树的后序序列和中序序列。

【例 7-1】 已知一棵二叉树的先序序列和中序序列分别是 $DBACEGF$ 和 $ABCDEFG$,画出这棵二叉树。

(1) 由先序序列特征,根节点必在序列的第一个,可知 D 是根节点。

(2) 由中序序列特征,根节点把序列分成左子树(ABC)、右子树(EFG),再根据左、右子树包含的节点,在先序序列中分割出左、右子树的先序序列,左子树为 BAC,右子树为 EGF。

(3) 分别对两棵子树进行分析,在左子树中 B 是根节点,A 是左子节点,C 是右子节点。在右子树中,E 是根节点,没有左节点,只有右子树(FG),其先序序列为 GF。

(4) 根据先序序列 GF 可知,G 是根节点,F 是左子节点。

根据以上分析,画出二叉树,如图 7-44 所示。

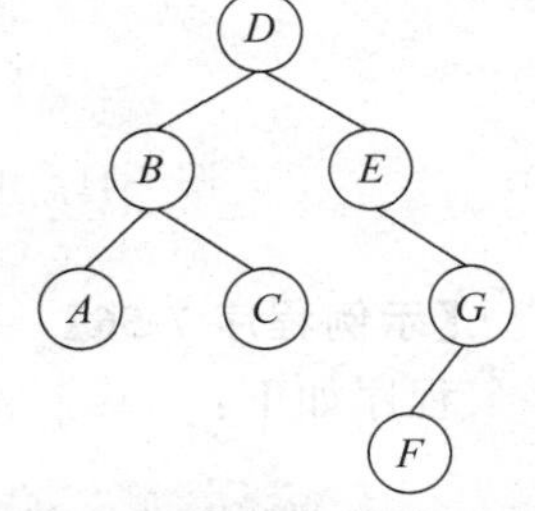

图 7-44　二叉树示例

7.4.5　二叉树应用实例

【示例程序 7-58】 二叉树求解表达式的值。

1. 问题描述

任意一个算术表达式都可用二叉树来表示。假设运算符均为双目运算符,则表达式均为二元表达式,二元表达式可以很自然地映射到二叉树,形成表达式树。表达式树中叶子节点均为操作数，分支节点均为运算符。请利用二叉树结构编写程序，求解二元表达式的值。

2. 问题分析

图7-45是二元表达式(6－2)＊(8/2＋5)对应的二叉树，对它进行先序、中序和后序遍历得到以下序列。

先序序列"＊ － 6 2 ＋ / 8 2 5"是该表达式的前缀表达式。

后序序列"6 2 － 8 2 / 5 ＋ ＊"是该表达式的后缀表达式。

中序序列"6 － 2 ＊ 8 / 2 ＋ 5"是该表达式的中缀表达式，只是缺少表示计算顺序的括号。

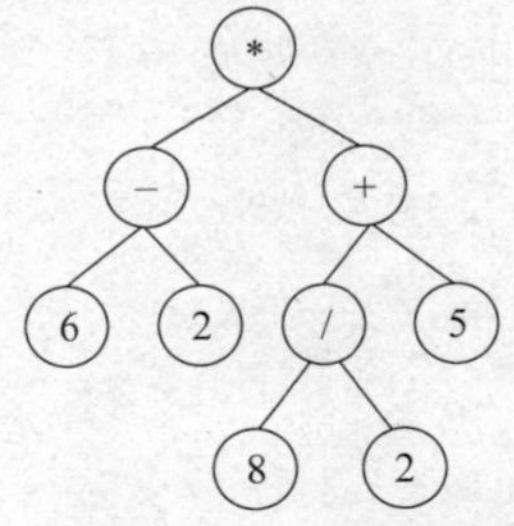

图7-45 (6－2)＊(8/2＋5)的表达式树

【示例程序7-59】 创建表达式的二叉树。

程序如下：

```
#  创建表达式的二叉树
bintree =binaryTree('*',
                    binaryTree('-', binaryTree(6), binaryTree(2)),
                      binaryTree('+',
                            binaryTree('/', binaryTree(8), binaryTree(2)),
                            binaryTree(5)))
```

执行语句，得到如下二叉树：

```
['*', ['-', [6, None, None], [2, None, None]], ['+', ['/', [8, None, None], [2,
None, None]], [5, None, None]]]
```

表达式树中，叶子节点的数据区域为运算数，分支节点的数据区域为运算符，由于本题都是双目运算，分支节点必有左、右子树。

(1) 判断子树是不是一个数值。

【示例程序7-60】 判断子树是不是一个数值。

程序如下：

```
#  判断子树是不是一个数值
def is_number(node):
    return isinstance(node[0], int) or isinstance(node[0], float)
```

(2) 判断子树是不是一个表达式。

【示例程序7-61】 判断子树是不是一个表达式。

程序如下：

```
#  判断子树是不是一个表达式
def is_exp(node):
    return node[0] in ['+', '-', '*', '/']
```

(3) 根据二叉树分支节点的运算符,进行相应的运算。

【示例程序 7-62】 根据运算符求值。

程序如下:

```
# 根据运算符求值
def get_val(cal, val1, val2):
    if cal =='+':
        return val1 +val2
    elif cal =='-':
        return val1 -val2
    elif cal ==' * ':
        return val1 * val2
    elif cal =='/':
        return val1 / val2
```

函数定义好后,就可以计算表达式树的值。

(1) 设变量 lval 和 rval 为表达式树中左子树和右子树的值,初始均为 0。

(2) 如果当前节点为叶子节点,则返回该节点的数值,否则执行以下操作:递归计算左子树的值,记为 lval;递归计算右子树的值,记为 rval;根据当前节点运算符的类型,将 lval 和 rval 进行相应运算并返回。

【示例程序 7-63】 表达式求值。

程序如下:

```
# 表达式求值
def cal_exp(bintree):
    lval, rval =0, 0                            # 存储左、右子树的值
    if is_number(bintree):                      # 如果是运算数,直接返回
        return bintree[0]
    if is_exp(bintree):                         # 如果是运算符
        lval =cal_exp(bintree[1])               # 递归计算左子树的值
        rval =cal_exp(bintree[2])               # 递归计算右子树的值
        return get_val(bintree[0], lval, rval)  # 进行相应运算
```

遍历表达式进行求值的过程实际上是一个后序遍历二叉树的过程。

【示例程序 7-64】 计算表达式的值。

程序如下:

```
print("(6-2) * (8/2+5)的结果是: ")
print(cal_exp(bintree))
```

程序运行结果如下:

```
(6-2) * (8/2+5)的结果是:
36.0
```

【示例程序 7-65】 判断是否为对称二叉树。

1. 问题描述

为对称二叉树和非对称二叉树如图 7-46 所示。

2. 问题分析

用递归的方式判断二叉树是否是对称二叉树：①当两个节点都为空，返回 True；②左、右两个节点一个为空，一个不为空，返回 False；③左、右两个节点都不为空，如果节点值不相等，返回 False，否则继续递归比较左子树的左孩子和右子树的右孩子以及左子树的右孩子和右子树的左孩子是否对称。

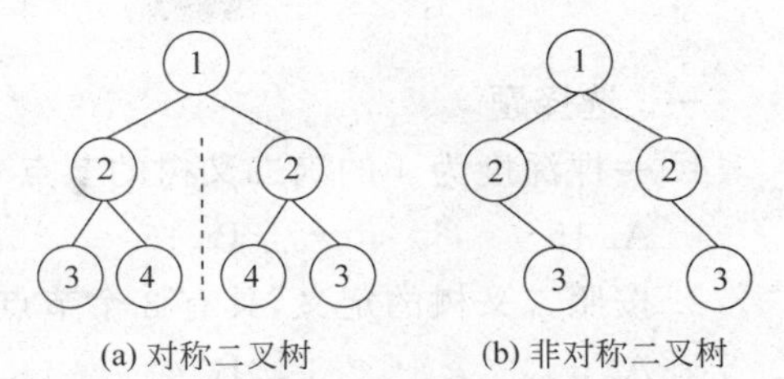

图 7-46 对称二叉树和非对称二叉树

3. 程序实现

程序如下：

```
# 判断是否是对称二叉树
def isSymmetric(left, right):
    # 左、右子树为空
    if left is None and right is None:
        return True
    # 左子树为空，右子树不为空
    elif left is None and right is not None:
        return False
    # 左子树不为空，右子树为空
    elif right is None and left is not None:
        return False
    else:
        # 左、右子树节点值不等
        if left.data !=right.data:
            return False
        # 左、右子树节点值相等，继续比较
        # 左子树的左孩子、右子树的右孩子是否对称
        # 左子树的右孩子、右子树的左孩子是否对称
        else:
            return isSymmetric(left.get_left(), right.get_right()) and \
                   isSymmetric(left.get_right(), right.get_left())
# 创建图 7-46(a)所示二叉树
r =BinaryTree(1)
r.insert_left(2)
r.insert_right(2)
r.get_left().insert_left(3)
r.get_left().insert_right(4)
r.get_right().insert_left(4)
r.get_right().insert_right(3)

res =True
if r:
    res =isSymmetric(r.get_left(), r.get_right())
if res:
    print("是对称二叉树")
else:
    print("不是对称二叉树")
```

练习题

一、选择题

1. 一棵深度为4的满二叉树的节点个数为(　　)个。

A. 15　　B. 16　　C. 8　　D. 7

2. 按照二叉树的定义,具有3个节点的二叉树形态有(　　)种。

A. 3　　B. 4　　C. 5　　D. 6

3. 若树的根高度为1,则具有120个节点的完全二叉树的高度为(　　)。

A. 5　　B. 6　　C. 7　　D. 8

4. 将一棵有1000个节点的完全二叉树从上到下、从左到右依次编号,根节点的编号为1,则编号为35的节点的右孩子的编号为(　　)。

A. 36　　B. 70　　C. 71　　D. 72

5. 在一棵具有 n 个节点的二叉树中,如果根节点的深度为0,该二叉树的深度最大为(　　)。

A. $n/2$　　B. $n-1$　　C. n　　D. $n+1$

6. 已知二叉树 T 可用嵌套列表表示为

```
bt=["A",["B",["D",None, None],["E",None, None]],["C",None,["F",None,None]]]
```

则下列说法正确的为(　　)。

A. 二叉树 T 的前序遍历序列为 A-B-C-D-E-F

B. 二叉树 T 的中序遍历序列为 D-B-E-A-C-F

C. 二叉树 T 的后序遍历序列为 B-F-C-D-E-A

D. 二叉树 T 的层序遍历序列为 A-B-D-E-C-F

7. 已知二叉树 T 的形态如图7-47所示,则其对应的一维列表表示为(　　)。

A. bt=["A","B","C","D","E"]

B. bt=["A","B","C","D",None,"E"]

C. bt=["A","B","C",None,"D",None,"E"]

D. bt=["A","B","C",None,None,"D","E"]

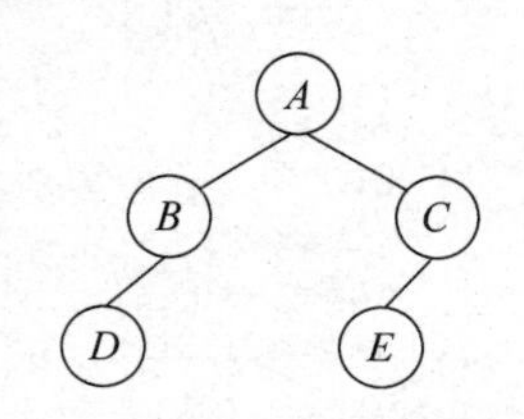

图7-47　二叉树 T 的形态

二、填空题

1. 已知一棵二叉树的前序序列为 $ABDEGCFH$,中序序列为 $DBGEACHF$,则该二叉树的后序序列为__________,层序序列为__________。

2. 一棵二叉树的列表存储形式如下:

列表下标	0	1	2	3	4	5	6	7	8	9	10
列表元素	A	B		C	D			E		F	G

请回答下列问题：

(1) 这棵树有____________个节点，深度为____________。

(2) 请画出该树。

三、上机实践题

如图 7-48(b)所示的二叉树是如图 7-48(a)所示二叉树的镜像二叉树。请设计算法，输出其对应的镜像二叉树。

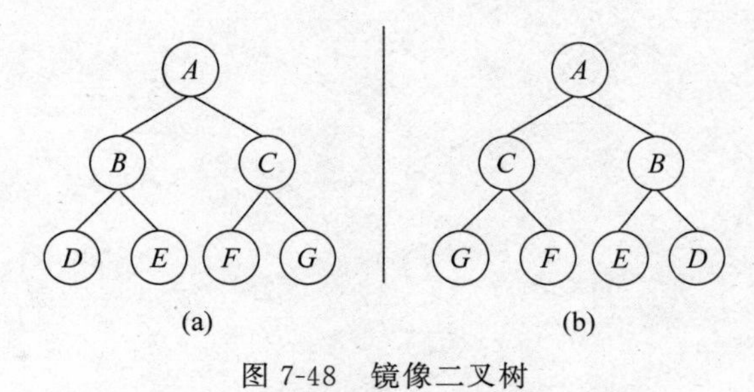

图 7-48 镜像二叉树

第 4 篇

Python 应用开发模块

第 8 章　Python 数据处理与分析

本章导读

万物互联的世界正在成型，数据将成为“未来新石油”。

如何收集和整理数据？如何从大数据中挖掘出有价值的信息？如何将抽象冰冷的表格转换成具体直观的可视化图表？作为最流行的计算机语言，Python 似乎就是为大数据而生，它丰富的第三方库提供了强大的数据处理能力。

Python 可调用 numpy、pandas 和 matplotlib 等扩展模块编程处理数据。numpy 是科学计算的基础包，能快速进行数组运算；pandas 是核心数据分析支持库，提供大量标准数据模型和高效操作大型数据集所需的工具；matplotlib 是最流行的绘制数据图表的 Python 库，并能调用其他库实现硬件交互。

本章通过实例介绍 numpy、pandas 和 matplotlib 模块的基本特性和使用方法，并以《三国演义》中的文本分析为例，演示中文文本分析和词云制作。

8.1　numpy 数组及其运算

8.1　numpy 数组及其运算

8.1.1　numpy 模块概述

numpy(numerical Python)是 Python 语言的一个扩展模块，它是数据分析和科学计算领域中 scipy、pandas、sklearn 等众多扩展库的基础库，提供了大量的 N 维数组与矩阵运算函数库。其通常与 scipy 和 matplotlib 一起使用，用于替代 Matlab。

8.1.2　彩色图像转黑白

为减少图片容量，或者为获得特殊的艺术效果，常常要将彩色图像(或灰度图像)转换成黑白图像。Python 图像处理库 PIL 可以将彩色图像转换成灰度图像，再将灰度图像转换成黑白图像，效果如图 8-1 所示。

1. 常规解法：使用二重循环

彩色图像通常使用 RGB 色彩模式，图像中的每个像素都分成 R、G、B 三个原色分量(通道)，利用这 3 个通道的变化和相互叠加来表现各种颜色。灰度图像只有一个通道，显示从暗黑到亮白的灰度。黑白图像也叫二值图像，它相当于只取灰度图像中 0 和 255 两种值，分别代表纯黑和纯白。

图 8-1　彩色图像、灰度图像和黑白图像

编写程序前先安装 PIL 库。打开 cmd 命令行窗口,输入如下命令:

```
C:\Users\Administrator>pip install pillow
```

【示例程序 8-1】 使用二重循环转换为黑白图像。

程序如下:

```
from PIL import Image
img =Image.open("cat.jpg").convert("L")        #  打开图像并转换成灰度图像
img.show()                                     #  输出灰度图像
CRITICAL_VALUE =132                            #  黑色临界值,也可以尝试 108、158 等值
pix =img.load()                                #  读取各像素点的元素值
#  遍历每一个像素点,根据其灰度值是否大于临界值,将其设置为白色或黑色
for i in range(img.width):
    for j in range(img.height):
        if pix[i, j] >CRITICAL_VALUE:          #  当灰度值大于临界值时设置为白色
            pix[i, j] =255
        else:
            pix[i, j] =0
img.show()                                     #  输出黑白图像
```

2. numpy 解法:调用 where()方法

将图像转换成数字矩阵,调用 numpy 模块的 where()方法。numpy 通常与 scipy 和 matplotlib 一起使用,所以一次性把 3 个模块安装好,安装命令如下:

```
pip install numpy scipy matplotlib
```

默认使用国外线路,但下载速度很慢,建议选择国内的镜像网站,如清华镜像:

```
pip install numpy scipy matplotlib -i https://pypi.tuna.tsinghua.edu.cn/simple
```

也可以选择豆瓣镜像(http://pypi.douban.com/simple)或者阿里镜像(http://mirrors.aliyun.com/pypi/simple)。

【示例程序 8-2】 调用 where()方法转换为黑白图像。

程序如下:

```
import numpy as np
from PIL import Image
```

```
img =Image.open("cat.jpg").convert("L")
                                         #  打开图像并转换成灰度图像
img.show()                               #  输出灰度图像
CRITICAL_VALUE =132                      #  黑色临界值,也可以尝试 108、158 等值
img_arr =np.array(img)                   #  将图像转换成数字矩阵
img_arr =np.where(img_arr >CRITICAL_VALUE, 255, 0)
img =Image.fromarray(img_arr)  #  将数字矩阵转换成图像
img.show()                               #  输出黑白图像
```

8.1.3　计算身体质量指数

BMI(body mass index,身体质量指数)是用体重(kg)除以身高(m)的平方得出的数值,是目前国际上常用的衡量人体胖瘦程度的标准之一。

"身高体重数据.csv"文件(见图 8-2)中存储了部分初一学生的身高、体重数据,请计算每位同学的身体质量指数(保留 1 位小数),并根据身体质量指数单项评分表分别计算男生和女生的单项得分,统计体重正常的男生和女生人数。

身体质量指数(BMI)单项评分表

等级	单项成绩	男			女		
		初一	初二	初三	初一	初二	初三
正常	100	15.5~22.1	15.7~22.5	15.8~22.8	14.8~21.7	15.3~22.2	16.0~22.6
低体重	80	≤15.4	≤15.6	≤15.7	≤14.7	≤15.2	≤15.9
超重		22.2~24.9	22.6~25.2	22.9~26.0	21.8~24.4	22.3~24.8	22.7~25.1
肥胖	60	≥25.0	≥25.3	≥26.1	≥24.5	≥24.9	≥25.2

部分学生身高、体重数据

	A	B	C	D
1	姓名	性别	身高	体重
2	蔡林航	1	155	38
3	魏泽青	1	150	38
4	杜永蔚	2	156	35
5	马宗豪	1	148	38
6	龚道鑫	1	145	30

图 8-2　身体质量指数单项评分表和部分学生身高、体重数据

(1) 读取性别、身高和体重数据。

【示例程序 8-3】　从 csv 文件中将性别、身高和体重数据读取到二维数组中。

程序如下:

```
import numpy as np #  导入 numpy 模块
#  读取学生的性别标记(男 1 女 2)、身高和体重数据到二维数组 data
data =np.loadtxt("身高体重数据.csv",delimiter=",",skiprows=1, usecols=(1,2,3))
```

(2) 为每位同学计算身体质量指数,并将其作为第 4 列数据添加到二维数组中。

【示例程序 8-4】　计算身体质量指数并添加到二维数组中。

程序如下:

```
bmi =np.around(10000 * data[: ,2] / (data[: ,1] * * 2), 1) #  四舍五入,精度为 1
bmi.shape =len(bmi), 1 #  修改 bmi 的形状为 n 行 1 列,以便为 data 增加新列
data =np.append(data, bmi, axis=1) #  axis=1,添加新列
```

添加身体质量指数前后二维数组 data 的前 9 行数据比较,如图 8-3 所示。

```
[[  1.  155.  38. ]          [[  1.  155.  38.  15.8]
 [  1.  150.  38. ]           [  1.  150.  38.  16.9]
 [  2.  156.  35. ]           [  2.  156.  35.  14.4]
 [  1.  148.  38. ]           [  1.  148.  38.  17.3]
 [  1.  145.  30. ]   ====>   [  1.  145.  30.  14.3]
 [  2.  152.  35. ]           [  2.  152.  35.  15.1]
 [  2.  151.  35. ]           [  2.  151.  35.  15.4]
 [  2.  159.  44. ]           [  2.  159.  44.  17.4]
 [  2.  159.  45. ]]          [  2.  159.  45.  17.8]]
```

图 8-3　添加身体质量指数前后 data 的前 9 行数据比较

【示例程序 8-5】　筛选出男、女生的数据。

程序如下：

```
boys =data[data[: ,0]==1]
girls =data[data[: ,0]==2]
print("男生数量: ", len(boys))
print("女生数量: ", len(girls))
```

说明：data[data[:,0]==1]是筛选 numpy 数组元素的一种特殊方法，俗称布尔索引，它从 data 中筛选出第 1 列数据值为 1 的所有行，即返回一个包含所有男生信息的二维数组。同理 data[data[:,0]==2]可以筛选出所有女生的信息。

(3) 输出男、女生各项数据的最大值、最小值和平均值。

【示例程序 8-6】　输出男、女生各项数据的最大值、最小值和平均值。

程序如下：

```
print("男生身高、体重和身体质量指数的最大值: ", np.amax(boys, axis=0))
print("男生身高、体重和身体质量指数的最小值: ", np.amin(boys, axis=0))
print("男生身高、体重和身体质量指数平均值: ", np.around(np.mean(boys, axis=0), 1))
#  同理可以输出女生的各项数据统计值,只需操作数组 girls 即可
```

(4) 根据身体质量指数单项评分表计算各男生的单项得分，并添加到二维数组 boys 中。

【示例程序 8-7】　根据身体质量指数单项评分表计算各男生的单项得分，并添加到二维数组 boys 中。

程序如下：

```
x =boys[: , 3]                              #  获取男生的身体质量指数
score =np.piecewise(x, [(x>=15.5)&(x<=22.1), (x<=15.4)|((x>=22.2)&(x<=24.
9)), x>=25.0], [100, 80, 60])
score.shape =len(score), 1                  #  修改 score 的形状为 n 行 1 列,作为 boys 新增列
boys =np.append(boys, score, axis=1)
#  同理可以计算各女生的单项得分,只需操作数组 girls 即可
```

说明：piecewise()函数对满足不同条件的元素进行不同的操作，本例中，x 表示存储了男生身体质量指数的一维数组，条件列表中有 3 个不同的条件表达式，分别对应 3 种不同的单项得分，piecewise()函数会把满足不同条件的单项得分存储到一维数组 score 中。

(5) 输出体重正常的男生和女生人数。

【示例程序 8-8】　输出体重正常的男生和女生人数。

程序如下：

```
print("体重正常男生人数: ", len(boys[boys[: ,4]==100]))
print("体重正常女生人数: ", len(girls[girls[: ,4]==100]))
```

8.1.4　numpy 数组神奇操作

1. numpy 数组广播机制

在 IDLE Shell 中输入如下代码,程序会输出什么内容呢?

```
>>>a =np.array([[ 0, 0, 0],[10,10,10],[20,20,20],[30,30,30]])
>>>b =np.array([1,2,3])
>>>a +b
```

程序没有报错,给出了一个“不可思议”的答案:

```
array([[ 1, 2, 3],
       [11, 12, 13],
       [21, 22, 23],
       [31, 32, 33]])
```

这就是经典的 numpy 数组广播机制。所谓广播机制,是指当两个数组形状不同时,可以扩展其中长度较短或维度较低的数组,通过复制自身的方式,使得二者形状相同,以便进行加、减、乘、除等算术运算。

对于维度不同的数组,图 8-4 展示了数组 b 通过广播与数组 a 兼容的过程。

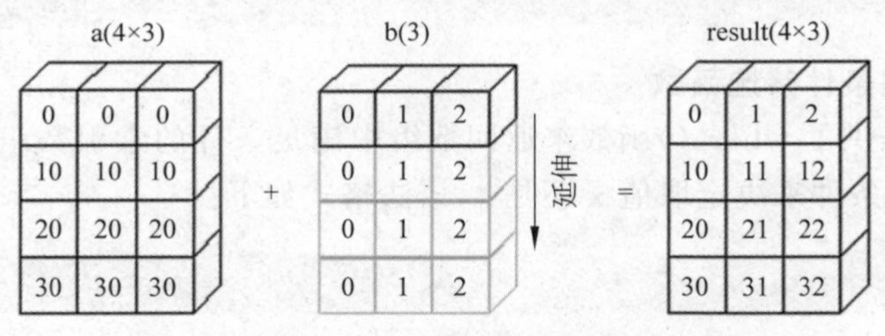

图 8-4　数组 b 通过广播与数组 a 兼容的过程

若想要两个数组通过广播机制来实现兼容,则其中某个数组的维度必须为 1(即只有 1 行或 1 列);若条件不满足,则抛出异常。程序如下:

```
>>>a =np.array([[1,2,3,4],[5,6,7,8],[9,10,11,12],[13,14,15,16]])
>>>b =np.array([[1],[2],[3],[4]])
>>>a +b
array([[ 2, 3, 4, 5],
       [ 7, 8, 9, 10],
       [12, 13, 14, 15],
       [17, 18, 19, 20]])
>>>c =np.array([[1, 2],[3, 4]])
>>>a +c
Traceback (most recent call last):
  File "<pyshell#192>", line 1, in <module>
    a +c
ValueError: operands could not be broadcast together with shapes (4,4) (2,2)
```

2. numpy 数组排序

numpy 模块提供了强大的排序方法,能对每一行或每一列的元素排序,能够返回排序后的数组,还能返回排序后的索引数组。程序如下:

```
>>>a =np.array([3, 1, 6, 5, 4, 2])
>>>np.sort(a)            #  sort()函数返回排序后的新数组(原数组不变)
array([1, 2, 3, 4, 5, 6])
>>>b =np.argsort(a)      #  argsort()函数返回排序后的索引数组
>>>b
array([1, 5, 0, 4, 3, 2], dtype=int64)
>>>a[b]                  #  可以根据该索引数组重构一个有序数组
array([1, 2, 3, 4, 5, 6])
>>>a =np.array([[3,7,2,5],[6,4,9,1],[5,2,3,8]])
>>>a
array([[3, 7, 2, 5],
       [6, 4, 9, 1],
       [5, 2, 3, 8]])
>>>np.sort(a, axis=0)    #  axis=0时,对每一列的元素排序
array([[3, 2, 2, 1],
       [5, 4, 3, 5],
       [6, 7, 9, 8]])
>>>np.sort(a, axis=1)    #  axis=1时,对每一行的元素排序
array([[2, 3, 5, 7],
       [1, 4, 6, 9],
       [2, 3, 5, 8]])
```

3. numpy 数组条件筛选函数

numpy 模块提供了 where()函数来返回数组中满足条件的索引数组,或根据数组中的元素是否满足指定条件来决定取值 x 还是 y,语法格式如下:

```
numpy.where(condition[,x,y])
```

condition 为必选参数,用来判断原数组的每个元素是否满足条件,返回一个由满足条件的元素的索引构成的数组(俗称索引数组);x、y 是可选参数,如果条件为真,则返回 x,否则返回 y。

程序如下:

```
>>>a =np.array([ 1,2,3,4,5,6,7,8,9,10])
>>>np.where(a %2 ==1)                       #  提供1个参数,只返回满足条件的索引数组
(array([0, 2, 4, 6, 8], dtype=int64),)
>>>a=np.array([[1,2,3,4,5],[2,3,4,5,6],[3,4,5,6,7],[4,5,6,7,8]])   #  二维数组
>>>i =np.where((a>4) & (a<7))               #  提供1个参数,只返回满足条件的索引数组
>>>i
(array([0, 1, 1, 2, 2, 3, 3], dtype=int64), array([4, 3, 4, 2, 3, 1, 2], dtype=
int64))
>>>a[i]                           #  使用索引重构原数组,相当于使用整数数组索引访问数组
array([5, 5, 6, 5, 6, 5, 6])
>>>np.where(a %2 ==1, a * 2, a//2)          #  提供3个参数,奇数翻倍,偶数减半
```

```
array([[ 2, 1, 6, 2, 10],
       [ 1, 6, 2, 10, 3],
       [ 6, 2, 10, 3, 14],
       [ 2, 10, 3, 14, 4]])
```

数组运算是数据分析和机器学习的基础操作,本书配套电子资源提供了常见的 numpy 数组运算方法,供读者学习和使用。

练习题

上机实践题

1. 请依次完成以下 10 个任务。

(1) 引入 numpy,并查看 numpy 的版本。

(2) 创建一维数组,内容为[1, 20]内的奇数。

(3) 创建二维数组,生成 3 行 4 列且元素值位于[1,10)内的随机整数。

(4) 输出一维数组 a 中所有 3 的倍数。

(5) 输出二维数组 b 中第 2 行和第 3 列的所有元素。

(6) 输出二维数组 b 中出现最多的元素。

(7) 将二维数组 b 中的形状修改为 4 行 3 列。

(8) 将[7,8,9]作为新行拼接到二维数组 b 中。

(9) 删除二维数组 b 的第 1 列。

(10) 去除数组 b 中的重复元素,并使用索引重构原数组。

2. 请打开电子资源中的练习题 8-2-1～8-2-3,编写并运行程序,掌握 numpy 数组的创建、访问和修改方法,并在此基础上探索 numpy 数组的更多操作方法。

8.2 pandas 数据分析

8.2 pandas 数据分析

8.2.1 200 万条百家姓信息

通过对大量数据进行统计和分析,揭示出隐含的、具有潜在价值的信息,是数据挖掘的目的所在。有一份存储了 200 万条姓名记录的 csv 文件(见图 8-5),你想从中挖掘出哪些有意思的信息呢?

8.2.2 pandas 概述

pandas 是 Python 的核心数据分析支持库,它基于 numpy 模块,提供了大量标准数据模型和高效操作大型数据集所需的工具。它有 Series 和 DataFrame 两种数据结构。

Series 是一维数据结构,类似表格中的一个列(column),包含一个数组和索引(index)。Series 的索引可以指定,类型为数值或字符串;若不指定索引值,则默认为从 0 起递增的整数。图 8-6 创建了两个 Series 对象。

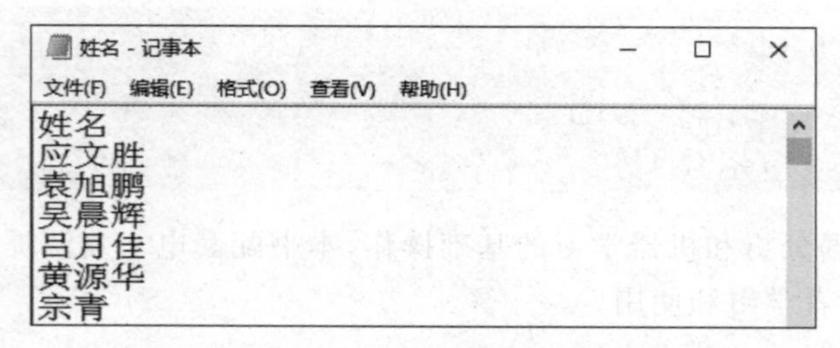

图 8-5　存储了 200 万条姓名记录的 csv 文件

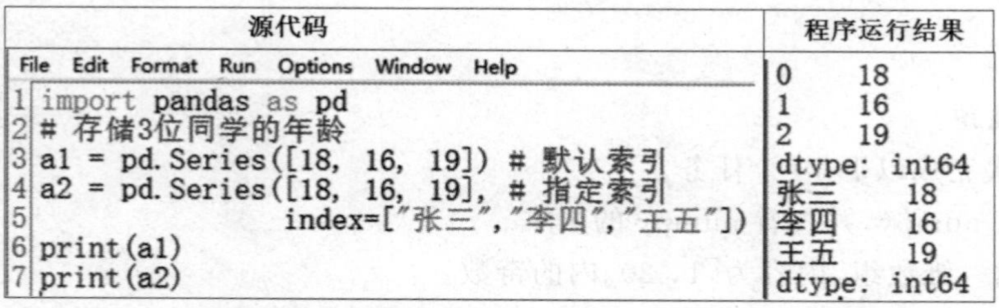

源代码

```
import pandas as pd
# 存储3位同学的年龄
a1 = pd.Series([18, 16, 19]) # 默认索引
a2 = pd.Series([18, 16, 19], # 指定索引
               index=["张三","李四","王五"])
print(a1)
print(a2)
```

程序运行结果

```
0    18
1    16
2    19
dtype: int64
张三    18
李四    16
王五    19
dtype: int64
```

图 8-6　创建并输出 Series 对象

DataFrame 是二维数据结构,由 1 个索引列和若干个数据列组成,每个数据列类型可以不同。DataFrame 可以被看作由若干个 Series 组成的字典(共用一个行索引)。图 8-7 是 DataFrame 对象的数据结构。

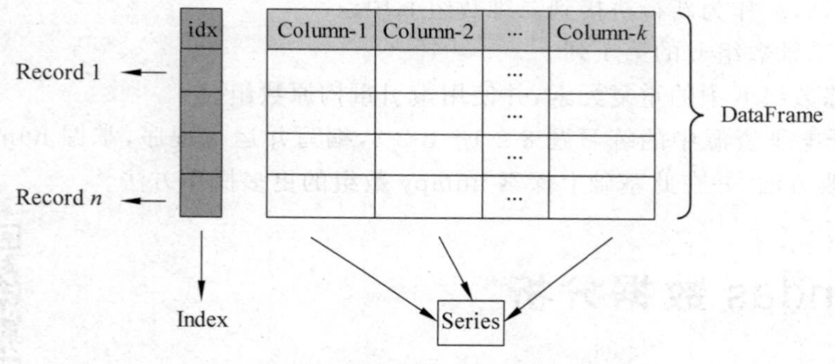

图 8-7　DataFrame 对象的数据结构

8.2.3　拆分姓名

如图 8-8 左边所示是存储了原始姓名的 csv 文件。为方便统计,可以把姓名拆分成姓氏和名字两列,如图 8-8 右边所示。

编写程序之前,先思考以下几个问题。

(1) 每行只有一个姓名,如何将其拆分成姓氏和名字两个部分?

(2) 如何判断姓氏是否为复姓?

(3) 如何存储拆分出来的姓氏和名字数据?

1. 使用字典创建 DataFrame 对象

DataFrame 对象一般使用相等长度的列表或字典来创建。先逐行读取“姓名.csv”文

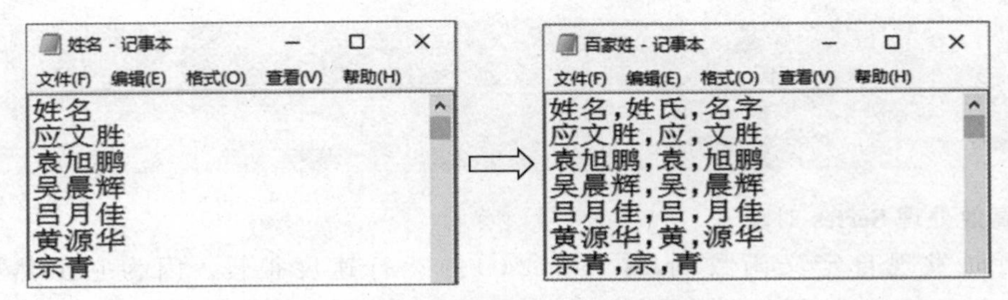

图 8-8　把姓名拆分成姓氏和名字两列

件,依次拆分每一个姓名,并将姓氏和名字分别存储到 xing 和 ming 两个列表中。最后使用字典构造对应的 DataFrame 对象。

拆分姓名时,先定义一个存储了复姓数据的列表 fx,若姓名的前两个字符在列表 fx 中,说明其姓氏为复姓,否则为单姓。参考代码如下。

【示例程序 8-9】 使用字典创建 DataFrame 对象。

程序如下:

```
def split_name(file_name):
    #  定义复姓 list
    fx =["欧阳","太史","端木", ……,"公祖","第五","公乘"]
    xm, xing, ming =[], [], []                  #  分别用来存储姓名、姓氏和名字
    with open(file_name, "r", encoding="utf-8") as file:   #  打开文件读取数据
        for name in file:                      #  取姓、名,如果是复姓,则按照复姓处理
            name =name.strip()                 #  去除两侧空格和回车符
            xm.append(name)
            p =2 if name[0: 2] in fx else 1
            xing.append(name[0: p])
            ming.append(name[p: ])
    #  使用字典构造包含了姓名、姓氏和名字列的 DataFrame 对象(不含标题)
    data ={"姓名": xm[1: ], "姓氏": xing[1: ], "名字": ming[1: ]}
    return pd.DataFrame(data)
```

2. 直接读取 csv 文件到 DataFrame 对象

也可以直接读取 csv 文件到 DataFrame 对象 df 中。因为原 csv 文件只有“姓名”列,需要为 df 增加“姓氏”和“名字”列,并把拆分姓名后获得的姓氏和名字存储到相应的列中。参考代码如下。

【示例程序 8-10】 直接读取 csv 文件到 DataFrame 对象。

程序如下:

```
def split_name2(file_name):
    #  定义复姓 list
    fx =["欧阳","太史","端木", ……,"公祖","第五","公乘"]
    #  读取 csv 文件到 DataFrame 对象
    df =pd.read_csv(file_name)
    df["姓氏"], df["名字"] ="", ""               #  为 df 增加姓氏和名字列
    #  拆分姓名,如果是复姓,则按照复姓处理
    for i in df.index:
        xm =df.at[i, "姓名"]
```

```
            p =2 if xm[0: 2] in fx else 1
            df.at[i, "姓氏"] =xm[: p]
            df.at[i, "名字"] =xm[p: ]
    return df
```

3. 高效处理 Series 对象

运行时发现自定义函数 split_name2()的运行速度很慢。因为它虽然构造了 DataFrame 对象 df，却没有对 df 进行整体操作，而是采用了低效的逐行处理方法。

可以使用 apply()函数自动遍历“姓名”列，判断其属于复姓还是单姓，由此直接创建“姓氏”和“名字”列。参考代码如下。

【示例程序 8-11】 高效处理 Series 对象。

程序如下：

```
def split_name3(file_name):
    #  定义复姓 list
    fx =["欧阳","太史","端木", ……,"公祖","第五","公乘"]
    #  读取 csv 文件到 DataFrame 对象
    df =pd.read_csv(file_name)
    #  拆分姓名,如果是复姓,则按照复姓处理
    df["姓氏"] =df["姓名"].apply(lambda x : x[: 2] if x[: 2] in fx else x[: 1])
    df["名字"] =df["姓名"].apply(lambda x : x[2: ] if x[: 2] in fx else x[1: ])
return df
```

4. 重新存储经过处理的 DataFrame 对象

拆分姓名后，得到了包含姓名、姓氏和名字 3 列数据的 DataFrame 对象，重新存储到新的 csv 文件中。参考代码如下。

【示例程序 8-12】 重新存储经过处理的 DataFrame 对象。

程序如下：

```
import pandas as pd                              #  导入 pandas 模块
file_name ="姓名.csv"                             #  存储百家姓数据的文件
df =split_name(file_name)                        #  读取 csv 文件并拆分名字
df.to_csv("百家姓.csv", index=False)              #  将 Dataframe 对象存储到 csv 文件中
```

8.2.4 统计和分析百家姓

1. 输出所有名字为“建国”的人

【示例程序 8-13】 输出所有名字为“建国”的人。

程序如下：

```
import pandas as pd                    #  导入 pandas 模块
file_name ="百家姓.csv"                 #  存储百家姓数据的文件
df =pd.read_csv(file_name)             #  读取 csv 文件到 DataFrame 对象
ming ="建国"
print(df[df["名字"]==ming])             #  输出所有名字为“建国”的人
```

2. 输出“梁”姓的人数

【示例程序 8-14】　输出“梁”姓的人数。

程序如下：

```
xing ="梁"
print(df[df["姓氏"]==xing].count())                # 输出“梁”姓的人数
```

3. 输出“赵钱孙李”的排名

【示例程序 8-15】　输出“赵钱孙李”的排名。

程序如下：

```
# 按“姓氏”分组计数,根据人数排名,并增加“排名”列
xing_df =df.groupby("姓氏").count()
# 对“名字”列降序排序
xing_df["排名"] =xing_df["名字"].rank(ascending=False)
print(xing_df.loc[["赵","钱","孙","李"]])              # 输出“赵钱孙李”的排名
```

程序运行结果如图 8-9 所示。

	姓名	名字	排名
姓氏			
赵	33518	33518	9.0
钱	6444	6444	79.0
孙	28203	28203	11.0
李	74852	74852	2.0

图 8-9　按“姓氏”分组计数,输出“赵钱孙李”的排名

4. 输出前 n 个最常见的姓氏

【示例程序 8-16】　输出前 n 个最常见的姓氏。

程序如下：

```
n =10
print("输出前 n 个最常见的姓氏：")
xing_df =df.groupby("姓氏").count()                                  # 按关键词分组计数
xing_df.sort_values(by="姓名", ascending=False, inplace=True)   # 根据人数排序
print(xing_df.head(n))
```

说明：参数 inplace 表示是否修改原 DataFrame 对象的值,默认为 False,表示不修改原对象的值,而是返回一个新的 DataFrame 对象。也可以将示例程序的语句改写如下：

```
xing_df =xing_df.sort_values(by="姓名", ascending=False)
```

5. 输出前 n 个最常见的名字

【示例程序 8-17】　输出前 n 个最常见的名字。

程序如下：

```
print("输出前 n 个最常见的名字：")
ming_df =df.groupby("名字").count()                                  # 按关键词分组计数
ming_df.sort_values(by="姓名", ascending=False, inplace=True)   # 根据人数排序
print(ming_df.head(n))
```

6. 输出前 n 个最常见的复姓

【示例程序 8-18】 输出前 n 个最常见的复姓。

程序如下：

```
print("输出前 n 个最常见的复姓：")
xing_df =df[df["姓氏"].str.len()==2]
xing_df =xing_df.groupby("姓氏").count()                              #  按关键词分组计数
xing_df.sort_values(by="姓名", ascending=False, inplace=True)  #  根据人数排序
print(xing_df.head(n))
```

说明：str.len()是 Series 类的内置方法，表示计算字符串的长度。常用的 str()方法与 Python 内置字符串函数功能相似，例如 cat()拼接字符串，get()获取指定位置的字符串，split()切分字符串，contains()是否包含表达式等。

7. 输出前 n 个最常见的双名

【示例程序 8-19】 输出前 n 个最常见的双名。

程序如下：

```
print("输出前 n 个最常见的双名：")
ming_df =df[df["名字"].str.len()==2]
ming_df =ming_df.groupby("名字").count()                              #  按关键词分组计数
ming_df.sort_values("姓名", ascending=False, inplace=True)   #  根据人数排序
print(ming_df.head(n))
```

8. 输出前 n 个最常见的叠名

模仿筛选双名的方法来筛选叠名，再加一个两个字符相同的限制条件。使用 str.get()函数可以获取指定位置的字符串。参考代码如下。

【示例程序 8-20】 输出前 n 个最常见的叠名。

程序如下：

```
print("输出前 n 个最常见的叠名：")
ming_df =df[(df["名字"].str.len()==2) & (df["名字"].str.get(0)==df["名字"].str.
get(1))]
ming_df =ming_df.groupby("名字").count()                              #  按关键词分组计数
ming_df.sort_values(by="姓名", ascending=False, inplace=True)  #  根据人数排序
print(ming_df.head(n))
```

pandas 提供的大量函数可以快速方便地进行数据整理、分析和统计工作。本书配套电子资料中也提供了常见的 pandas()函数，并进行了分类整理，希望能对读者有所帮助。

练习题

上机实践题

1. “身高体重数据.csv”文件（见图 8-2）中存储了部分初一学生的身高、体重数据，请编写程序读取文件数据到 DataFrame 对象 df 中，计算每位同学的身体质量指数（保留 1 位小

数)，并根据身体质量指数单项评分表分别计算男生和女生的等级与单项成绩，统计各类等级的学生人数。

2. 成绩分析处理。教务处收集了各班成绩并汇总到“成绩汇总.xlsx”文件中，现在要求使用 pandas 模块对汇总的成绩做进一步的处理：增加总分和排名列、按总分排序、求出各班各科的平均分等，最终存储为“成绩分析.xlsx”文件，如图 8-10 右边所示。

	A	B	C	D	E
1	姓名	班级	数学	语文	英语
2	陈炳	1	114	98	112
3	刘佳豪	1	127	103	98.5
4	毛紫怡	1	105	116	106
5	张三	1			
6	万娟	2	123	98	96
7	王星恒	2	94	102	118
8	周浩	2	133	114	98
9	陈雪彤	3	128	103	101
10	刘佳豪	3	130	97	98.5
11	沈哲铭	3	144	101	106

⇨

	A	B	C	D	E	F	G	H
1	序号	姓名	班级	数学	语文	英语	总分	排名
2	1	沈哲铭	3	144	101	106	351	1
3	2	周浩	2	133	114	98	345	2
4	3	陈雪彤	3	128	103	101	332	3
5	4	刘佳豪	1	127	103	98.5	328.5	4
6	5	毛紫怡	1	105	116	106	327	5
7	6	刘佳豪	3	130	97	98.5	325.5	6
8	7	陈炳	1	114	98	112	324	7
9	8	万娟	2	123	98	96	317	8
10	9	王星恒	2	94	102	118	314	9
11	10	张三	1				0	10
12	11	平均值	1	115.3	105.7	105.5	244.9	6.5
13	12	平均值	2	116.7	104.7	104.0	325.3	6.3
14	13	平均值	3	134.0	100.3	101.8	336.2	3.3

图 8-10 成绩分析处理前后对照图

8.3 matplotlib 数据可视化

8.3 matplotlib 数据可视化

8.3.1 matplotlib 概述

matplotlib 是 Python 第三方绘图库，可以绘制折线图、散点图、柱形图、饼图、雷达图等多种图形，图形质量可以达到出版要求。

matplotlib 包括 pylab、pyplot 绘图模块和用于字体、颜色、图例等图形元素的管理与控制模块，提供了类似于 Matlab 的绘图接口，支持线条样式、字体属性和其他属性的管理与控制，用简洁的代码就可绘制出优美的图形。

8.3.2 绘制正弦波图像

机械振动在介质中传播可以形成机械波，简谐波是最简单的机械波，其波形为正弦波曲线。常见的正弦波图像如图 8-11 所示。可通过 pyplot 模块中的线形图函数 plot()绘制该图形，代码如下。

【示例程序 8-21】 绘制正弦波图像。

程序如下：

```
import matplotlib.pyplot as plt
import numpy as np
plt.rcParams['font.sans-serif']=['SimHei']          #  解决中文乱码问题
plt.rcParams['axes.unicode_minus'] =False           #  解决坐标轴刻度负号乱码
#  绘制正弦波图像
```

```
x =np.arange(0, 3, 0.01)
y =np.sin(2 * np.pi * x)
plt.plot(x, y, label='y=sin(2πx)')                          #  绘制线形图
plt.legend()                                                #  显示图例
plt.grid(True)                                              #  添加网格线
plt.axis([0, 2.5, -1.5, 1.5])                               #  设置 x、y 轴刻度范围
plt.title('正弦波图像: y=sin(2πx)')                           #  设置图表标题
plt.xlabel('横轴: 位移')                                      #  设置 x 轴标签
plt.ylabel('纵轴: 振幅')                                      #  设置 y 轴标签
plt.text(0.5,1.2, '正弦波曲线', fontsize=12)                  #  相应位置显示文字说明
plt.annotate(text='波峰',xy=(1.25, 1.0),xytext=(1.5, 1.2),
         arrowprops=dict(arrowstyle='->',color='r'))  #  标注文字
plt.annotate(text='波谷',xy=(0.75, -1.0),xytext=(1.0, -1.2),
         arrowprops=dict(arrowstyle='->',color='b'))
plt.show()                                                  #  显示图像
```

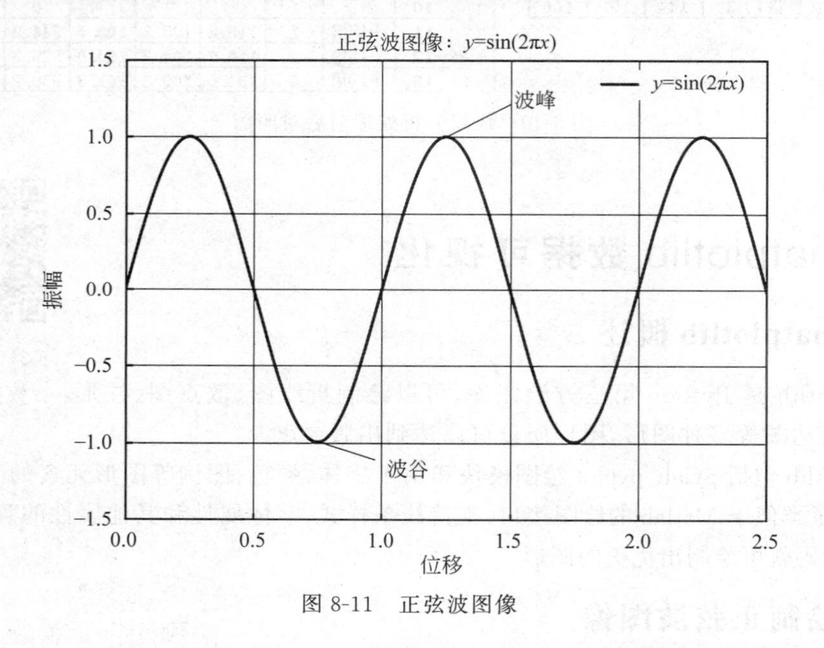

图 8-11　正弦波图像

可以通过程序中的注释理解相关命令的功能,常用属性设置函数的功能说明如下。

plt.grid():设置图表网格线,True 表示显示网格线,False 表示不显示网格线。

plt.axis([a, b, c, d]):设置 x 轴的范围为[a, b],y 轴的范围为[c, d]。

plt.title():设置图形标题,还可以指定字体大小和对齐方式等属性。

plt.xlabel()/plt.ylabel():设置 x 标签和 y 标签,也可以设置字体和显示位置(默认为 center)。

plt.text(x,y,str,...):设置文字说明,可以指定文字的起始位置、内容和字体等属性。

plt.annotate():设置指定位置标注文本,通常包含箭头,需要设置箭头的起点和终点坐标,指定文本内容,并使用 arrowprops 参数设置箭头样式。

8.3.3 绘制 Wi-Fi 信号分布示意图

由于路由器安放位置不合理，导致某菜市场各区域 Wi-Fi 信号强度不一样，有些区域信号很弱，无法正常上网。工作人员决定对不同位置的 Wi-Fi 信号进行测试，以便合理安放路由器，进一步提升用户体验。

采集到的测试数据存放在“Wi-Fi 信号强度分布.csv”文件中，每行数据表示市场内某个位置的 x、y 坐标和信号强度。市场西南角为坐标原点，向东为 x 轴正方向(全长 150m)，向北为 y 轴正方向(全长 100m)，信号强度以[0,100]内的整数表示，数值越大表示信号越强。

根据测试数据绘制如图 8-12 所示的图像，用星号大小表示信号强弱，其中信号强度不低于 80 的用最大星号表示，在[60,80)内的用次大星号表示，在[30,60)内的用次小星号表示，低于 30 的用最小星号表示。

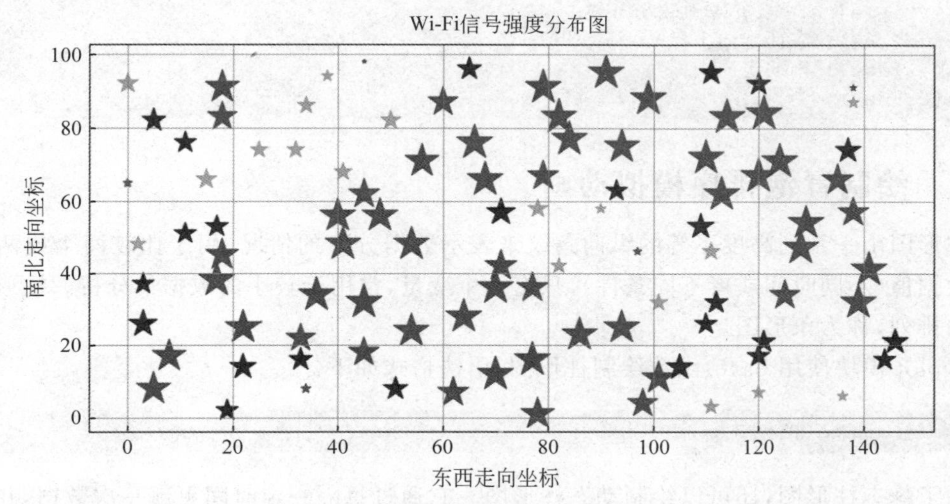

图 8-12 菜市场 Wi-Fi 信号强度分布图

散点图比较适合描述数据在平面或空间中的分布，常用于分析数据之间的关联。pyplot 模块中的 scatter()函数可以根据给定的数据绘制散点图，语法格式如下：

```
scatter(x, y, s=None, c=None, marker=None, cmap=None, norm=None, vmin=None,
vmax=None, alpha=None, linewidths=None, *, edgecolors=None, * * kwargs)
```

【示例程序 8-22】 绘制 Wi-Fi 信号分布示意图。

程序如下：

```
import matplotlib.pyplot as plt
import numpy as np
plt.rcParams['font.sans-serif']=['SimHei']  #  解决中文乱码问题
plt.rcParams['axes.unicode_minus'] =False    #  解决坐标轴刻度负号乱码
x, y =[], []                                 #  存储各位置的坐标值
s, colors =[], []                            #  存储各位置信号强度对应的五角星大小和颜色
```

```
info =np.loadtxt('Wi-Fi 信号强度分布.csv', delimiter=',')
for a in info:                                          #  读取文件中的数据
    x.append(a[0])
    y.append(a[1])
    s.append(a[2] * * 2/10)
    if a[2] >=80:
        colors.append('green')
    elif a[2] >=60:
        colors.append('blue')
    elif a[2] >=30:
        colors.append('yellow')
    else:
        colors.append('red')
plt.grid(True)                                          #  添加网格线
plt.scatter(x, y, s, c=colors, marker=' * ', alpha=0.8)
plt.title('Wi-Fi 信号强度分布图')
plt.xlabel('东西走向坐标')
plt.ylabel('南北走向坐标')
plt.show()
```

8.3.4 绘制冒泡排序模拟动画

柱形图由一系列高度不等的纵向条纹来表示数据分布的情况，用于比较两个或两个以上的数据值(不同时间或者不同条件)，只有一个变量，常用于较小的数据集分析。柱形图也可横向排列，称为条形图。

pyplot 模块使用 bar()函数绘制柱形图，语法格式如下：

```
bar(x, height, width=0.8, bottom=0, align="center", * * kwargs)
```

除了静态柱形图，还可以绘制动态柱形图。它通过每隔一定时间更新一次数据，并根据新数据实时绘制柱形图的方式来实现动态效果。模拟排序算法的运行过程就是经典案例之一。

如图 8-13 所示是冒泡排序过程的开始和结束状态。根据经典冒泡排序算法，结合柱形图的绘制方法，利用图像暂停功能，可以实现冒泡排序模拟动画。参考程序如下。

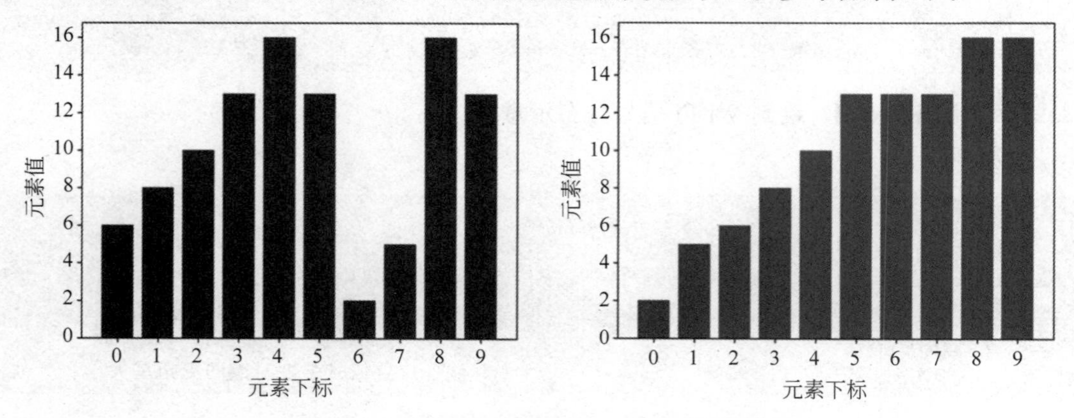

图 8-13　冒泡排序过程的起始和结束状态

【示例程序 8-23】 绘制冒泡排序模拟动画。

程序如下：

```
import matplotlib.pyplot as plt
import numpy as np
#  显示当前柱状图
def show_bar(x, h, cs, time):
    plt.cla()                                    #  清除当前轴域
    plt.title('冒泡排序动画')                     #  显示标题
    plt.xticks(x)                                #  显示 x 轴刻度(元素下标)
    plt.xlabel('元素下标')                        #  显示 x 轴标签
    plt.ylabel('元素值')                          #  显示 y 轴标签
    plt.bar(x, h, color=cs)                      #  显示柱状图
    plt.pause(time)                              #  图像暂停,以实现动画效果
plt.rcParams['font.sans-serif']=['SimHei']      #  解决中文乱码问题
plt.rcParams['axes.unicode_minus'] =False       #  解决坐标轴刻度负号乱码
n =10
x =np.arange(0, n, 1)
y =np.random.randint(1, 19, size=n)
cs =['b'] * n
show_bar(x, y, cs, 2)                            #  当前图像暂停 2s
for i in range(n-1, 0, -1):
    for j in range(i):
        cs[j] ='y'                               #  设置当前游标所指元素柱形为黄色
        show_bar(x, y, cs, 0.2)                  #  当前图像暂停 0.2s
        if y[j] >y[j+1]:
            y[j], y[j+1] =y[j+1], y[j]
            cs[j], cs[j+1] ='r', 'y'             #  设置交换柱形颜色
            show_bar(x, y, cs, 0.4)              #  当前图像暂停 0.4s
        cs[j] ='b'                               #  还原当前元素柱形为蓝色
    plt.pause(0.5)                               #  图像暂停,以实现动画效果
    cs[i] ='g'                                   #  设置已排序元素柱形为绿色
    show_bar(x, y, cs, 1)                        #  当前图像暂停 1s
cs[0] ='g'                                     #  最后一个元素无须排序,设置其柱形为绿色
show_bar(x, y, cs, 1)                            #  当前图像暂停 1s
plt.show()
```

代码说明：函数 show_bar(x，h，cs，time)用来显示当前时刻的柱形图，time 表示暂停时间，目的是让图像暂停，实现动画效果。

外层循环变量 i 指向待排序数组的右边界，内层循环变量 j 作为游标从左向右依次扫描待排序数组。在适当时机调用 show_bar()函数更新图像，为处于不同状态的柱体设置不同颜色和恰到好处的暂停时间，是实现良好动画效果的关键因素，实践中往往需要多次调试才能达到最佳效果。

程序在每次交换元素和每轮排序后都更新图像，已排序元素为绿色，待排序元素为蓝色，游标 j 所指元素为黄色。为突出显示交换过程，设置被交换元素的柱体颜色为红色，显示很短的一段时间后，又恢复成蓝色。

8.3.5 绘制各学科分数等级占比饼图

饼图适用于展示一个总体中各组成部分所占的比例，如国民生产总值中各产业收入占比、公司不同年龄段员工占比、家庭年度收支表中不同支出类别占比等。

pyplot 模块使用 pie()函数绘制饼图,其语法格式如下:

```
pie(x, explode=None, labels=None, colors=None, autopct=None, pctdistance=0.6,
shadow=False, labeldistance=1.1, startangle=0, radius=1, counterclock=True,
wedgeprops=None, textprops=None, center=0, 0, frame=False, rotatelabels=
False, *, normalize=None, data=None)
```

"学生成绩.xlsx"存储了某班级 4 门学科成绩,图 8-14 是该 Excel 文件的部分截图。

	A	B	C	D	E
1	姓名	物理	化学	生物	技术
2	学生1	85	77	90	85
3	学生2	90	72	79	78
4	学生3	89	91	91	87
5	学生4	90	86	89	80
6	学生5	82	57	53	90
7	学生6	90	80	95	64
8	学生7	93	86	92	85
9	学生8	83	70	90	58
10	学生9	92	93	56	87
11	学生10	85	88	79	80

图 8-14　某班级学生的 4 门学科成绩部分截图

要求从 Excel 文件中读取所有学生的各科成绩数据,并绘制各学科各等级人数占比饼图,如图 8-15 所示。

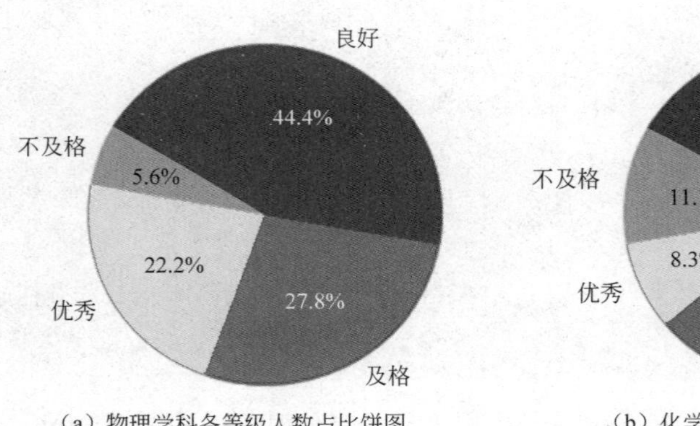

(a) 物理学科各等级人数占比饼图

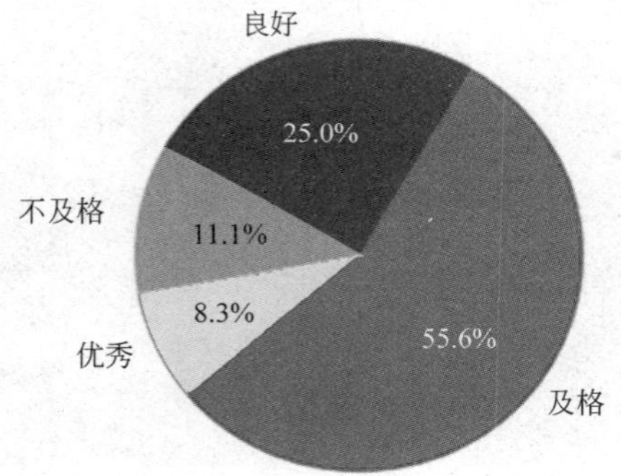

(b) 化学学科各等级人数占比饼图

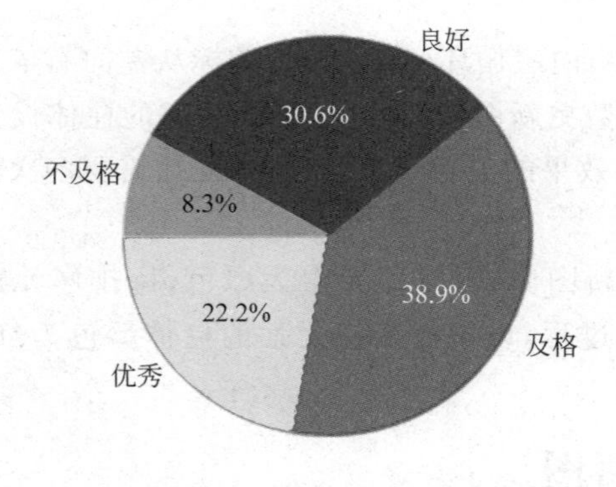

(c) 生物学科各等级人数占比饼图

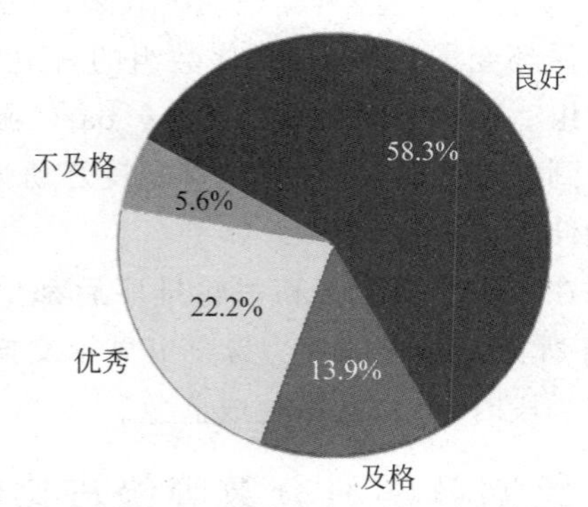

(d) 技术学科各等级人数占比饼图

图 8-15　各学科各等级人数占比饼图

导入 pandas 模块，将 Excel 文件中的数据读取到 DataFrame 对象 df 中，并为 df 添加"物理等级""化学等级"等 4 列，再按照各学科等级分组计数，绘制各学科各等级人数占比饼图。参考代码如下。

【示例程序 8-24】 绘制各学科各等级人数占比饼图。

程序如下：

```
import matplotlib.pyplot as plt
import pandas as pd
plt.rcParams['font.sans-serif']=['SimHei']                    #  用来正常显示中文标签
pd.set_option('display.unicode.ambiguous_as_wide', True)
pd.set_option('display.unicode.east_asian_width', True)  #  中英文字符对齐
def get_grade(score):
    if score <60:
        grade ='不及格'
    elif score <80:
        grade ='及格'
    elif score <90:
        grade ='良好'
    else:
        grade ='优秀'
    return grade
df =pd.read_excel('学生成绩.xlsx')
course =['物理等级', '化学等级', '生物等级', '技术等级']
for c in course:
    df[c] =df[c[: 2]].apply(get_grade)
#  划分子图,分成 2×2 个区域,并设置各个子图的宽、高和绘图分辨率
fig, axes =plt.subplots(2, 2,figsize=(8, 8), dpi=100)
for i, c in enumerate(course, start=0):                      #  依次绘制每门课程的饼图
    labels =['不及格','优秀','及格','良好']                   #  每个扇形的标签
    sizes =df.groupby(c)['姓名'].count()                       #  每个扇形所占比例
    explode =[0] * len(sizes)                                 #  每个扇形离开中心的距离
    axes[i//2,i%2].pie(sizes,explode=explode,labels=labels,
                       autopct='%1.1f%%',shadow=False,startangle=150)
    axes[i//2,i%2].set_title(c[: 2]+'学科各等级人数占比饼图')   #  设置标题
plt.show()
```

8.3.6　绘制学生成绩分布雷达图

把毕业生的核心专业课成绩绘制成雷达图，可以让用人单位直观了解学生专业水平，请编写程序绘制如图 8-16 所示的雷达图。

雷达图也称为网络图、蜘蛛图或极坐标图，它开始主要应用于企业经营状况的全面评价，后来推广到存在多指标对比的各种场合。

pyplot 模块使用 polar()函数绘制极线图，其语法格式如下：

```
polar(theta, r, * * kwargs)
```

列表 courses 和 scores 存储课程名称和成绩，表示各点标签和极径；调用 np.linspace()函数创建一个等差数列 angles，存储每个点的极角。

为绘制封闭的雷达图，把数组 angles 的首元素插入尾部，形成闭环数据。列表 scores

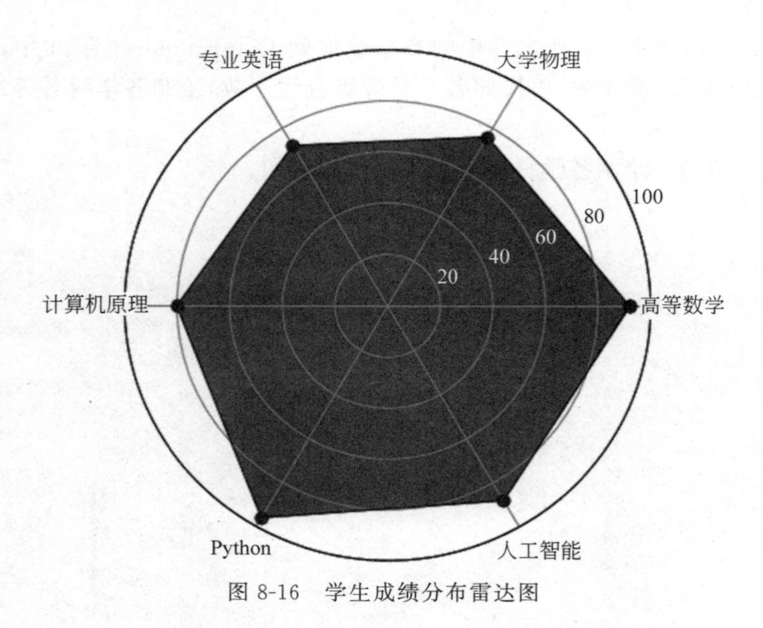

图 8-16　学生成绩分布雷达图

也需要同样处理。参考代码如下。

【示例程序 8-25】 绘制学生成绩分布雷达图。

程序如下：

```
import numpy as np
import matplotlib.pyplot as plt
plt.rcParams['font.sans-serif']=['SimHei']               #  用来正常显示中文标签
courses =['高等数学', '大学物理', '专业英语', '计算机原理', 'Python', '人工智能']
scores =[92, 76, 72, 80, 96, 88]
#  设置每个点的角度值
angles =np.linspace(0.0, 2 * np.pi, len(scores), endpoint=False)
angles =np.append(angles, angles[0])                     #  构造封闭数据,形成闭环
scores.append(scores[0])                                 #  构造封闭数据,形成闭环
plt.polar(angles, scores, 'o-b', linewidth=1)            #  绘制雷达图
plt.fill(angles, scores, 'blue', alpha=0.6)              #  填充雷达图内部
plt.thetagrids(angles[: -1] * 180/np.pi, courses)        #  设置角度网格标签
plt.ylim(0,100)                                          #  设置极轴的上、下限
plt.title('学生成绩分布雷达图', size=16)
plt.show()
```

练习题

上机实践题

1. 第 8.2 节用 pandas 模块对“百家姓.csv”文件进行数据分析。在前述数据分析的基础上,利用 matplotlib 模块对百家姓数据做可视化处理,绘制“前 n 个最常见姓氏”的折线图、柱形图、散点图和饼图等图形。参考图像如图 8-17 所示。

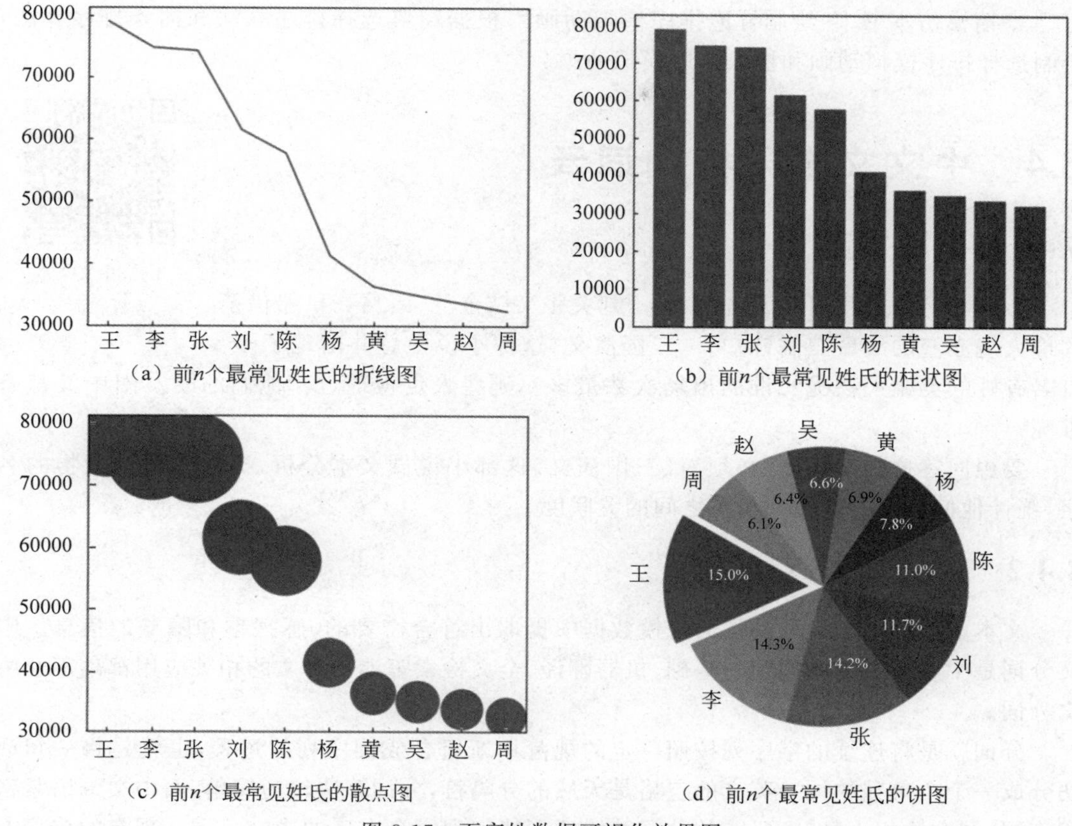

（a）前n个最常见姓氏的折线图　（b）前n个最常见姓氏的柱状图

（c）前n个最常见姓氏的散点图　（d）前n个最常见姓氏的饼图

图 8-17　百家姓数据可视化效果图

2. 蒙特卡罗算法计算圆周率 π。绘制一个边长为 2 的正方形及其内切圆，然后在正方形内部随机产生 n 个点。若这些点均匀分布，则圆内点数占比为 $\pi/4$，由此可得到 π 的值。请利用 matplotlib 模块绘制 n 个数据的散点图，分别使用灰色和黑色表示落在圆内外的点。如果能动态显示随着 n 值的增大，圆周率 π 逐渐接近精确值则更佳。参考图像如图 8-18 所示。

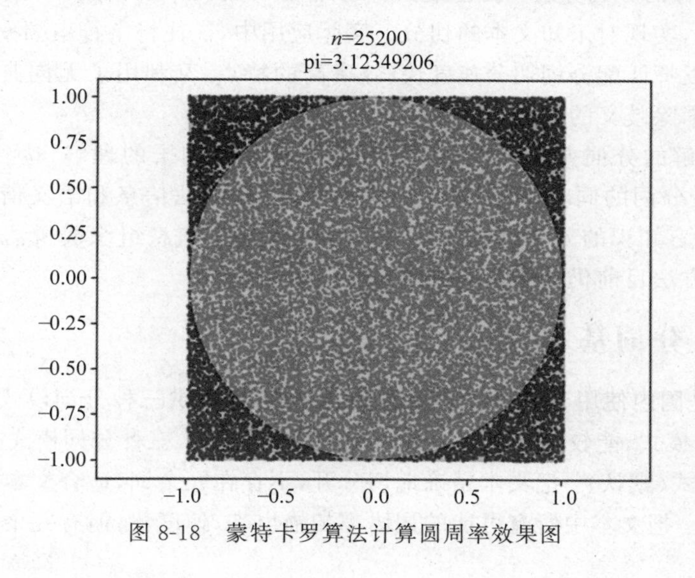

图 8-18　蒙特卡罗算法计算圆周率效果图

3. 请模仿本书中“绘制冒泡排序模拟动画”，根据经典选择排序算法和插入排序算法，绘制选择排序模拟动画和插入排序模拟动画。

8.4 中文文本分析和词云

8.4 中文文本分析和词云

8.4.1 问题描述

《三国演义》是我国四大名著之一，刘关张义结金兰、诸葛亮草船借箭、周瑜火烧赤壁的故事妇孺皆知。《三国演义》这部小说中总共出现了多少有名有姓的英雄人物呢？谁的出场次数最多？哪些人走得最近？他们的朋友圈中又都有谁呢？

要想回答这些问题，就必须对《三国演义》这部小说做文本分析，提取出小说人物的名字，统计他们出现的次数和相互之间的关联度。

8.4.2 中文分词概述

文本数据处理的目的是从大规模数据中提取出符合需要的、感兴趣和隐藏的信息。中文分词是中文文本数据处理的基础，机器翻译、全文检索等涉及中文的相关应用都离不开中文分词。

分词就是将连续的字序列按照一定的规范重新组合成词序列的过程，也就是将一句话切分成一个个单独的词。英文的空格是天然的分隔符，分词算法较为简单，而中文词语紧密相连，分词方法相当复杂，目前的分词算法还不能实现完全准确的中文分词。现有的分词方法可分为以下三大类。

(1) 基于字符串匹配的分词方法：按照一定的策略将待分析的汉字串与一个机器词典中的词条进行匹配，若在词典中找到某个字符串，则匹配成功。它的优点是速度快、实现简单、效果尚可，但对歧义和未登记词处理效果不佳。

(2) 基于统计的分词方法：在给定大量已经分词的文本的前提下，利用统计模型学习词语切分的规律，实现对未知文本的切分。实际应用中，往往将字符串频率统计和字符串匹配结合起来，既发挥匹配分词切分速度快、效率高的特点，又利用了无词典分词结合上下文识别生词、自动消除歧义的优点。

(3) 基于理解的分词方法：通过让计算机模拟人对句子的理解，达到识别词的效果。其基本思想是在分词的同时进行句法、语义分析，利用句法信息和语义信息来处理歧义现象。由于汉语语言知识的笼统、复杂性，难以将各种语言信息组织成机器可直接读取的形式，因此该分词方法目前仍处于试验阶段。

8.4.3 jieba分词基本操作

jieba分词是国内使用人数最多的中文分词工具，它提供三种分词模式，而精确模式、全模式和搜索引擎模式，能较好地满足一般中文分词的需求。三种分词模式的区别如下。

(1) 精确模式（默认）：把文本精确地切分开，不存在冗余词，适合文本分析。

(2) 全模式：把文本中所有可能的词语都扫描出来，速度快，但有冗余或歧义。

(3) 搜索引擎模式：在精确模式的基础上对长词再次切分，适合用于搜索引擎分词。

jieba 是第三方库，需要额外安装。打开 cmd 命令行窗口，使用 pip 命令安装 jieba 库，安装命令如下：

```
C:\Users\Administrator>pip install jieba
```

【示例程序 8-26】 jieba 分词基本操作。

程序如下：

```
import jieba
s ="张一天努力学习考上中国美院"
print(jieba.lcut(s))                                    # 精确模式：默认
# 输出：["张", "一天", "努力学习", "考上", "中国", "美院"]
print(jieba.lcut(s, cut_all=True))                      # 全模式：有冗余
# 输出：["张", "一天", "努力", "努力学习", "力学", "学习", "考上", "上中", "中国", "国美", "美院"]
print(jieba.lcut_for_search(s))                         # 搜索引擎模式
# 输出：["张", "一天", "努力", "力学", "学习", "努力学习", "考上", "中国", "美院"]
```

分词结果没有识别出“张一天”的名字，也没有把“中国美院”看作一个完整的学校名称，这说明 jieba 词库里没有这两个词。可以自定义词典，通过添加新词来提高分词的正确率。添加测试代码如下：

```
for i in ["张一天","中国美院"]:                          # 准备自定义词典
    jieba.add_word(i)                                   # 动态添加自定义词
print(jieba.lcut(s))                                    # 精确模式：默认
# 输出：["张一天", "努力学习", "考上", "中国美院"]
print(jieba.lcut(s, cut_all=True))                      # 全模式：有冗余
# 输出：["张一天", "一天", "努力", "努力学习", "力学", "学习", "考上", "上中", "中国", "中国美院", "国美", "美院"]
print(jieba.lcut_for_search(s))                         # 搜索引擎模式
# 输出：["一天", "张一天", "努力", "力学", "学习", "努力学习", "考上", "中国", "国美", "美院", "中国美院"]
```

8.4.4 清洗文本文件

从网上下载《三国演义》全本小说，发现有很多空格和空行。为了方便数据处理，需要先清洗文本，即去除空行和文本两边的空格。文本清洗前后对照如图 8-19 所示。

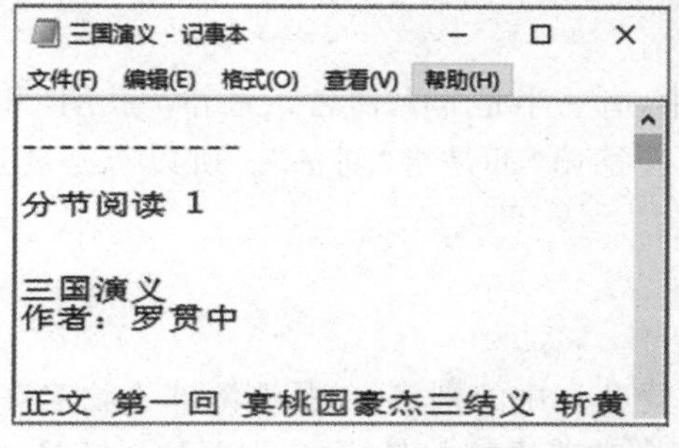

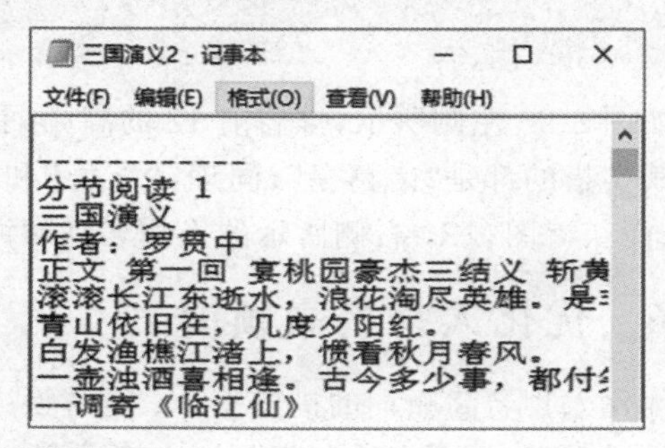

图 8-19　文本清洗前后对照

清洗文本文件的代码很简单：先逐行读取文件，把去除了两侧空格的文本存储到列表 result 中；再遍历 result，将清洗后的文本逐行存储到新的文件中。参考代码如下。

【示例程序 8-27】 清洗文本文件。

程序如下：

```
result =[]
with open("三国演义.txt", "r", encoding="utf-8") as fp:
    for line in fp:
        line =line.strip()            #  去除空行和两边的空格
        if line:
            result.append(line)
#  将清洗后的文本存储到新的文本文件中
with open("三国演义 2.txt", "w", encoding="utf-8") as fw:
    for sentence in result:
        fw.write(sentence +"\n")
```

8.4.5 获取高频词

想知道哪些人物是主角，就需要统计他们的出场次数，即获取人物名高频词。可以使用 jieba 模块对《三国演义》文本进行分词，用字典 counts 记录词频，其中字典的键为词，值为该词出现的次数。然后把字典的键值对转化为元组，并按照字典的值进行降序排序，输出排名靠前的词频。参考代码如下。

【示例程序 8-28】 获取高频词。

程序如下：

```
fp =open("三国演义 2.txt","r",encoding="utf-8")
text =fp.read()
fp.close()
words =jieba.lcut(text)          #  精确模式：默认
counts ={}                       #  用来记录词频的字典
for word in words:
    if len(word) >1:             #  只记录长度大于 1 的词
        counts[word] =counts.get(word,0) +1
#  把字典的键值对转化为元组，并按照字典的值，进行降序排序
items =sorted(counts.items(), key=lambda x: x[1], reverse=True)
for i in range(12):
    word , count =items[i]
    print(f"{word}: {count}")
```

如图 8-20 左侧所示，排名前 12 的高频词中，有一半是非人物名。另外，“孔明”和“孔明曰”，其实指的都是“诸葛亮”；同理，“玄德”和“玄德曰”都是指“刘备”。所以有必要进行优化，从而获得图 8-20 右侧所示的人物名高频词。

8.4.6 优化人物名高频词

优化人物名高频词的措施有：一是替换人物分词中的别名，二是删除非人物名高频词。

经过观察，发现人物名高频词中诸葛亮、刘备和曹操的别名较多，需要加以替换。另外，

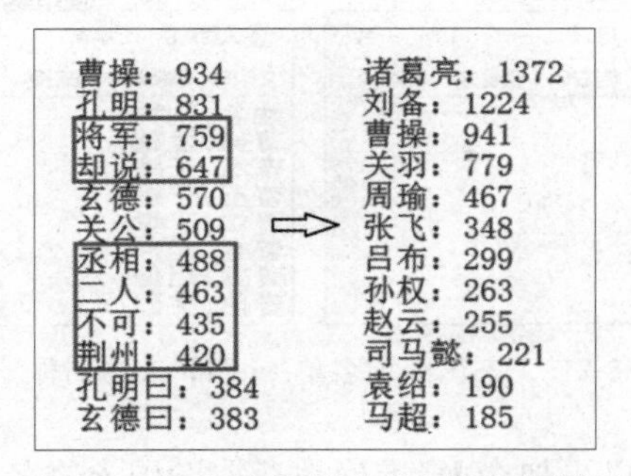

图 8-20 从普通高频词到人物名高频词

把"将军""却说""丞相"等非人物名高频词拿出来，将其从词频字典中删除，这样就能得到较为理想的人物名高频词了。增加优化代码如下。

【示例程序 8-29】 优化人物名高频词。

程序如下：

```
#  读取文本文件并存储分词结果到 words 中,代码略
counts = {}                                          #  用来记录词频的字典
#  优化措施 1: 替换人物分词中的别名
for word in words:
    if len(word) ==1:                                #  排除长度为 1 的词
        continue
    elif word =="孔明" or word =="孔明曰":
        rword ="诸葛亮"
    elif word =="玄德" or word =="玄德曰":
        rword ="刘备"
    elif word =="孟德" or word =="操曰":
        rword ="曹操"
    else:
        rword =word
    counts[rword] =counts.get(rword, 0) +1
#  存储非人物名高频词,以便后面进行筛选
excludes ={"将军","却说","丞相","二人","不可","荆州","不能","如此","商议","如何","主公","军士","左右","军马","引兵","次日","大喜","东吴","天下"}
#  优化措施 2: 删除非人物名高频词
for ex in excludes:
    del counts[ex]
#  输出排名靠前的词频,代码略
```

8.4.7 自定义词典替换别名

上述优化措施提高了人物名高频词的准确度，但只考虑到部分人物别名和少量非人物名，但误差仍然较大。为了进一步提高人物名词频的准确度，需要尽可能完整地列出《三国演义》人物名以及他们的别名。

如图 8-21 所示，"三国分词名单.txt"存储了《三国演义》人物名的分词词典，可以调用 jieba.load_userdict()函数读取该词典，动态添加新词以提高人物名分词的正确性；"人物别称.csv"存储了常见《三国演义》人物名及其别称，用于实现别名替换。

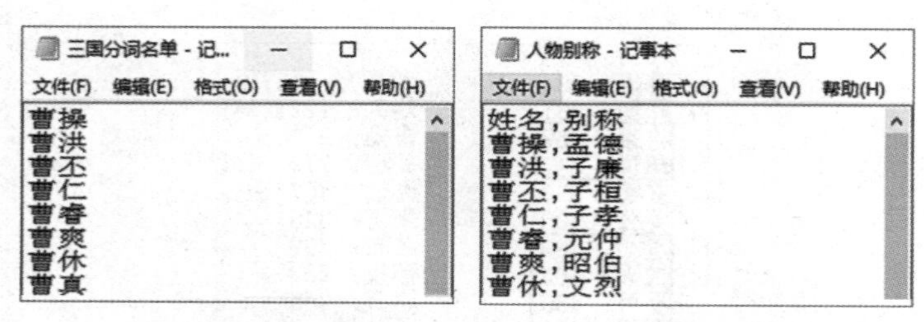

图 8-21 "三国分词名单.txt"和"人物别称.csv"

有了这两个文件,就可以更加全面、准确地获取三国人物名词频了。参考代码如下。

【示例程序 8-30】 替换人物分词中的别名。

程序如下:

```
fp =open("三国演义 2.txt","r",encoding="utf-8")
text =fp.read()
fp.close()
jieba.load_userdict("三国分词名单.txt")          #  导入自定义分词词典
words =jieba.lcut(text, cut_all=True)           #  全模式:有冗余
words =replace_name(words)                      #  对 words 进行别名替换
```

代码说明:为了体现模块化编程思想,把"替换人物分词中的别名"功能抽象成一个自定义函数 replace_name(),其参数为存储了分词结果的列表 words,返回值为存储了替换结果的列表 words。

实现该函数功能的算法较为常规。首先从"人物别称.csv"读取数据到 DataFrame 对象 df 中,再遍历 df 的各行,分别存储别称和姓名到 name1 和 name2 中;然后遍历 words,若发现别称,则用姓名替换它;最后返回替换了所有别名的列表 words。参考代码如下。

```
def replace_name(words):
    df =pd.read_csv("人物别称.csv",encoding="utf-8")
    for r in df.index:
        name1 =df.at[r,"别称"]
        name2 =df.at[r,"姓名"]
        for i, v in enumerate(words):
            if v ==name1:
                words[i] =name2
return words
```

jieba.load_userdict(file_name)函数用来导入自定义分词词典,其中 file_name 为文件类对象或自定义词典的路径。

开发者可以自定义词典,以便包含 jieba 词库里没有的词。词典中每个词占一行。每一行分三部分,即词语、词频(可省略)、词性(可省略),用空格隔开,顺序不可颠倒。

8.4.8 统计人物出场次数

将人物别名替换为本名,就可以统计人物的出场次数。从"三国人物.txt"中读取所有《三国演义》人物名,存储到列表 persons 中,再调用自定义函数 count_persons()统计人物出场次数。参考代码如下。

【示例程序 8-31】 统计人物出场次数。

程序如下：

```
fp =open("三国人物.txt","r",encoding="utf-8")
persons =fp.read().split()
fp.close()
counts =count_persons(words, persons)        #  统计人物出场次数
```

代码说明：自定义函数 count_persons()有两个参数，其一为存储了分词结果的列表 words，其二为存储了所有《三国演义》人物名的列表 persons。

算法思想与前面获取人物高频词的方法差不多，先定义一个用来记录词频的字典 counts，以人物名为键，人物名出现次数为值。然后遍历列表 words，统计《三国演义》人物名出现的次数。最后返回存储人物名词频的字典 counts。参考代码如下。

程序如下：

```
def count_persons(words, persons):
    counts={}
    for name in words:
        if name in persons:
            counts[name] =counts.get(name, 0) +1
return counts
```

8.4.9　存储《三国演义》人物频次表

除了将字典转换成列表，以便排序后输出外，还可以将字典转换成 DataFrame 对象，对其排序后直接存储为“三国人物频次表.csv”文件。参考代码如下。

【示例程序 8-32】 存储三国人物频次表。

程序如下：

```
df =pd.DataFrame(list(counts.items()), columns=["姓名", "次数"])
df =df.sort_values("次数",ascending=False)
print(df.head(10))
df.to_csv("三国人物频次表.csv", index=False)
```

8.4.10　生成简单词云

词云是文本可视化的一种方式。词云用词频表现文本特征，将关键词按照一定的顺序和规律排列，如频度递减、字母顺序等，并以文字大小的形式代表词语的重要性，使人们能够利用视觉感知能力快速获取文本数据中所蕴含的关键信息。

利用 Python 生成简单的词云，需要导入 wordcloud 模块。构造一个自定义函数 drow_wordcloud(counts)生成词云，counts 是存储了词频数据的字典。创建 WordCloud 对象，设置好字体的路径、背景颜色和画布的宽、高，就可以生成一个简单的矩形词云(见图 8-22)。

【示例程序 8-33】 生成简单词云。

程序如下：

```
def drow_wordcloud(counts):
    wc =WordCloud(
        #  设置字体,不然会出现汉字乱码,文字的路径是计算机的字体一般路径
```

```
        font_path="C: /Windows/Fonts/simfang.ttf",
        background_color="white",
        max_words=120, max_font_size=300      #  指定显示词的最大数量和最大字号
        #  设置画布的宽和高
        width=400, height=300
        ).fit_words(counts)
    plt.imshow(wc)
    plt.axis("off")                           #  不显示坐标轴
    plt.show()
```

图 8-22　简单的矩形词云

8.4.11　生成以照片为背景的词云

如图 8-22 所示生成的词云形状是一个简单的矩形。可以为词云设置不同的形状，如云朵、爱心等，只需要导入一张具有对应轮廓的照片即可，如图 8-23 所示。

图 8-23　以心形照片为背景的词云

【示例程序 8-34】 生成以照片为背景的词云。

程序如下：

```
def drow_wordcloud_2(counts):               #  绘制使用背景图片的词云
    path_img ="tp.png"
    background_image =np.array(Image.open(path_img))
    wc =WordCloud(
        #  设置字体，不然会出现汉字乱码，文字的路径是计算机的字体一般路径
```

```
        font_path="C: /Windows/Fonts/simfang.ttf",
        background_color="white",
        max_words=120, max_font_size=300,
        #   参数 mask =图片背景,有 mask 参数再设定宽、高是无效的
        mask=background_image
        ).fit_words(counts)
    plt.imshow(wc)
    plt.axis("off")
    plt.show()
```

代码说明：drow_wordcloud_2()函数与 drow_wordcloud()的区别在于，增加了一行读取图片并转换成 numpy 数组的代码，需要预先导入 numpy、matplotlib.pyplot 和 Image 模块。

此外在设置 WordCloud 对象的参数时，不再设定画布的宽和高，改为设置参数“mask =图片背景”。其他代码两个函数基本一样。

通过对《三国演义》文本进行分词，统计出了《三国演义》人物的出场数量，制作了词频字典，将其存储到文本文件中，还生成了词云，以便直观地看出人物的出场频次。为了完成上述功能，导入 jieba 和 wordcloud 等第三方库，使用了清洗文本、提取高频词、生成词云等常用技术。

文本数据处理在搜索引擎、机器翻译、语音合成、自动分类、自动校对等领域有着广泛的应用。中文分词是其他中文信息处理的基础，也是技术难点之一。目前中文分词的准确性和速度都有待提高，这既是机会，也是挑战。

练习题

上机实践题

1. 对“2022 年政府工作报告.txt”进行文本分析。使用 jieba 模块进行中文分词，统计出现频率最高的前 12 个高频词，并使用 wordcloud 模块生成如图 8-24 所示的简单矩形词云和心形背景词云。

图 8-24　简单矩形词云和心形背景词云

2. 除了统计《三国演义》人物的出场数量，还可以进一步分析人物相互之间的关联度。可以读取“三国演义 2.txt”，按段落（逐行）统计人物之间的关系。若他们在同一自然段中一起出现，就表示他们同台演出过。每同台演出 1 次，关系指数加 1。最后统计各人物的关系指数，输出关联度最大的前 10 名《三国演义》人物（见图 8-25），并以此绘制《三国演义》人物关联度气泡图（见图 8-26）。

	曹操	刘备	诸葛亮	关羽	孙权	赵云	张飞	袁绍	魏延	司马懿
曹操	0.0	190.0	105.0	102.0	76.0	46.0	52.0	91.0	13.0	10.0
刘备	190.0	0.0	147.0	134.0	71.0	86.0	118.0	50.0	32.0	9.0
诸葛亮	105.0	147.0	0.0	67.0	62.0	103.0	62.0	11.0	98.0	95.0
关羽	102.0	134.0	67.0	0.0	38.0	46.0	82.0	28.0	14.0	4.0
孙权	76.0	71.0	62.0	38.0	0.0	20.0	11.0	8.0	8.0	18.0
赵云	46.0	86.0	103.0	46.0	20.0	0.0	58.0	11.0	43.0	4.0
张飞	52.0	118.0	62.0	82.0	11.0	58.0	0.0	14.0	17.0	3.0
袁绍	91.0	50.0	11.0	28.0	8.0	11.0	14.0	0.0	0.0	0.0
魏延	13.0	32.0	98.0	14.0	8.0	43.0	17.0	0.0	0.0	25.0
司马懿	10.0	9.0	95.0	4.0	18.0	4.0	3.0	0.0	25.0	0.0

图 8-25　关联度最大的前 10 名《三国演义》人物

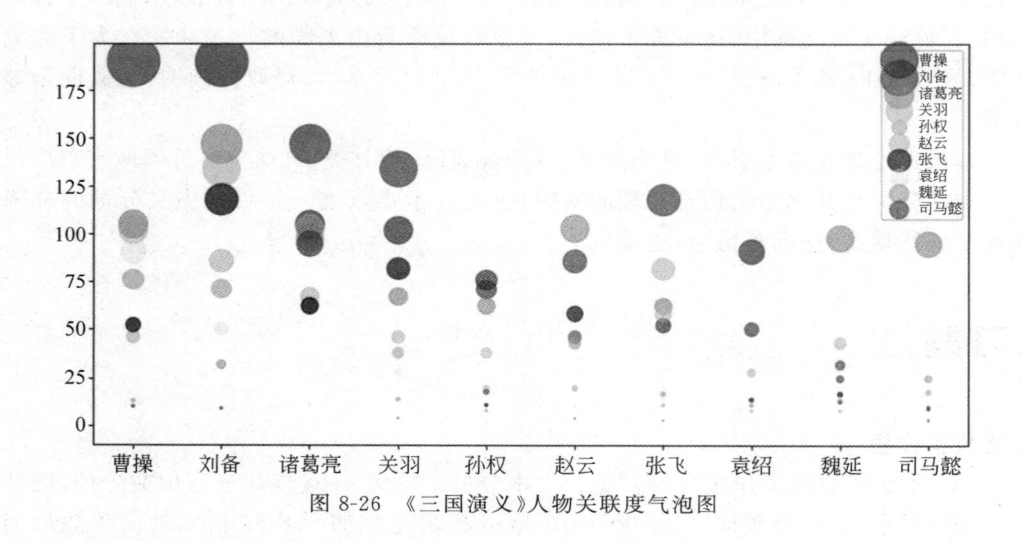

图 8-26　《三国演义》人物关联度气泡图

第 9 章　人工智能应用实践

本章导读

你好，小度，我是小 Py！

人工智能已经渗透到交通、教育、医疗、家居等社会各个领域，未来人们在日常生活、工作学习、外出旅游、娱乐社交等活动中，将随时处于人工智能应用环境中。

当看到手机上又出现了哪个新奇的 App，某个在线网站又带来了哪些有趣的功能时，应要知其然，也要知其所以然。人工智能这项技术将成为未来各种软件的底层基础，我们不一定是人工智能算法的开发者，但一定会成为它的应用者。

学习人工智能，除了掌握算法、开发应用，还要了解这项技术对于社会的影响。人工智能赋能社会生产，也为就业岗位带来竞争，人工智能与社会之间正在相互促进、稳步融合。

本章仅对人工智能知识及应用进行简单介绍，未对算法进行深入解析，如想了解更多，推荐周志华教授的《机器学习》一书。

9.1　专家系统应用

9.1　专家系统应用

9.1.1　概述

在互联网上，常见到各种自动咨询系统。比如，在购物时，向客服提供身高、体重后，自动返回衣物对应的尺码；在查询天气时，输入时间与地点，便可轻松获得某地一天内的天气变化趋势。借助精确的描述，让计算机返回准确、有价值的答案，这种功能其实演变自早期的人工智能技术——专家系统。

专家系统是一个具有大量的特定领域知识的程序系统，系统中的推理算法能根据知识库中专家提供的知识和经验进行推理与判断，模拟人类专家的决策过程，以便解决那些需要人类专家处理的复杂问题。简而言之，专家系统是一种模拟人类专家解决领域问题的计算机程序系统。

9.1.2　早期案例

20 世纪 60 年代初，一些运用逻辑推理的方式，能够解决特定问题的程序出现，这些程序能够证明某些数学定理，但无法解决某些领域内的实际问题。

1965 年，在斯坦福大学化学专家的配合下，人工智能专家爱德华·费根鲍姆研制了第一个专家系统 DENDRAL。该专家系统是世界上第一例成功的专家系统，能够在输入化学分子式等信息后,通过分析推理来判断有机化合物的分子结构,其分析能力已经接近甚至超越了有关化学专家的水平。在随后的时间里,各种领域的专家系统陆续出现,如医学专家系统 MYCIN、IBM 研制的“沃森”等。

9.1.3 应用描述

本小节将使用专家系统对常见的水果如梨、橘、柚进行分类,涉及的主要事实包括科、属、表皮厚度等。

专家系统通常由人机交互界面、知识库、推理机、数据库构成,根据用户需求,可以对其类型、结构、规模进行调整。整个专家系统的核心部分,在于用户向推理机输入事实,专家系统在内部完成推理,用户得到结果,如图 9-1 所示。

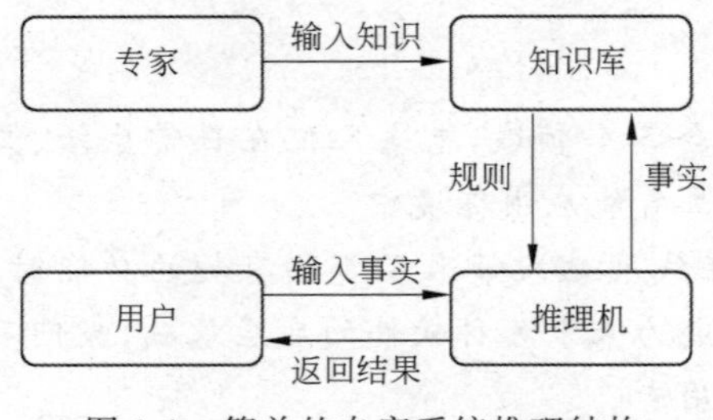

图 9-1 简单的专家系统推理结构

知识库是用于知识管理的一种特殊的数据库,知识库中的知识源于领域专家,它是求解问题所需领域知识的集合,包括基本事实、规则和其他有关信息。简单地说,数据库加规则就成为知识库。

不同专家系统的推理机原理各有其特点,其中基于规则的 IF-ELSE 推理机较易理解,知识库中的知识基于“if 规则 1 and 规则 2 then 结论”的模板建立,可以向其中传入不同的规则与结论以便于改动。如果用户输入的知识不足以推出结论,则要求用户输入新的规则。

9.1.4 应用思路

(1) 创建知识库。在本应用中,使用字符串来代替知识库,字符串按照 if and then 规则构建,便于后续进行处理。

(2) 建立推理机。通过逻辑判断的方式,从知识库中找出完全满足事实的结果,如果条件不足则不断要求用户输入事实。

(3) 调用推理机。将用户输入的事实转化为知识库中的规则,返回满足条件的结果。

9.1.5 程序实现

1. 创建知识库

【示例程序 9-1】 创建知识库。

程序如下:

```
rules ='''
if 蔷薇科 and 梨属 and 皮薄 then 梨子
if 芸香科 and 柑橘属 and 皮厚 then 柚子
if 芸香科 and 柑橘属 then 橘子
'''
P =[]          #  用于存放规则知识库
Q =[]          #  用于存放推理后的结果
#  利用字符串的 split 函数,可以精简 rules 变量中的存储内容,详见配套电子资源
```

完成知识库搭建后,PQ 变量中的内容如表 9-1 所示。

表 9-1 PQ 变量实际存储内容

变量名	实 际 内 容
P	[['蔷薇科', '梨属', '皮薄'], ['芸香科', '柑橘属', '皮厚'], ['芸香科', '柑橘属']]
Q	['梨子', '柚子', '橘子']

2. 建立推理机

【示例程序 9-2】 建立推理机。

程序如下:

```
#  判断序列 a 是否是 b 的子集
def SubSet(a, b):
    for i in a:
        if i not in b:
            return False
    return True
#  判断序列 a 中是否有元素在序列 b 中
def InSet(a, b):
    for i in a:
        if i in b:
            return True
    return False
#  推理
```

具体推理过程参见配套电子资源,以下简单说明逻辑。

(1) 检索知识库中的每条知识,将其与用户输入的事实 fact 进行比较。利用上文定义的判断子集函数 SubSet()进行判断,如果事实 fact 包括规则库 P 中某项的全部规则,则得到结论。

(2) 若无法得出结论,要求用户继续添加新的规则。利用上文定义的判断存在函数 SubSet()进行判断。遍历规则库 P,如果事实 fact 中存在规则 P_i,则 fact 就有可能是该规则 P 对应的内容 Q,向用户询问 P_i 中的其余规则,如果存在就存入当前事实 fact 中。

(3) 循环,将新生成的 fact 返回函数中重新进行判断。

3. 调用推理机

由于集合能够自动去重,因此选用集合存储用户输入的事实。

【示例程序 9-3】 调用推理机。

程序如下:

```
fact=set()
lines =input('输入待查询的事实,事实间用空格分隔: ')
lines =lines.split(' ')
for i in lines:
    fact.add(i)
print(f(fact))
```

在删改部分输出语句的情况下,程序内部运行情况如下。

```
输入待查询的事实,事实间用空格分隔:
>>>芸香科
无法得出结论,请继续添加新的规则
是否是柑橘属?是请输入 1,否则输入 0
>>>1
是否皮厚?是请输入 1,否则输入 0
>>>0
['芸香科', '柑橘属'] -->橘子
```

9.1.6 应用展望

除了常见的智能客服或知识介绍,专家系统还能帮助解决生活中常见的问题和纠纷。

例如,中国法律服务网提供的免费法律服务,该平台可将复杂的法律问题转化为一个个简单的提问,引导用户填写真实案件信息,然后针对用户的问题进行实时分析,匹配数据。在提交咨询内容后,系统会将用户的当前情况与知识库中的法律法规进行匹配,分析得到最相关的法律法规与结论。

除了利用专家系统的思想进行分析,该平台还能结合其他人工智能技术,给出详细的案件事实分析、法院预判、行动建议、风险预估、证据清单、相似案例、相关法律法规等。

专家系统作为早期的人工智能应用,其功能较为简单,但其思想及某些推理机被广泛应用于各大领域,有其独特的历史意义。例如,著名的"决策树"算法就是一种被广泛应用的机器学习算法,它的决策和训练过程与专家系统有着许多共同点。这里仅对专家系统的核心推理过程进行了简单模拟,在资源包中还提供了带图形化界面的专家系统网络素材。

练习题

上机实践题

选择一个你擅长的领域,为专家系统创建新的规则,并验证其推理情况。

9.2 机器学习应用

9.2 机器学习应用

9.2.1 概述

人能够根据天上的云彩来判断天气,根据花朵的茎叶长短判断其种类,以及根据瓜果的外形判断生熟,这是调用了自己的经验。让计算机模拟这一过程,根据已有的数据进行学习,归纳出有效的模型并用于处理新的数据,这便是机器学习,人类学习与机器学习之间的异同如图 9-2 所示。

同样是对某物进行分类,机器学习与专家系统最大的区别在于:专家系统的规则由专家人为添加,通过规则引导推理过程;而机器学习的模型来自样本数据,由数据驱动模型的训练。

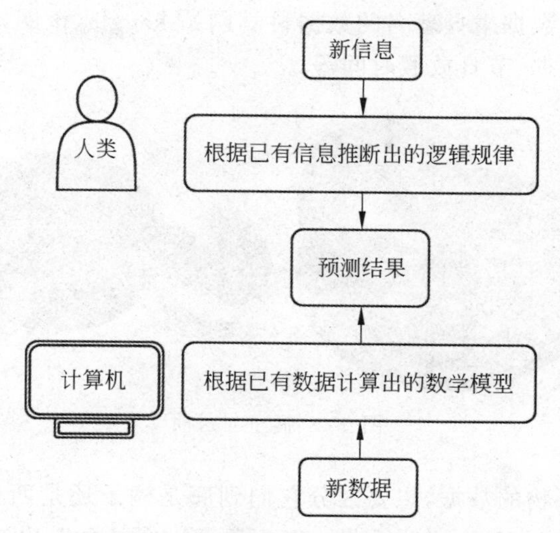

图 9-2　人类学习与机器学习之间的异同

知名的人工智能计算公司 Nvidia 公司对机器学习的定义为："最基本的机器学习是使用算法解析数据，从中学习，然后对世界上的一些事情做出决定或者是预测。"

9.2.2　早期案例

最早的机器学习算法其实是一些数学统计的方法，如线性回归。线性回归的目的是生成一个线性模型，尽可能准确地预测新样本的输出值。例如，通过直径预测橘子重量，数据的内容为如表 9-2 所示，根据这些数据，得到一条类似 $Y=AX+b$ 的公式，用于预测其他直径的橘子的重量，该公式的可视化如图 9-3 所示。

表 9-2　橘子参数

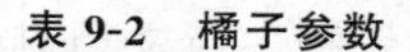

直径/cm	重量/g
2.96	86.8
3.91	88.1
4.42	95.2
4.47	95.6
4.48	95.8

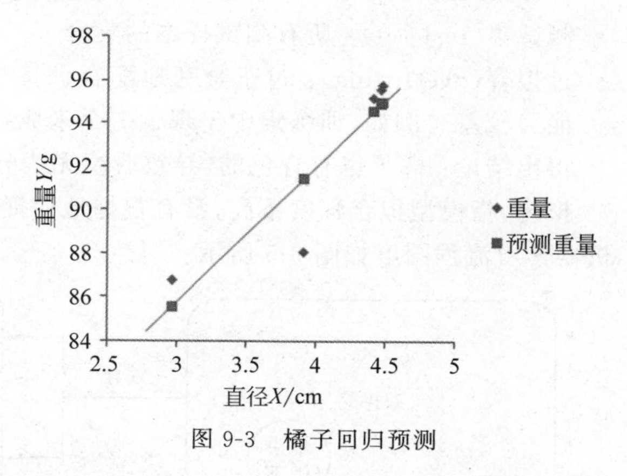

图 9-3　橘子回归预测

上述的案例中，有关橘子重量的特征只有一个，即直径。而当不知道果物的种类，想通过外形分辨其类型时，输入的特征值就从一个变成了的多个，如直径、重量、色泽等，需要用更加复杂的算法完成这一任务。

9.2.3　应用描述

本小节案例为：利用 kNN 算法，根据直径和重量，区分橘子与西柚（见图 9-4）这两种外观上较为相似的水果。数据来自著名的数据科学网站 kaggle,该网站中有各种有趣的数据集,如拉面评级、篮球数据、节日放假时间等。

图 9-4 橘子与西柚

假设收集了一批果物的数据,想要区分它们到底是橘子还是西柚,例如,“直径＝10,重量＝150,色泽＝淡橘色”“直径＝12,重量＝250,颜色＝深橘色”,以这些数据为例,相关机器学习概念解释如下。

- 数据集(data set):每对括号内是一个果物的记录,所有记录的集合就是数据集。
- 样本(sample):在上述的数据集中,每颗果物就是一个样本。
- 特征(feature):每个样本的单个特点,如直径。
- 标签(label):要预测的变量,如回归结果中的 y,即果物的分类。
- 模型(model):从数据中抽象得到的规律,可用于解决问题。

提示:被计算机程序学习并用于生成算法模型的样本,被称为“训练样本”。在训练好模型后,希望使用新的样本来测试模型的效果,则每一个新的样本被称为“测试样本”。

- 训练集(training set):所有训练样本的集合。
- 测试集(test set):所有测试样本的集合。
- 过拟合(overfitting):过于紧密地配合训练集中的数据,使得其应对未知新数据的能力较差。例如,训练集中出现了一个未成熟的青色橘子,程序为了配合该数据,而得出结论:橘子也有青色的,导致后续无法分类其他绿色果物。与之相对的还有欠拟合,指模型拟合程度不高,没有很好地捕捉到数据特征。

机器学习流程图解如图 9-5 所示。

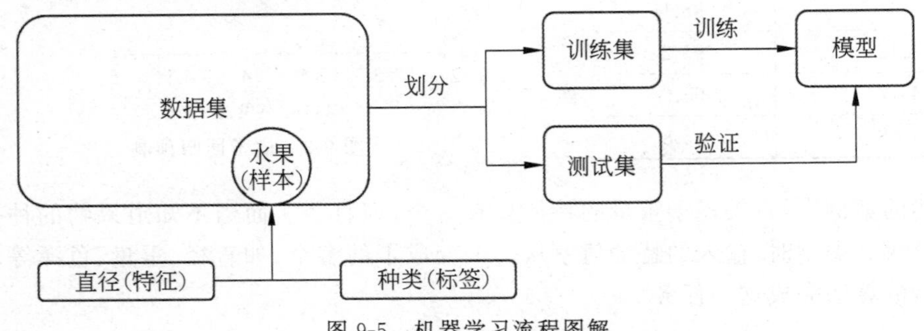

图 9-5 机器学习流程图解

根据数据是否带有标签,可以将机器学习分为监督学习(supervised learning)与无监督学习(unsupervised learning)。上文中,在事先知道果物种类的情况下,根据其特征总结规律,再根据这一规律对新的数据进行分类,这属于监督学习。如果在事先并不知道果物的种类,也没有模型可用的情况下,想将一堆果物根据特征分成两个小堆,属于无监督学习。

在监督学习的前提下,根据预测值类型的不同,可以将机器学习问题分为分类(classification)与回归(regression)两种类型。例如,预测橘子的重量,预测值为连续值,属于回归问题;预测果物的种类,预测值只有橘子或西柚两种情况,为离散值,属于分类问题。

机器学习算法种类繁多,常见的有线性回归、逻辑回归、贝叶斯算法、决策树算法、支持向量机、k 均值、k 近邻以及神经网络算法。

9.2.4 应用思路

本小节的应用思路为数据预处理、分割数据集、训练模型、调用模型。

1. 数据预处理

原始数据为csv格式,可以使用pandas库将其转换为DataFrame格式,观察图9-6中的数据,发现csv中主要包括两类水果的直径与重量,数据数量为10000条,其中两个种类的水果各占5000条。

```
     name  diameter  weight
0  orange      2.96   86.76
1  orange      3.91   88.05
2  orange      4.42   95.17
3  orange      4.47   95.60
4  orange      4.48   95.76
...
            name  diameter  weight
4997      orange     12.55  218.07
4998      orange     12.75  230.13
4999      orange     12.87  231.09
5000  grapefruit      7.63  126.79
5001  grapefruit      7.69  133.98
5002  grapefruit      7.72  135.56
...
            name  diameter  weight
9995  grapefruit     15.35  253.89
9996  grapefruit     15.41  254.67
9997  grapefruit     15.59  256.50
9998  grapefruit     15.92  260.14
9999  grapefruit     16.45  261.51
```

图9-6 csv文件中的原始数据

使用matplotlib库简单观察其中的规律,生成的直方图如图9-7所示,生成的散点图如图9-8所示,发现两类水果的直径与重量会有部分重合,这是在实际生活中常遇到的问题,我们无法保证数据完美符合需求,模型也无法拥有百分百的准确预测率。

2. 分割数据集

由于原始数据集是有序的,如果直接将其分割,则会导致数据有误,因此,需要在分割数据集前将其打乱。对于打乱后的数据,需要按一定比例将其划分为训练集与测试集。划分的方法与原则较多,本应用中直接将70%的数据作为训练集,30%的数据作为测试集。

无论是测试集还是数据集,都由特征与标签两部分构成,程序学习特征中的数据后,会将预测结果与实际标签进行对照,自行抽象内部规律。特征与标签的划分情况如图9-9所示,"特征"两字下方的数字为原记录的索引编号,右侧两列为具体的数值,每行记录都会有一个对应的"标签",用于后续的分析计算。

3. 训练模型

使用 k 近邻算法训练模型,在实际程序编写时,直接调用第三方库中的函数,获得训练后返回的模型即可。

k 近邻(k-nearest neighbor,kNN)算法是一种常用的监督学习算法,主要完成分类与回归的任务,其算法原理为:给定测试样本,基于某种距离度量找出训练集中与其最靠近的 k 个训练样本,然后基于这 k 个"邻居"的信息来进行预测。k 值的选择、距离度量及分类决策规则是 k 近邻法的三个基本要素。

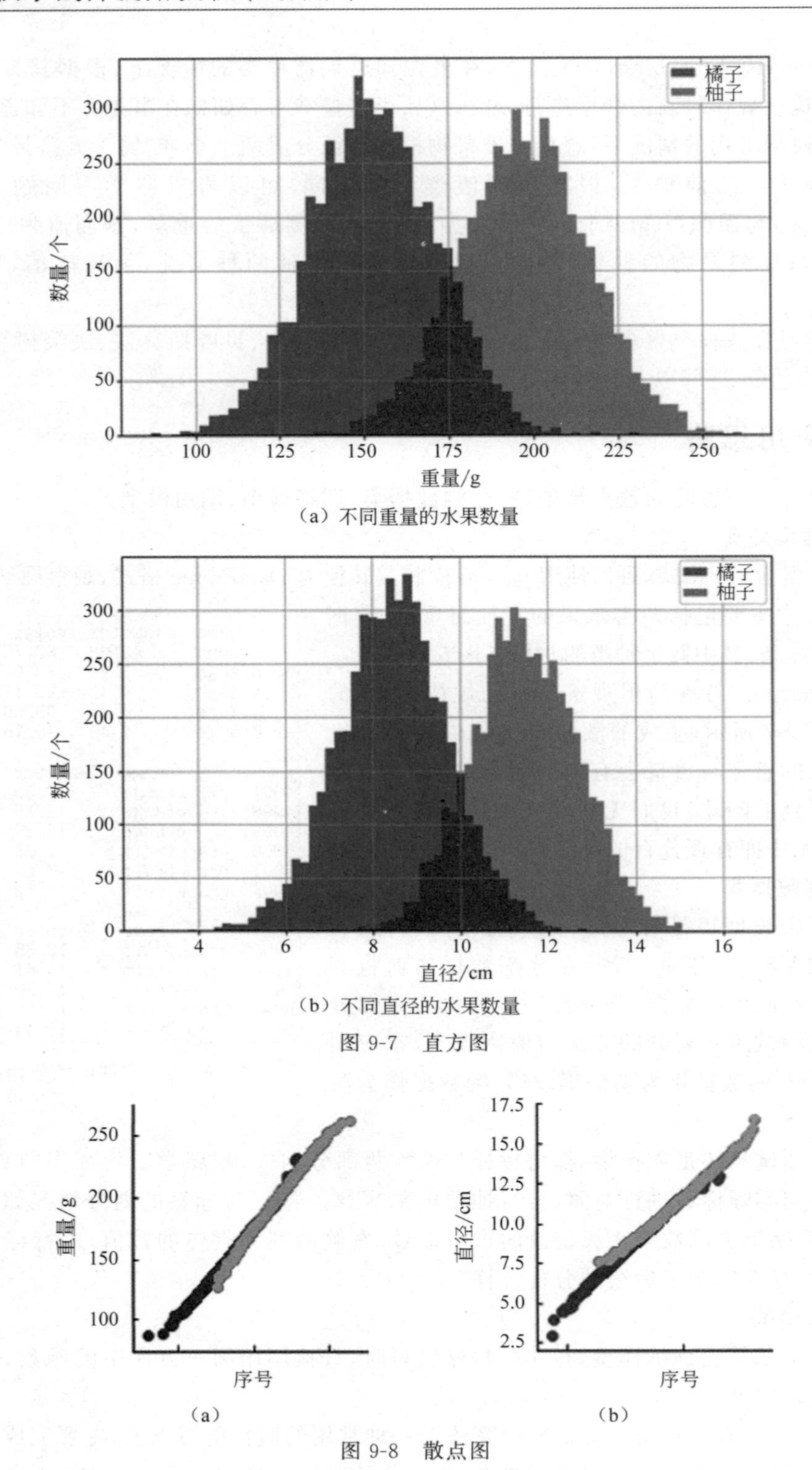

（a）不同重量的水果数量

（b）不同直径的水果数量

图 9-7　直方图

（a）

（b）

图 9-8　散点图

以本应用中的数据为例，把橘子、柚子数据放到二维平面中，可以得到如图 9-10 所示的坐标轴，每个水果在轴中都变成了一个特定的数据点。如果要对一个未知标签的水果进行分类，会很自然地比较新样本与原有样本之间的距离，将这种比较方法规范化，就得到了 kNN 算法。

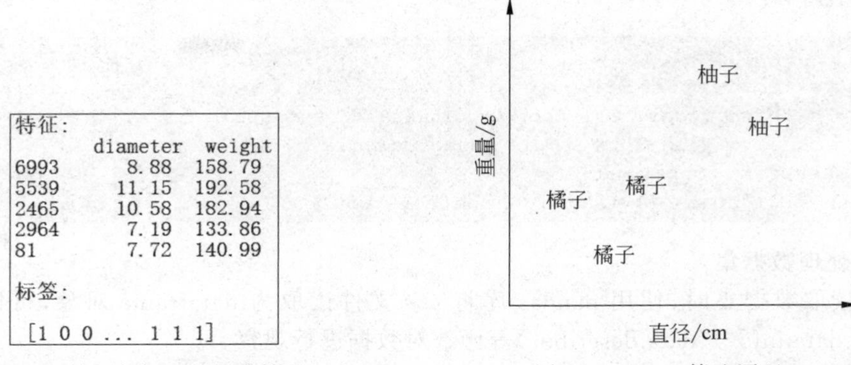

图 9-9　特征与标签的划分情况　　　　图 9-10　kNN 算法原理 1

将 kNN 算法可视化，如图 9-11 所示的圆圈即代表该样本在查找时的判断范围。样本在坐标系中的位置是根据其特征（重量与直径）确定的，即使特征数增加，拥有三维、四维或更高的特征维度，每个样本在坐标系中仍拥有具体的位置。

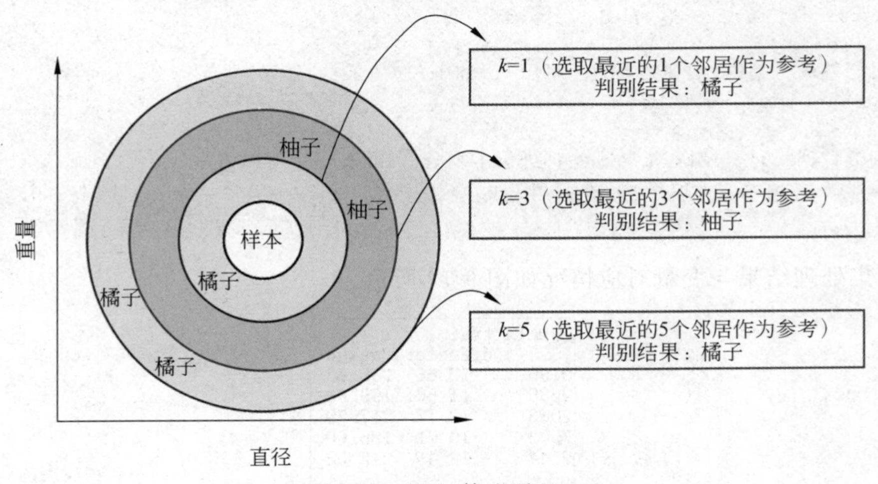

图 9-11　kNN 算法原理 2

4. 调用模型

训练好模型后，只需要将新的数据传入模型，就能返回预测结果，解决分类问题。需要注意的是，在传入参数时要保证数据的特征数与训练时的特征数相同，只有符合模型需求的数据才能被正确传入。以本应用为例，训练时使用的数据是二维的（直径与重量），那么在传入时就需要以[[8,110]]的规范传入，[8,110]被看作单个二维样本数据。

9.2.5　程序实现

1. 导入库

sklearn（安装时的库名为 Scikit-learn）是一个机器学习库，提供了常见机器学习算法的函数实现。由于 sklearn 库较大，因此直接从库中导入特定函数，这些函数在简单应用中往往只会被使用一次，请不要因为它们的名字过长而感到担心。

【示例程序 9-4】 导入 sklearn 库。

程序如下：

```
import pandas as pd
from sklearn import preprocessing
from sklearn.model_selection import train_test_split
from sklearn.neighbors import KNeighborsClassifier
from sklearn import metrics
data =pd.read_csv('Oranges_ Grapefruit.csv')
```

2. 处理数据集

在读取数据集时，使用 pandas 库将 csv 文件读取为 dataframe 对象，可以使用 data.head()、data.info()、data.describe()等函数对数据进行观察。

【示例程序 9-5】 处理数据集。

程序如下：

```
#  打乱数据集
data =data.sample(frac=1).reset_index(drop=True)
#  将数据集分为特征与标签两部分
features =data.drop(['name'], axis =1)
label =data['name']
#  对标签进行编码,实现效果为['橘子','柚子','橘子','橘子']->[1,0,1,1]
le =preprocessing.LabelEncoder()
label =le.fit_transform(label)
#  划分数据集,这里对特征与标签都进行了划分,因此有 4 个返回值
x_train, x_test, y_train, y_test =train_test_split(features, label, test_size=
0.3)
```

数据集处理结果与变量对应情况如图 9-12 所示。

```
特征(x_train)
        diameter  weight
9196       12.66  215.63
9636       11.50  198.09
2083       12.77  217.29
7503       10.71  185.00
2544       12.45  212.08

标签(y_train)
 [0 0 0 ... 1 1 0]
```

图 9-12 数据集处理结果与变量对应情况

3. 训练模型

本示例程序中用到的 scipy 库依赖 numpy 库，如果报错，说明这两个第三方库的版本不兼容，需要重新安装特定版本。

【示例程序 9-6】 训练模型 1。

程序如下：

```
#  搭建 kNN 模型,规则为参考最近的 5 个点
knnmodel =KNeighborsClassifier(n_neighbors=5)
#  学习 xtrain 与 ytrain 中的数据(x 对应特征,y 对应标签)
knnmodel.fit(x_train, y_train)
```

```
#  利用训练好的模型,对 xtest 中的数据进行预测,返回结果为列表,如[1,0,1,1]
y_pred1 =knnmodel.predict(x_test)
#  使用 metrics.accuracy_score 函数判断正确率
acc=metrics.accuracy_score(y_test, y_pred1)
print('Accuracy:',acc)
```

程序运行结果如下：

```
>>>Accuracy: 0.9636666666666667
```

4. 调用模型

同样使用训练好的 kNN 模型中的 predict()函数，对返回的标签结果进行判断，为用户返回判断结果。

【示例程序 9-7】 调用模型 1。

程序如下：

```
#  接收输入,并构造与训练集有相同数量特征的列表
i =[]
i.append(float(input('直径: ')))
i.append(float(input('重量: ')))
x=[i]
#  用模型预测结果,若 x 列表中特征数与需求不符,就会报错
y_pred1 =knnmodel.predict(x)
#  输出预测的结果 直径范围为 4～15,重量范围 100～250
print('橘子') if y_pred1 ==[1] else print('柚子')
```

调用模型进行预测的结果如图 9-13 所示。

```
直径: 5     直径: 13
重量: 100   重量: 225
橘子        柚子
```

图 9-13　调用模型进行预测的结果

9.2.6　应用展望

以电商平台、社交平台、短视频平台的推荐算法为例，要更精准地分析用户的喜好及人际关系，仅凭过去的数据分析方法已无法满足需求，而机器学习的出现，正能够帮助解决这类复杂的问题。

而机器学习与传统数据分析不同的是，大部分机器学习生成的模型是一个“黑箱”，用户不知道也不需要知道其中的原理，只需要知道这个模型需求的输入规范、应用场景，就可以用它解决实际问题。

作为人工智能学科的重要分支，机器学习已然成为用计算机认识世界的利器，无论是对机器学习的理论算法进行学术研究，还是针对实际生活问题进行应用开发，都是值得尝试的学习方向。

练习题

上机实践题

1. 修改模型训练过程中的配置,如训练集与测试集的比例、k 值的大小,并观察修改模型的预测正确率,得到一个正确率较高的模型。

2. 在 kaggle 网站上寻找新的数据,使用机器学习算法进行分析。

9.3 深度学习应用

9.3 深度学习应用

9.3.1 概述

人工智能的研究目标包括模拟、延伸和扩展人的智能技术,而人脑处理外界信息的场所就是神经元,神经元通过生物电进行交流并做出反馈,但在生物学上仍无法科学地解释各个区域内的神经元是如何工作的。基于生物神经网络的结构,计算机学家设计出了人工神经元(见图 9-14),用于信息的传输与处理。

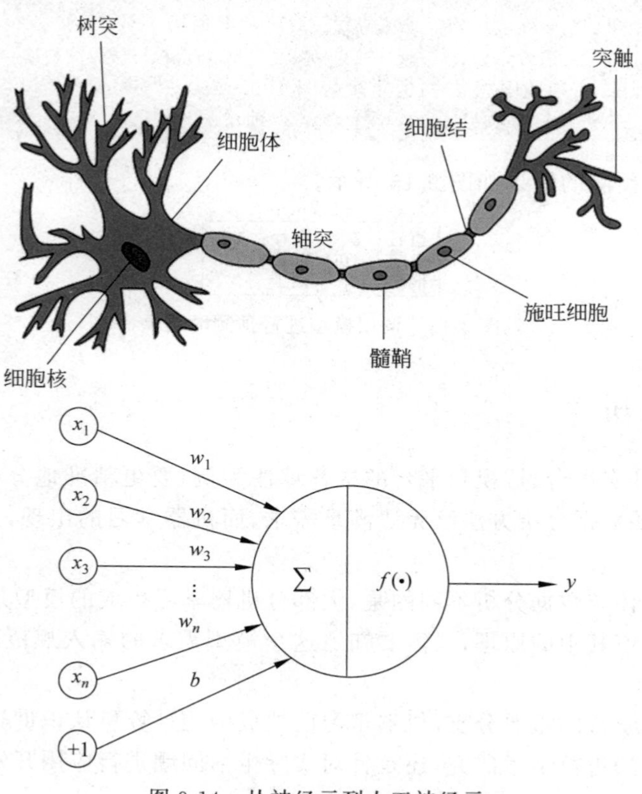

图 9-14 从神经元到人工神经元

人工神经网络由多个人工神经元组合而成。对于人工神经网络,不需要知道它是否真的模拟了生物神经网络，只需将其视为包含许多参数的数学模型即可。下文中提到的神经网络均指计算机学中的人工神经网络。

作为一种机器学习算法，数据在被输入神经网络模型后，会根据规则与权值（weight）进行计算，如果返回的结果与实际结果不符，则调整模型中的权值，这里的神经网络模型（见图9-15）即机器学习最终训练出的模型。

深度学习算法是对人工神经网络的一种优化，这里的“深度”指的是拥有更多的神经网络层数。当要解决的任务变得复杂，仅靠单次权值计算已经无法得出令人满意的结果，就需要在神经网络中增设一些用于数据处理且不与外界直接连接的神经元（隐藏层），正确搭建带有隐藏层的神经网络（见图9-16）后，在模型训练时间及模型正确率等方面都能得到提升。

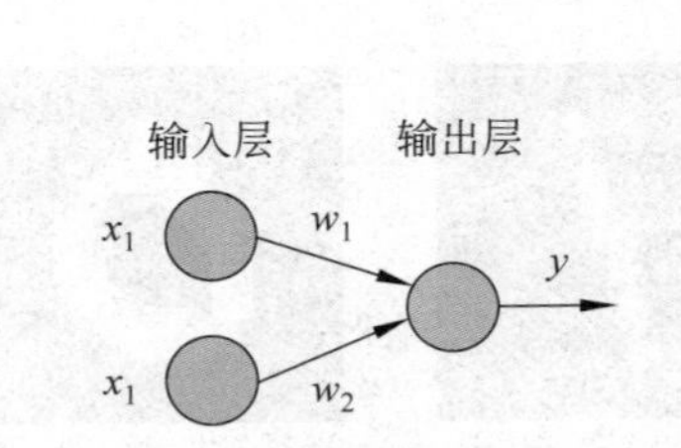

图9-15 仅由输入层和输出层构成的人工神经网络

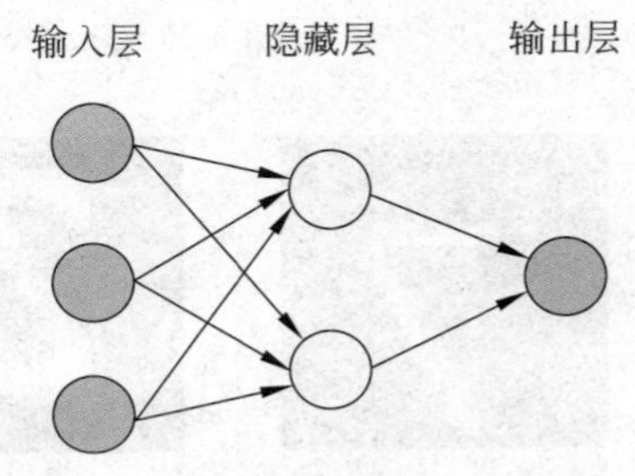

图9-16 带有隐藏层的人工神经网络

常见的深度学习框架有TensorFlow、PyTorch等，这些框架能够帮助用户快速完成矩阵运算、神经网络模型搭建、神经网络模型训练等操作。

9.3.2 早期案例

最早的人工神经网络叫作感知机，能够用于解决简单的线性可分问题。由美国学者Rosenblatt在1957年首次提出，它的结构中包括输入层、输出层，不包括隐藏层，只能解决线性分类问题，如图9-17(a)所示。要解决如图9-17(b)所示的复杂分类问题时，就需要在感知机中添加隐藏层，生成新的划分线，这种方法被称为多层感知机。

1986年，由神经网络之父Geoffrey Hinton发明了适用于多层感知器的反向传播算法——BP(backpropagation)算法，该算法是迄今最成功的神经网络算法，他还采用Sigmoid进行非线性映射，有效解决了非线性分类和学习的问题。

2006年，Geoffrey Hinton正式提出深度学习的概念。

9.3.3 应用描述

本小节应用是利用卷积神经网络对手写体数字进行识别，并生成一个可复用的模型，其识别正确率可达98%，调用的mnist数据集包含各种手写数字图片，如图9-18所示。

在了解应用思路之前，先来看一些有关神经网络的专业术语。深度学习是一种基于多层神经网络的机器学习方法，而常用的神经网络有生成对抗网络（GAN）、递归神经网络（RNN）、卷积神经网络（CNN）等。

（1）激活层：所有的神经网络都会有激活函数，它的作用是对数据进行归一化，通过将

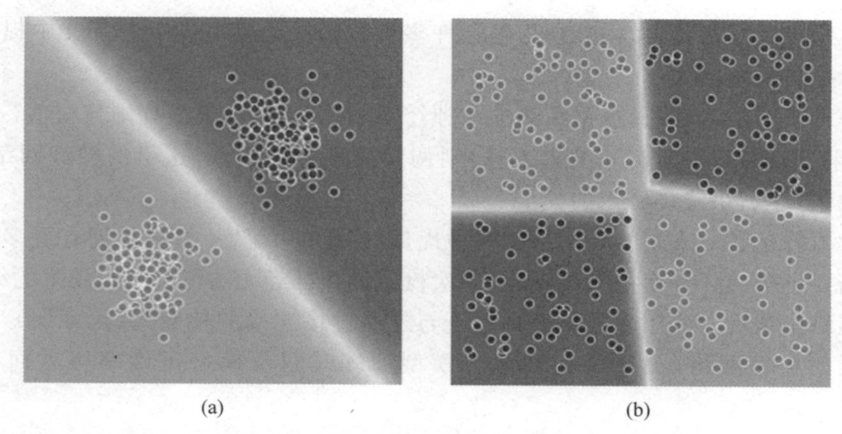

图 9-17　TensorFlow 平台提供的分类问题可视化

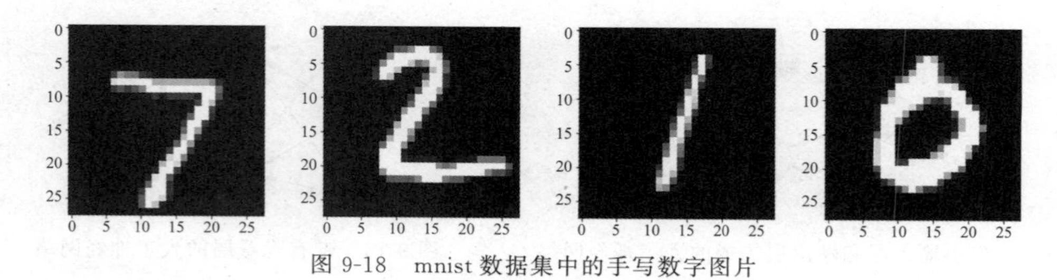

图 9-18　mnist 数据集中的手写数字图片

输入数据映射到某个范围内,限制数据的扩张,防止数据过大导致的溢出风险,减少模型训练的时间。输入数据在激活层中归一化后再向下传递。

(2) 卷积层:利用数学函数提取输入信息中最有用的特征,具体实现过程是利用卷积核进行矩阵运算。不同的卷积核不仅能从图片中提取出完全不同的信息,如图片的垂直边缘、图片的水平边缘等,也能对图片进行处理,达到想要的效果。如图 9-19 所示中的卷积核就实现了图片锐化的效果。运算过程如图 9-19 所示,输入左侧的人脸信息后,对于图片中的每个像素点,与卷积核进行运算后,得到右侧的特征图像。

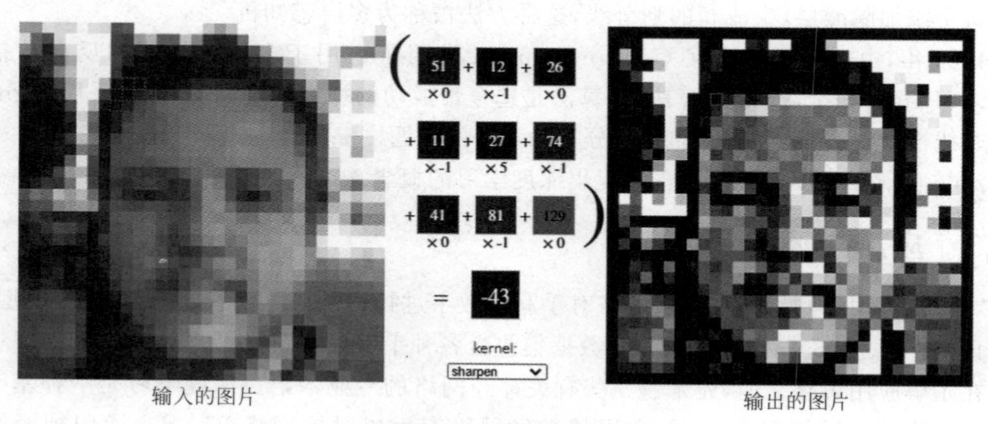

图 9-19　卷积运算的效果

(3) 池化层:压缩数据和参数的量,去除相似信息以获得更高效率。

(4) 全连接层：将其他隐藏层中的数据拼合成一个向量，即将获取的局部特征拼合成更大的整体特征。

9.3.4 应用思路

1. 数据处理

mnist 是手写数字数据库，其中图片的分辨率为 28×28，类型为 0～255 灰度图，包括 0～9 范围内的手写数字，使用函数加载后即可获得 60 000 张图片作为训练集，10 000 张图片作为测试集。

2. 搭建神经网络

从理论上来说，参数越多的模型复杂度越高且能完成更复杂的学习任务，但其缺点也非常明显，即花费的时间过多，易出现过拟合的情况。因此，根据需求搭建合理的神经网络模型，通过隐藏层对目标数据进行有效处理，是深度学习算法的核心。

3. 训练、调用模型

训练、调用模型的过程与常规的机器学习算法类似，而由于神经网络的复杂性，其训练时间往往较长，训练函数会自动输出当前训练的进度与准确率。

9.3.5 程序实现

1. 导入库

keras 是一个用 Python 编写的神经网络 API，即基于 Python 的深度学习库。

【示例程序 9-8】 导入 keras 库。

程序如下：

```
from keras import models
from keras import layers
from keras import datasets
import numpy as np
import matplotlib.pyplot as plt
```

2. 数据处理

这里使用了 keras 库中的数据集，load_data()函数会从服务器下载 mnist 数据集，如因网络原因无法下载，在资源包中也提供了数据集的离线资源。数据集中的数据规范如下。

(train_i, test_i)：由灰度图像像素值构成的数组，维度为(样本数，28，28)。

(train_label, test_label)：由 0～9 数字构成的数组，维度为(样本数)。

【示例程序 9-9】 数据处理。

程序如下：

```
#  导入 mnist 数据集中的数据，改变数据维度
(train_i,train_label),(test_i,test_label)=datasets.mnist.load_data()
train_image=np.expand_dims(train_i,axis=-1)
test_image=np.expand_dims(test_i,axis=-1)
```

此时借助 matplotlib 库中的 imshow()函数将 test_i[0]输出，就可得到如图 9-20 所示中的手写数字，其对应的标签 test_label[0]为 7。

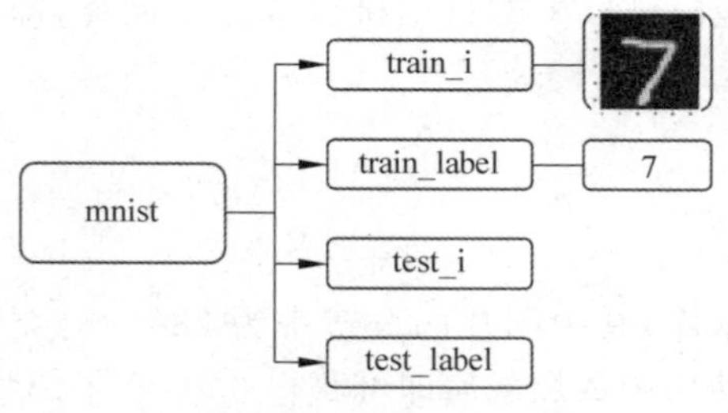

图 9-20　变量内容示意图

3. 搭建模型

搭建神经网络的过程中，会用到 keras 库中的一些函数，如 model()、layers 的 add() 函数能向网络中添加不同的隐藏层，包括卷积层(convolution)、激活层(activation)、池化层(pooling)和完全连接层(fully connected)，这些隐藏层的作用在上文中都已介绍过，具体的搭建原则较为复杂，这里不作过多描述。

【示例程序 9-10】 搭建模型。

程序如下：

```
#  将整体模型结构确定为序贯模型
model=models.Sequential()
#  第一层要设置输入图片的尺寸，即 28 像素×28 像素、1 个颜色通道
model.add(layers.Conv2D(64,(3,3),activation='relu',input_shape=(28,28,1)))
model.add(layers.Conv2D(64,(3,3),activation='relu'))
model.add(layers.MaxPool2D())
model.add(layers.Conv2D(64,(3,3),activation='relu'))
model.add(layers.Conv2D(64,(3,3),activation='relu'))
model.add(layers.MaxPool2D())
#  在全连接之前，需要将二维图片数据转换成一维数组
model.add(layers.Flatten())
model.add(layers.Dense(256,activation='relu'))
#  为了防止过拟合，随机丢弃一部分神经网络连接
model.add(layers.Dropout(0.5))
#  使用激活函数
model.add(layers.Dense(10,activation='softmax'))
model.compile(optimizer='adam',loss='sparse_categorical_crossentropy',
metrics=['acc'])
```

4. 训练模型

在训练过程中，会不断输出提示信息，报告当前的训练情况。

【示例程序 9-11】 训练模型 2。

程序如下：

```
model.fit(x=train_image,y=train_label,batch_size=500,epochs=1,validation_
data=(test_image,test_label))
model.save('num_model.h5')
```

5. 调用模型

【示例程序 9-12】 调用模型 2。

程序如下：

```
#  加载模型
model =load_model('num_model.h5', compile=False)
#  加载图像并显示
img =load_img('test.jpg', target_size=(28, 28), grayscale=True)
plt.imshow(img)
plt.show()
#  将图像处理成符合模型输入需求的格式
i_img =[]
img =image.img_to_array(img,dtype='uint8')
i_img.append(img)
np_image =abs(np.array(i_img)-255)
#  model.predict(np_image)返回值为由 10 个数字的可能性组成的列表
#  np.argmax 函数直接从结果中取出可能性最高的数字的索引值
prob =model.predict(np_image)
r =np.argmax(prob, axis=-1)
print('识别的结果是: ', r)
```

在调用模型进行预测后，返回的 prob 列表内包括了 10 种可能性，分别对应 0～9 十个数字。例如，传入一张手写数字 1 的图片，返回的列表中，判断该数字可能为 1 的可能性有 0.44，因此程序推断该数字为 1(见图 9-21)。

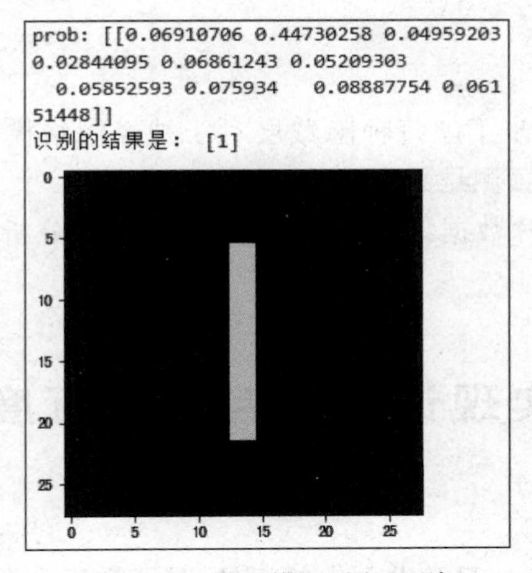

图 9-21　调用模型进行识别

9.3.6　应用展望

随着深度学习技术的不断进步以及数据处理能力的不断提升，各类比赛上都出现了深度学习的身影，凭借着优秀的学习效果，它一次次吸引着学术界和工业界对于这一领域的关注。语音、图像和自然语言处理是目前深度学习算法应用最广泛的三个主要研究领域。

如图 9-22 所示是某 AI 开放平台提供的在线体验功能，其中的大部分功能都是通过深度学习的方式，对大量的数据进行学习后，得到一个可靠的模型，供用户在线调用。

图 9-22　某 AI 开放平台提供的在线体验功能

练习题

上机实践题

1. 自行查阅资料,进一步了解每种隐藏层对于神经网络模型的作用,调整隐藏层中的结构,观察不同隐藏层对于预测结果的影响。

2. 在 kaggle 中查找图片数据集,对感兴趣的图片进行分析,并搭建合适的神经网络模型进行训练。

9.4　一行代码实现语音交互——百度飞桨应用体验

9.4.1　应用介绍

深度学习框架是为深度学习开发而生的工具,是函数库和预训练模型等资源的总和。百度深度学习平台 PaddlePaddle(中文名为飞桨)就是一种深度学习框架。该平台包括计算机视觉、自然语言处理、语音识别等领域,可以在平台上进行模型搭建与训练,也可以直接调用已经训练好的模型。除基本的模型外,该平台还提供了大量的人工智能入门教程。

9.4　一行代码实现语音交互——百度飞桨应用体验

飞桨平台首页如图 9-23 所示。

在飞桨框架中,用于进行语音识别、语音合成、声音分类等语音交互功能的模型库叫作 paddlespeech,接下来将体验通过该库实现简单的语音交互功能。

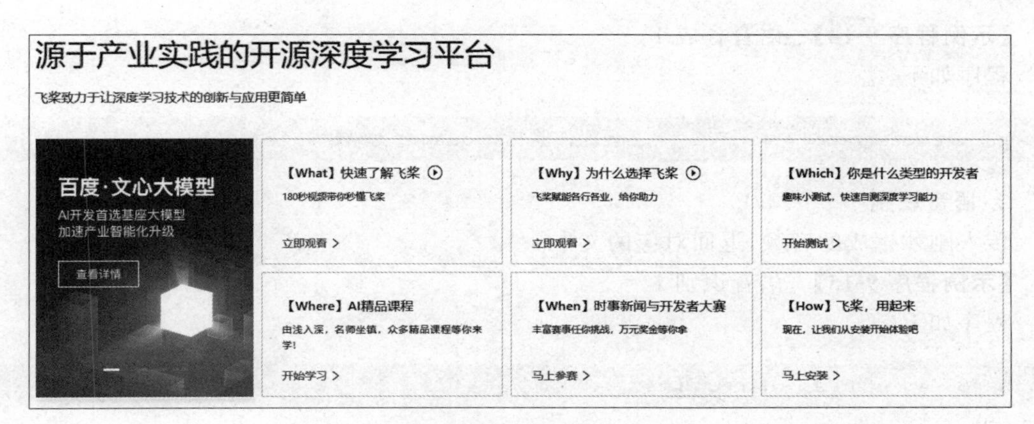

图 9-23　飞桨平台首页

9.4.2　安装过程

要实现语音交互功能，还需要安装 paddlespeech 库，官方建议从不同的镜像源进行下载。

【示例程序 9-13】　安装 paddlespeech 库。

程序如下：

```
pip install paddlepaddle -i https://mirror.baidu.com/pypi/simple
pip install paddlespeech -i https://pypi.tuna.tsinghua.edu.cn/simple
```

在安装时需要注意的是，该库对 numpy 版本及 Python 版本都有要求：2.2.1 版本的 paddlepaddle 库需要 numpy 库版本低于 1.19.3 且高于 1.13，Python 版本高于 3.5。

如 numpy 版本错误，系统将会报错，如“paddlepaddle 2.2.1 requires numpy<=1.19.3，>=1.13；python_version >= "3.5" and platform_system == "Windows", but you have numpy 1.20.3 which is incompatible.”。可以使用如下命令安装 numpy 库的特定版本。

```
pip install numpy==1.19.3 -i https://mirror.baidu.com/pypi/simple
```

9.4.3　命令行调用

在成功安装 paddlespeech 库后，在命令行中输入对应代码，即可实现语音交互功能。

首次调用这些功能时，各会下载一个约 40MB 的模型，且需要花费较长时间读取模型，如果在读取完成后，通过循环语句重复调用识别或合成的功能，实现速度会变得更快。如需要了解函数的更多参数作用，请在资源包给出的网址中查看。

1. 语音合成

向模型中传入字符串'人工智能体验'，返回一段对应的音频 test.wav。由于使用命令行进行操作，该音频文件会生成于当前路径，如命令行路径为 C:\Users\Administrator>，则音频文件也会出现在该位置。

【示例程序 9-14】 语音合成 1。

程序如下:

```
paddlespeech tts --input '人工智能体验' --output test.wav
```

2. 语音识别

传入刚才生成的音频,返回对应的文本。

【示例程序 9-15】 语音识别 1。

程序如下:

```
paddlespeech asr --input test.wav
```

程序运行结果如下:

```
[    INFO] [log.py] [L57] -ASR Result: 人工智能体验
```

9.4.4 Python API 接口

借助 Python,同样能够实现以上效果。

1. 语音合成

【示例程序 9-16】 语音合成 2。

程序如下:

```
from paddlespeech.cli import TTSExecutor
tts_executor =TTSExecutor()
wav_file =tts_executor(text='人工智能体验',output='test.wav')
```

2. 语音识别

【示例程序 9-17】 语音识别 2。

程序如下:

```
from paddlespeech.cli import ASRExecutor
asr_executor =ASRExecutor()
text =asr_executor(audio_file='test.wav')
print('ASR Result: ',text)
```

练习题

上机实践题

1. 阅读百度 API 文档,了解 API 的调用方法,优化自己的人工智能应用,加入语音交互的功能。

2. 访问百度 AI 开放平台,体验最新的 AI 大模型,如 AI 绘图、AI 生成文本等。

第 10 章　Python 应用开发

本章导读

距离终点还有多远？只有最后 1 千米。

相信看到这一页的你已经基本掌握了 Python 语言的语法、算法和数据结构，战马已备好、宝剑已出鞘，该到一展身手的时候了。

你想用 Python 语言来做什么？Web 应用、网络爬虫、数据分析、人工智能、桌面软件、游戏开发……只有你想不到，没有 Python 做不到的。

想批量下载大量图片或文本数据一定需要网络爬虫，本章 10.1 节通过解析应用实例，带你走进网络爬虫的精彩世界。大量的开发框架和成熟的模板技术，使 Python 在 Web 开发中如虎添翼，本章 10.2 节利用 Flask 轻型框架，通过开发网页版 ToDoList 案例，带你快速学习 Web 开发知识。Python 提供了很多类库用于游戏开发，本章 10.3 节使用 turtle 模块开发五子棋游戏，并通过多个实践案例对游戏编程进行深入探讨。

除此之外，你还可以结合硬件，把创意物化，做出一个个新奇的创客作品。本章 10.4 节通过展示掌控板在室内光线分析系统中的应用，介绍开源硬件基础理论和项目开发过程。

10.1　爬虫入门

10.1　爬虫入门

10.1.1　网络爬虫概述

网络爬虫是按照一定规则模拟人类访问互联网，自动抓取万维网上信息的程序或者脚本，也称为蚂蚁、自动索引、模拟程序或者蠕虫等。

10.1.2　网络爬虫步骤

网络爬虫工作时一般分三个步骤，即向服务器申请网页、解析网页文档和存储数据文件。

1. 向服务器申请网页

用户在浏览器地址栏中输入网址访问网站服务器，本质是向服务器发送请求，服务器收到请求后，返回网页内容。如果爬虫直接请求服务器，一般会被网站拒绝，因此，需要在程序中编写代码，模拟成浏览器向服务器发送请求。

网站服务器通常用 headers 中的 User-Agent 值和 host 的值来判断是否为用户访问。

因此,爬虫在请求网页的时候,需要在自己的计算机中查看本机浏览器的信息参数,并将这些信息参数复制到程序中,让程序成功模拟浏览器。

以访问豆瓣 Top 250 图书网址 https://book.douban.com/top250 为例,需要先查看浏览器参数信息:用浏览器打开要爬取的网页;按 F12 键或选择"更多工具"→"开发者工具";单击 Network,再单击 Doc;单击左侧网址 https://book.douban.com/top250,往下翻页找到 headers,查看 Request Headers 的 User-Agent 字段,直接复制并构造成字典形式。接下来,编写程序,实现用程序模拟浏览器访问,如果成功访问,将会接收到一个响应状态码,状态码值为 200,说明网页可以正常访问。

【示例程序 10-1】 设置 headers,模拟浏览器访问。

程序如下:

```
import requests
url =' https://book.douban.com/top250'              #  创建需要爬取网页的地址
#  创建头部信息
headers ={
    'User-Agent': 'Mozilla/5.0 (Windows NT 10.0; Win64; x64)
    AppleWebKit/537.36 (KHTML, like Gecko)
    Chrome/87.0.4280.66 Safari/537.36'}
response =requests.get(url, headers=headers)        #  发送网络请求
print(response.status_code)              #  打印响应状态码,如果等于 200 说明请求成功
```

2. 解析网页文档

用浏览器打开豆瓣 Top 250 图书网址,网页中的图片和文字布局如图 10-1 所示。

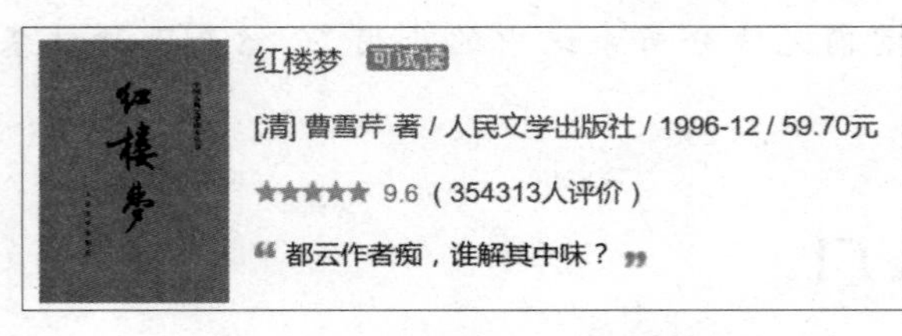

图 10-1　网页中的图片和文字布局

要获取书籍名称、作者、出版社、出版日期、价格、评分、评价人数等信息,并保存到 Excel 文件中。一张网页是一个 HTML 文档,要获取文档中的数据,首先需要定位到相关信息。现以 XPath 为例来定位网页数据。

1) XPath 概述

XPath 的全称为 XML Path Language,即 XML 路径语言,是在 XML 和 HTML 文档中查找信息和提取数据的语言。HTML 语言用标签来表示,每个 HTML 的标签称为节点。如打开豆瓣 Top 250 图书主页后,选中《红楼梦》的书籍信息,右击并选择"检查"命令,如图 10-2 所示。

可以发现,评价数据(354313 人评价)所在的层级依次为<div>下的多层<div>下的<span>和</span>内。观察图 10-2 可以发现,需要的其他数据信息所在标签如表 10-1 所示。

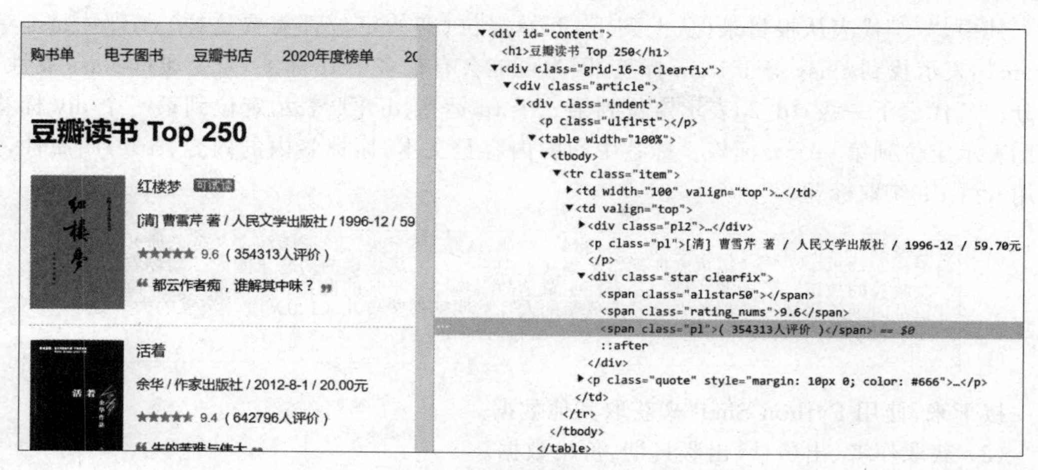

图 10-2　查看网页源代码

表 10-1　其他数据信息所在标签

数　据	相关标签
书籍名称	在<a href =…></a>的标签内
作者、出版社	在<p classs = "pl"></p>的标签内
评分	在<span classs = "rating_nums"></span>的标签内
评价人数	在<span classs = "pl"></span>的标签内
一句话概括	在<span classs = "inq"></span>的标签内

2）XPath 语法

如何通过程序来提取这些数据呢？XPath 通过路径表达式来选取 XML 文档中的节点或者节点集，如表 10-2 所示。

表 10-2　XPath 语法

表达式	描　述
nodename	选中该元素
/	从根节点选取，或者是元素和元素间的过渡
//	从匹配选择的当前节点中选择文档中的节点，跨节点获取标签
@	选取属性
.	当前节点
text()	选取文本

（1）获取书籍名称数据。

```
from lxml import etree
bs=etree.HTML(html.text)
book_title=bs.xpath('//tr[@class ="item"]/td[2]/div[1]/a[1] /@title')
print(book_title)
```

其中，“//”代表从根目录（从上到下）开始定位（初始定位都需要这样）；tr[@class = "item"]表示找到 class 等于 item 标签，因为可能会有很多个 tr 标签，需要通过 class 属性来区分；"/"代表下一级；td[2]表示定位到第二个 td 标签；div[1]表示定位到第一个 div 标签；a[1]表示定位到第一个 a 标签。标签中间的内容是文本，而标签内的内容（title）叫属性，这里用/@title 获取标题。

```
['红楼梦', '活着', '百年孤独', '1984', '飘', '三体全集', '三国演义（全二册）', '白夜行', '小王子', '福尔摩斯探案全集（上中下）', '房思琪的初恋乐园', '动物农场', '撒哈拉的故事', '天龙八部', '安徒生童话故事集', '平凡的世界（全三部）', '围城', '霍乱时期的爱情', '局外人', '追风筝的人', '明朝那些事儿（1-9）', '沉默的大多数', '人类简史', '月亮和六便士', '哈利·波特']
>>> |
```

接下来，使用 Python Shell 来获取其他数据。

(2) 获取作者、出版社、出版日期、价格数据。

```
>>>bs.xpath('//tr[@class ="item"]/td[2]/p[@class="pl"]')[0].text
[清]曹雪芹著/人民文学出版社/1996-12/59. 70 元
>>>|
```

(3) 获取评分数据。

```
>>>bs.xpath('//tr[@class ="item"]/td[2]/div[2]/span[2]')[0].text
9.6
>>>|
```

(4) 获取评价数据。

先获取评价数据，再去除空字符串、左括号和右括号。

```
>>>bs.xpath('//tr[@class ="item"]/td[2]/div[2]/span[3]' )[0].text
(
                354322 人评价
)
>>>|
>>>bs.xpath('//tr[@class ="item"]/td[2]/div[2]/span[3]' )[0].text.replace(' ',
'') .replace('\n','') .replace('(','') .replace(')','')
354322 人评价
>>>|
```

(5) 获取书籍概括数据。

```
>>>bs.xpath('//tr[@class ="item"]/td[2]/ p[@class="quote"]/span' )[0].text
都云作者痴，谁解其中味？
>>>|
```

3. 存储数据文件

分析完如何获取单个数据后，尝试进行这一页的数据爬取。本页有 25 条数据记录，获取到的数据信息都存储在对应的列表中，通过构造一个 DataFrame，将获取到的数据存储到

Excel 中。程序代码如下。

【示例程序 10-2】 单页数据爬取。

程序如下：

```
#  用 requests 库的 get()方法发起请求,获取网页源代码
import re
import requests
import pandas as pd
#  1. 向服务器申请网页
headers ={
    'User-Agent': 'Mozilla/5.0 (Windows NT 6.1; WOW64) AppleWebKit/537.36
(KHTML, like Gecko) Chrome/63.0.3239.132 Safari/537.36'}
html =requests.get('https://book.douban.com/top250', headers=headers)
#  2. 解析网页文档
from lxml import etree
bs =etree.HTML(html.text)
result =pd.DataFrame()
book_title_list =[]
book_info_list =[]
book_score_list =[]
book_comment_num_list =[]
book_brief_list =[]
for i in range(25):
    #  书籍中文名
    book_title =bs.xpath('//tr[@class ="item"]/td[2]/div[1]/a[1] /@title')[i]
    book_title_list.append(book_title)
    #  书籍信息
    book_info =bs.xpath('//tr[@class ="item"]/td[2]/p[@class="pl"]')[i].text
    book_info_list.append(book_info)
    #  评分
    book_score =bs.xpath('//tr[@class ="item"]/td[2]/div[2]/span[2]')[i].text
    book_score_list.append(book_score)
    #  评论人数由于数据不规整,用字符串方法对数据进行了处理
    book_comment_num =bs.xpath('//tr[@class ="item"]/td[2]/div[2]/span[3]')
[i].text.replace(' ', '').strip('(\n').strip('\n)')
    book_comment_num =int(re.findall(r'\d+', book_comment_num)[0])
    book_comment_num_list.append(book_comment_num)
    #  一句话概括
    book_brief =bs.xpath('//tr[@class ="item"]/td[2]/p[@class ="quote"]/span')
[i].text
    book_brief_list.append(book_brief)
#  3. 存储到 Excel 文件
df1 =pd.DataFrame({
    "书籍名称": book_title_list,
    "书籍信息": book_info_list,
```

```
    "评分": book_score_list,
    "评论人数": book_comment_num_list,
}, columns=["书籍名称", "书籍信息", "评分", "评论人数"])
print(df1)
df1.to_excel(excel_writer='demo.xlsx', index =False,sheet_name='sheet_1')
```

10.1.3 爬取多页数据

有了第 1 页的数据，观察第 2 页的 URL 为 https://book.douban.com/top250? start＝25，第 3 页的 URL 为 https://book.douban.com/top250? start＝50。依次浏览，一直到第 10 页，发现第 10 页的 URL 为 https://book.douban.com/top250? start＝225。可以看出网址前面的结构都是不变的，决定页数的关键参数是 start 后面的数字，25 代表第二页，50 代表第三页，以此类推。

```
base_url ='https://book.douban.com/top250?start={}'
for i in range(0, 250, 25):
    url =base_url.format(i)
print(url)
```

程序的运行结果如下：

```
https://book.douban.com/top250?start=0
https://book.douban.com/top250?start=25
https://book.douban.com/top250?start=50
https://book.douban.com/top250?start=75
https://book.douban.com/top250?start=100
https://book.douban.com/top250?start=125
https://book.douban.com/top250?start=150
https://book.douban.com/top250?start=175
https://book.douban.com/top250?start=200
https://book.douban.com/top250?start=225
```

【示例程序 10-3】 多页数据爬取。

程序如下：

```
#  用 requests 库的 get()方法发起请求，获取网页源代码
import re
import requests
import time
import pandas as pd
#  1. 向服务器申请网页
base_url ='https://book.douban.com/top250?start={}'
headers ={
    'User-Agent': 'Mozilla/5.0 (Windows NT 6.1; WOW64) AppleWebKit/537.36
    (KHTML, like Gecko) Chrome/63.0.3239.132 Safari/537.36'}
#  2. 解析网页文档
from lxml import etree
book_title_list =[]
book_info_list =[]
book_score_list =[]
```

```
    book_comment_num_list =[]
    book_brief_list =[]
    for i in range(0, 250, 25):
        url =base_url.format(i)
        time.sleep(2)
        html =requests.get(url, headers=headers)
        bs =etree.HTML(html.text)
        for i in range(25):
            #  书籍中文名
            book_title =bs.xpath('//tr[@class ="item"]/td[2]/div[1]/a[1] /@title')
            [i]
            book_title_list.append(book_title)
            #  书籍信息
            book_info =bs.xpath('//tr[@class ="item"]/td[2]/p[@class="pl"]')
            [i].text
            book_info_list.append(book_info)
            #  评分
            book_score =bs.xpath('//tr[@class ="item"]/td[2]/div[2]/span[2]')
            [i].text
            book_score_list.append(book_score)
            #  评论人数由于数据不规整,用字符串方法对数据进行了处理
            book_comment_num =bs.xpath('//tr[@class ="item"]/td[2]/div[2]/span[3]
            ')[i].text.replace(' ', '').strip(
                '(\n').strip('\n)')
            book_comment_num =int(re.findall(r'\d+', book_comment_num)[0])
            book_comment_num_list.append(book_comment_num)
    #  3.存储到 Excel 文件
    df2 =pd.DataFrame({
        "书籍名称": book_title_list,
        "书籍信息": book_info_list,
        "评分": book_score_list,
        "评论人数": book_comment_num_list,
    }, columns=["书籍名称", "书籍信息", "评分", "评论人数"])
    print(df2)
    df2.to_excel(excel_writer='demo-多页.xlsx', index =False)
```

XPath 是广泛应用的数据解析方式。它的解析原理是实例化一个 etree 对象,且需要将被解析的页面源代码数据加载到该对象中,调用 etree 对象中的 XPath 方法并结合 XPath 表达式实现标签的定位和内容的捕获。数据的可视化将在后续的章节中介绍,在本小节配套的电子资源中有完整的代码。

10.1.4 爬取图片

爬取图片的步骤和爬取网页数据的步骤一致,打开需要爬取的网页后,在网页上右击,选择“检查”命令,可以查看到网页的源代码,发现图片的 url 地址一般包含在 src 中。

如图 10-3 所示,可以通过路径表达式//a//img/@src 得到图片的 url 列表。编写程序,将本页面的图片爬取下来,存储在 img 文件夹中,如果在.py 的同一级目录下不存在 img 文件夹,则自动创建文件夹。程序代码如下。

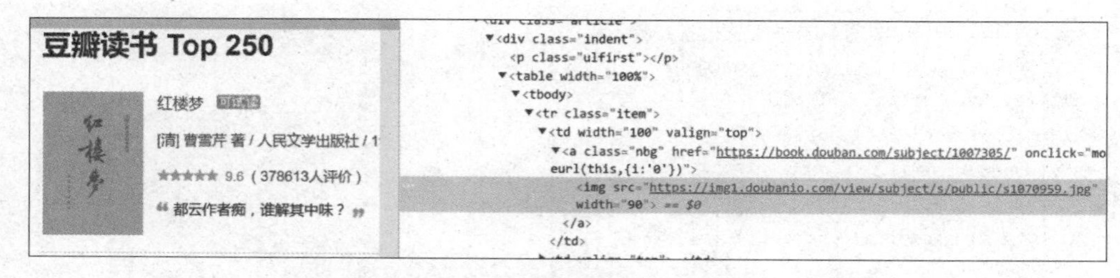

图 10-3　查找图片对应的标签

【示例程序 10-4】 爬取图片。

程序如下：

```
#  用 requests 库的 get()方法发起请求,获取网页源代码
import requests
from lxml import etree #   etree 模块用于 XPath 解析
import os
#  1. 向服务器申请网页
headers ={
    'User-Agent': 'Mozilla/5.0 (Windows NT 6.1; WOW64) AppleWebKit/537.36
(KHTML, like Gecko) Chrome/63.0.3239.132 Safari/537.36'}
url ='https://book.douban.com/top250'
#  2. 解析网页文档并保存图片
from lxml import etree
def spider(url,headers):
    #  返回对象是网页源代码,要加上 text
    response =requests.get(url=url,headers=headers).text
    #  实例化一个 etree.HTML 对象,使其能够进行 XPath 解析
    tree =etree.HTML(response)
    #  找到所有图片的 url,返回的是一个列表
    img_url =tree.xpath('//a//img/@src')
    print(img_url)
    try:
        for index,ele in enumerate(img_url):
            #  图片为二进制保存形式,用 content 属性
            img =requests.get(url=ele,headers=headers).content
            img_type =ele[-4:]                        #  得到图片的格式,为.jpg 或.gif
            img_path ='./img/' +str(index) +img_type      #  图片的保存地址
            with open(img_path,'wb') as fp:                  #  必须为 wb
                fp.write(img)
                print(str(index) +img_type ,"爬取成功")
    except Exception:
        pass
if __name__ =='__main__':
    if not os.path.exists('img'):
        os.mkdir('img')
    spider(url,headers)
```

XPath 是广泛应用的数据解析方式。它的解析原理是实例化一个 etree 的对象，且需要将被解析的页面源代码数据加载到该对象中，调用 etree 对象中的 XPath 方法并结合

XPath 表达式实现标签的定位和内容的捕获。

练习题

上机实践题

1. 打开 https://www.lagou.com 网站，运用 requests 库的 post()方法发起请求，获取网页。

2. 爬取豆瓣电影 Top 250 信息。

10.2 Web 应用开发

10.2 Web 应用开发

10.2.1 Web 应用介绍

Web 应用开发包括前端和后端，前端开发需要具备 HTML 知识，后端开发需要熟悉服务端语言和数据库管理系统，包括 Web 框架、模板引擎和数据库等。常见 Python Web 框架有 Django、Flask、Tornado、bottle 和 FastAPI 等。其中 Flask 是一个轻型框架，适合初学者学习，可以快速开发一些简单的 Web 应用，也非常适用于小型网站的应用开发。

Flask 依赖两个核心组件，即 werkzeug 和 jinja2，werkzeug 是作为其基础的 WSGI（Web server gateway interface，Web 服务器网关接口），jinja2 是其默认的模板引擎。在 Python 3 环境中，用 pip install flask 命令安装 Flask 模块，系统会自动安装好这两个必备组件。

10.2.2 Web 应用页面规划

本小节将开发一个 ToDoList 网站，该网站功能主要是实现待办事项的显示、增加、删除、更新，助力我们更有效率地工作。ToDoList 网站主页面效果如图 10-4 所示。

图 10-4 ToDoList 网站主页面效果

确认各个功能模块后，需要编写相应的 Web 应用程序，设计出浏览器显示的网页内容页面。该网站的页面规划如图 10-5 所示。

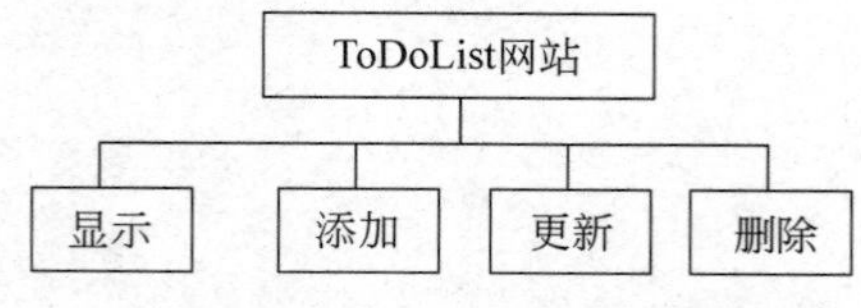

图 10-5　ToDoList 网站页面规划

10.2.3　Web 应用程序编写流程

使用 Flask 框架编写网络应用的流程如图 10-6 所示。

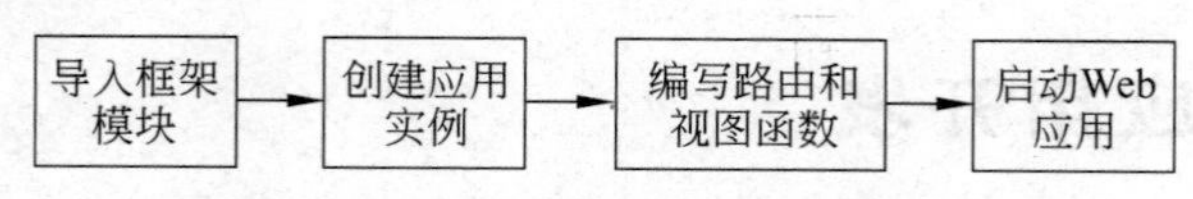

图 10-6　Flask 框架编写网络应用的流程

(1) 导入框架模块,以便在程序代码中使用框架提供的功能,代码如下:

```
from flask import Flask              #  导入 Flask
```

(2) 创建应用实例。为 Web 应用程序创建 Flask 类的对象,即创建一个应用实例 App,App 已经具备了 Web 应用的基本功能,代码如下:

```
app =Flask(__name__)          #  创建一个 Web 应用的实例 App
```

(3) 编写路由和视图函数。用于建立 URL 到程序代码的关联,代码如下:

```
@app.route('/')                         #  指明地址是根目录
def index():                            #  当请求的地址符合路由规则时,就会进入该函数
    return '<p>Hello, World!</p>'       #  <p></p>在网页中表示段落
```

(4) 启动 Web 应用程序,代码如下:

```
if __name__ =='__main__':               #  启动 Web 服务器
    app.run()
```

启动程序,发现如图 10-7 所示的界面,说明 Web 应用创建成功了。

```
* Serving Flask app "1" (lazy loading)
* Environment: production
□[31m   WARNING: This is a development server. Do not use it in a production de
ployment.□[0m
□[2m   Use a production WSGI server instead.□[0m
* Debug mode: off
* Running on http://127.0.0.1:5000/ (Press Ctrl+C to quit)
```

图 10-7　Web 应用程序运行效果图

在浏览器的地址栏中输入 http://127.0.0.1:5000/,说明用户在向 Web 服务器发出请求,Web 服务器会把请求发送给 Flask 应用实例 App,应用程序通过路由和视图函数将

URL 与代码相关联，将“Hello，World!”返回到浏览器中作为网页内容显示，如图 10-8 所示。

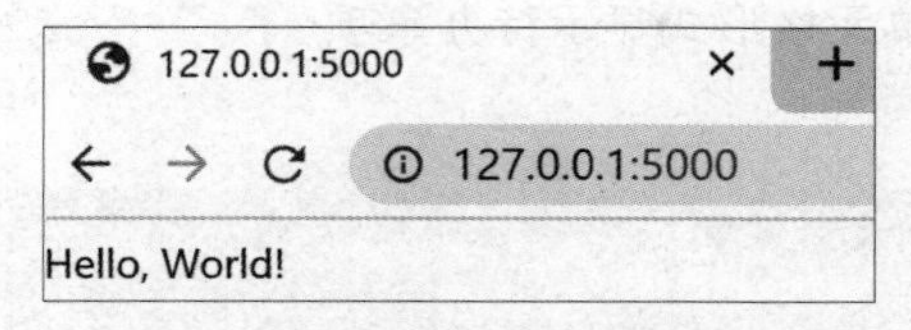

图 10-8 浏览器网页返回效果

10.2.4 Web 应用程序实现

根据 ToDoList Web 应用的框架图，该网站网页文件 list.html 用于显示数据库中的数据记录；add.html 用于添加待办事项，也就是往数据库中新增一条数据记录；update.html 用于更新数据库中的某一数据记录；删除功能是根据 id 删除一条数据记录，并不需要额外的网页，但是也会有一个 URL。因此，ToDoList 网站有 4 个网址，通过路由和视图函数关联，如图 10-9 所示。

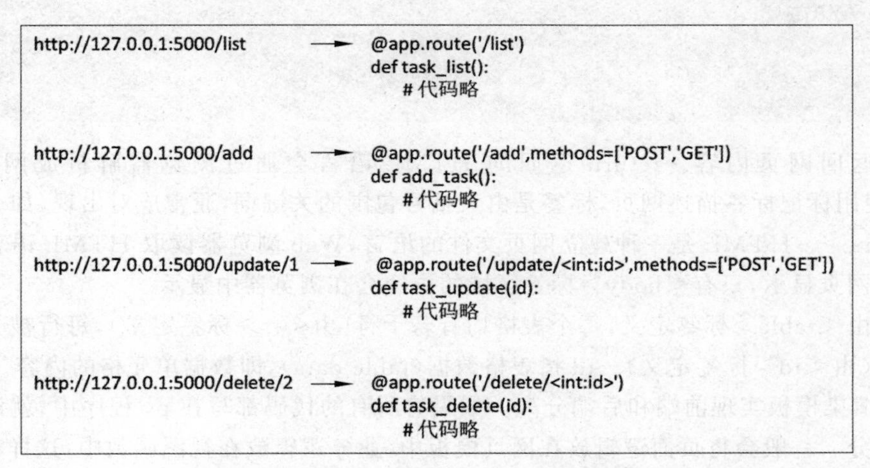

图 10-9 URL 通过路由和视图函数关联

1. 显示待办事项

在浏览器的地址栏中输入 http://127.0.0.1:5000/list，返回待办事项的表格，如图 10-10 所示。

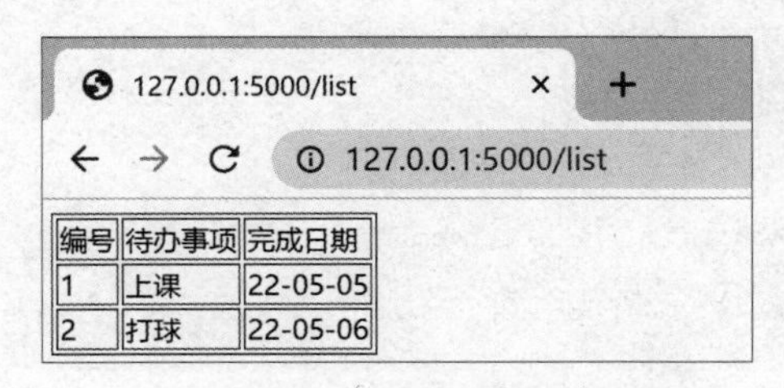

编号	待办事项	完成日期
1	上课	22-05-05
2	打球	22-05-06

图 10-10 显示待办事项的网页效果

要实现这样的网页显示功能,可以参考使用 Flask 框架编写网络应用的流程,更改路由和视图函数,再修改 return 后的内容即可。程序如下。

【示例程序 10-5】 以单元格形式显示待办事项。

程序如下:

```
from flask import Flask
app =Flask(__name__)
@app.route('/list')
def task_list():
    return '''
     <html>
       <body>
         <table border="1">
           <tr><td>编号</td><td>待办事项</td><td>完成日期</td></tr>
           <tr><td>1</td><td>上课</td><td>22-05-05</td></tr>
           <tr><td>2</td><td>打球</td><td>22-05-06</td></tr>
         </table>
       </body>
     </html>
       '''
if __name__=='__main__':                # 启动 Web 服务器
    app.run()
```

(1) 返回网页内容。return 返回的 HTML 语言会通过浏览器解析成网页内容。HTML 使用标记标签描述网页,标签是由尖括号包围的关键词,通常成对出现,如<html>和 </html>。HTML 是一种建立网页文件的语言,Web 浏览器读取 HTML 语言后会将其解析为网页显示,只有<body>标签区域的内容会在浏览器中显示。

表格由<table>标签定义,每个表格均有若干行(由<tr>标签定义),每行被分割为若干单元格(由<td>标签定义)。td 指表格数据(table data),即数据单元格的内容。

(2) 渲染模板实现前端和后端分离。如果将所有的代码都写在 py 程序中,就没有前端和后端之分。一般会将页面逻辑放在网页模板中,业务逻辑放在视图函数中,这样有利于代码的维护。HTML 语法被独立出来,放在独立的网页文件中作为前端,py 文件作为后端,后端需要导入 render_template 模块,作用是渲染模板,即返回网页文件。后端代码如下。

【示例程序 10-6】 渲染模板。

程序如下:

```
from flask import Flask ,render_template
app =Flask(__name__)
@app.route('/list')
def task_list():
    return render_template('list.html')
if __name__=='__main__':
    app.run()
```

在 py 同一个文件夹下创建一个新的文件夹 templates,注意命名要严格一致。在 templates 文件夹下创建文件 list.html,内容如下:

```
<html>
  <body>
    <table border="1">
      <tr><td>编号</td><td>待办事项</td><td>完成日期</td></tr>
      <tr><td>1</td><td>上课</td><td>22-05-05</td></tr>
      <tr><td>2</td><td>打球</td><td>22-05-06</td></tr>
    </table>
  </body>
</html>
```

(3) jinja2 实现数据传输。网页文件 list.html 是静态 HTML 文件，数据是固定的。能不能让数据从后端传送到前端，实现动态更新数据功能呢？jinja2 可以让静态 HTML 文件变成由变量进行数据传输的动态网页。比如，将待办事项存放在列表 data 中，从后端传输到前端，后端程序代码如下。

【示例程序 10-7】 网页数据传输。

程序如下：

```
from flask import Flask ,render_template
app =Flask(__name__)
@app.route('/list')
def task_list():
    data =[(1,"上课","22-05-05"),
           (2,"打球","22-05-06")]
    return render_template('listok.html',tasks =data)
if __name__ =='__main__':
    app.run()
```

在 templates 文件夹下创建文件 listok.html，输入内容如下：

```
<html>
    <body>
      <table border="1">
        <tr><td>编号</td><td>待办事项</td><td>完成日期</td></tr>
        {%for i in tasks %}
          <tr><td>{{i[0]}}</td><td>{{i[1]}}</td><td>{{i[2]}}</td></tr>
        {%endfor %}
      </table>
    </body>
  </html>
```

启动 app.run()后，在浏览器的地址栏中输入 http://127.0.0.1:5000/list，会将变量 data 的值传到模板文件中并赋值给变量 tasks。jinja2 中所有的控制语句都放在{%... %}中，表达式的值放在{{ ... }}中。比如，{% for i in tasks %}表示循环语句，要以{% endfor %}作为结束。上述代码中的 i 表示列表中的元组，要得到编号，用 i[0]表示，放在{{ ... }}中可将表达式的值显示出来。

(4) 从 SQLite 数据库中读取数据。数据一般存储在数据库中，可以选择 SQLite 数据库。SQLite 是一个轻量级、跨平台的关系型数据库，具有独立性、零配置、开放性、占用资源低等特点。基本操作由 SQL 语句完成,包括创建数据库,连接数据库,创建数据表,创建数据记录,删除数据记录,查询数据记录,更新数据记录。

常见的命令如下:

```
conn =splite3.connect('test.db')        #  创建一个数据库 test.db
cur =conn.cursor()       #  创建一个数据库光标,使用光标对数据表进行增、删、改、查等工作
#  创建一张 users 表,如果不存在
cur.execute('CREATE TABLE IF NOT EXISTS users(name text,age int )')
#  插入数据到指定的 users 表中
cur.execute('INSERT INTO users (name,age)VALUES("city","19")')
#  删除数据 name 字段值为 jack 的数据
cur.execute('DELETE FROM users WHERE name="jack"')
#  将 name 字段值为 city 的数据的 name 字段值修改为 hentai,age 字段值修改为 33
cur.execute('UPDATE users SET name="hentai",age=33 WHERE name ="city"')
#  增、删、改都需要提交修改
conn.commit()
#  查询所有数据
cur.execute('SELECT * FROM users ')
#  查询 name 字段值为 city 的数据
cur.execute('SELECT * FROM users WHERE name="city"')
#  获取所有记录
result =cursor.fetchall()
#  获取一条记录
result =cursor.fetchone()
```

在 ToDoList Web 应用中,可以创建数据库和数据表,并从数据表中读取数据。后端代码如下。

【示例程序 10-8】 创建数据表并插入数据记录。

程序如下:

```
import sqlite3
conn =sqlite3.connect('test.db')   #  创建或连接数据库 test.db
cur =conn.cursor()                 #  创建游标对象 cur
cur.execute("CREATE TABLE tasks ( id INTEGER NOT NULL PRIMARY KEY AUTOINCREMENT,
task TEXT, date TEXT, state TEXT) ")      #  创建数据表 tasks
#  写入两条数据
cur.execute("INSERT INTO tasks VALUES(1,'上课','22-05-05','未完成')")
cur.execute("INSERT INTO tasks VALUES(2,'打球','22-05-06','未完成')")
conn.commit()                      #  提交事务
cur.execute("SELECT * FROM tasks ")#  查询 tasks 表中所有的记录
data =cur.fetchall()               #  获取所有记录结果
print(data)
cur.close()                        #  关闭游标
conn.close()                       #  关闭连接
```

执行程序后,会在当前文件夹中创建一个名为 test.db 的数据库。通过 CREATE 语句创建一张名为 tasks 的数据表,表中有 id、task、date 和 state 四个字段,通过 INSERT 语句在数据表 tasks 中插入两条数据,通过 SELETE 语句查询所有记录并输出,最终输出结果是

[(1,'上课','22-05-05','未完成'),(2,'打球','22-05-06','未完成')]。

将上述代码加入示例程序 10-7 中,用变量 data 通过数据库读取,再传输到网页文件中。完整的后端程序代码如下。

【示例程序 10-9】 读取数据。

程序如下:

```
from flask import Flask ,render_template
import sqlite3
app =Flask(__name__)
@app.route('/list')
def task_list():
    conn =sqlite3.connect("test.db")      #  创建或连接数据库 test.db
    cur =conn.cursor()                    #  创建游标对象 cur
    cur.execute("SELECT * FROM tasks ")   #  查询 tasks 表中所有的记录
    data =cur.fetchall()                  #  获取所有记录结果
    print(data)
    cur.close()                           #  关闭游标
    conn.close()                          #  关闭连接
    return render_template('listok.html',tasks =data)
if __name__ =='__main__':
    app.run()
```

2. 添加待办事项

在浏览器的地址栏中输入 http://127.0.0.1:5000/add,返回添加待办事项页面,如图 10-11 所示。

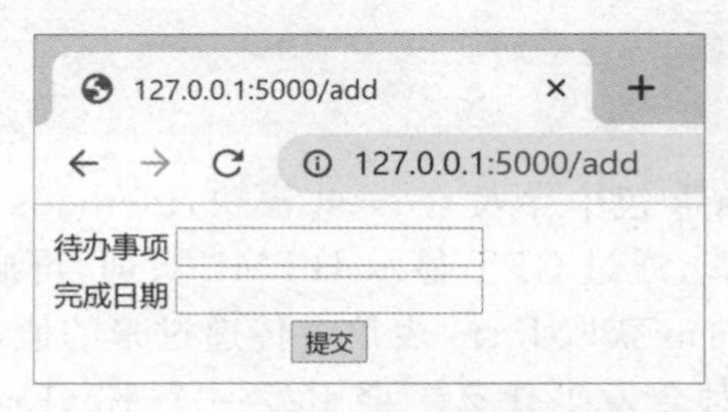

图 10-11　添加待办事项网页效果

从网页中可以看出,用户需要通过表单输入待办事项和完成日期,并将数据传送到服务器端。为了处理请求数据,需要从 Flask 模块导入 request。request 的 form 本质上是一个字典对象,method 是当前请求方法。前端网页文件 add.html 中包含表单的代码如下。

```
<!DOCTYPE html>
<html>
  <body>
    <table>
    </tr>
    <form action="" method="POST">
    <tr><td>待办事项</td><td><input type="text" name="task"></td></tr>
    <tr><td>完成日期</td><td><input type="text" name="date"></td></tr>
    <tr><td></td><td><center><input type="submit" value="提交"></center></
    td></tr>
```

```
        </form>
        </table>
    </body>
</html>
```

HTML 表单用于收集不同类型的用户输入,<input type="text"> 定义用于文本输入的单行输入字段,第一个输入框的名字是 task,第二个输入框的名字是 date,<input type="submit">用于向程序提交表单按钮,method 属性规定在提交表单时所用的 HTTP 方法(GET 或 POST),可以理解为用 URL 访问网页是 get()方法,用网页中的表单提交数据为 POST 方法。后端程序代码如下。

【示例程序 10-10】 获取表单数据。

程序如下:

```
@app.route('/add',methods=['POST','GET'])
def add_task():
    if request.method=="POST":
        task =request.form.get('task')
        date =request.form.get('date')
        state ='未完成'
        conn =sqlite3.connect('test.db')
        cur =conn.cursor()
        cur.execute('INSERT INTO tasks(task,date,state) VALUES(?,?,?)',(task,
date,state))
        cur.close()
        conn.commit()
        conn.close()
        return redirect('/list')
    return render_template('add.html')
```

在后端程序中,先从 Flask 包中导入 request 模块,methods=['POST','GET']代表允许 POST 与 GET 请求两种方式,通过 GET 显示 HTML 页面,再通过 POST 提交数据。表单提交数据时,使用 request.form 获取 form 表单中传递过来的值,如 request.form['task'],当 form 属性中不存在这个键时会发生什么?会引发一个 KeyError,所以最好写成 request.form.get('task')。后端程序接收到数据后,会将数据写入数据库 test.db 中。

redirect 是重定向函数,输入一个 URL 后,会自动跳转到另一个 URL 所在的地址,例如,return redirect('/list')实现在浏览器端提交请求后,从 http://127.0.0.1:5000/add 跳转到 http://127.0.0.1:5000/list。url_for 函数接收视图函数作为参数,返回视图函数对应的 URL,return redirect('/list')和 return redirect(url_for('task_list'))是一样的效果。

3. 删除待办事项

删除待办事项比较简单,就是对数据库执行删除操作后再返回 list.html 页面。一般情况下要根据待办事项的 id 编号删除,因此后端代码要传入 id 编号参数。代码如下。

【示例程序 10-11】 根据 id 删除待办事项。

程序如下:

```
@app.route('/delete/<int:id>')
def task_delete(id):
    conn =sqlite3.connect('test.db')
```

```
    cur = conn.cursor()
    cur.execute('DELETE FROM tasks WHERE id=? ',(id,))
    cur.close()
    conn.commit()
    conn.close()
    return redirect(url_for('task_list'))
```

在浏览器的地址栏中输入 http://127.0.0.1:5000/delete/1，将删除 id 为 1 的数据记录。在 URL 路径/delete/<int:id>中，参数 id 被作为 task_delete()函数的参数传递，这种路由被称为带参数的路由。

4. 更新待办事项

在浏览器的地址栏中输入 http://127.0.0.1:5000/update/2，返回更新待办事项页面，如图 10-12 所示。

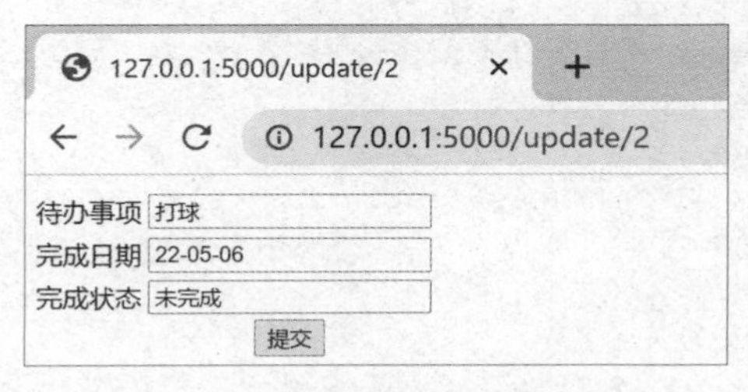

图 10-12　更新待办事项网页效果

更新待办事项页面的 URL 与删除待办事项的 URL 类似，都根据 id 编号进行操作，update.html 页面中也是一个表单，默认值为原来 id 编号对应的值。前端网页 update.html 中包含表单的代码如下：

```
<!DOCTYPE html>
<html>
  <body>
    <table>
    <form action="" method="POST">
    <tr><td>待办事项</td><td><input type="text" name="task" value="{{task
    [1]}}"></td></tr>
    <tr><td>完成日期</td><td><input type="text" name="date" value="{{task
    [2]}}"></td></tr>
    <tr><td>完成状态</td><td><input type="text" name="state" value="{{task
    [3]}}"></td></tr>
    <tr><td></td><td><center><input type="submit" value="提交"></center></
    td></tr>
    </form>
    </table>
  </body>
</html>
```

后端实现的程序如下。

【示例程序 10-12】 更新待办事项。

程序如下:

```
@app.route('/update/<int:id>',methods=['POST','GET'])
def task_update(id):
    if request.method =='GET':
        conn =sqlite3.connect('test.db')
        cur =conn.cursor()
        cur.execute('SELECT id,task,date,state FROM tasks WHERE id=? ',(id,))
        task =cur.fetchone()
        cur.close()
        conn.close()
        return render_template('update.html',task=task)
    else:
        task =request.form.get('task')
        date =request.form.get('date')
        state =request.form.get('state')
        conn =sqlite3.connect('test.db')
        cur =conn.cursor()
        cur.execute(' UPDATE tasks SET task =?, date =?, state =? WHERE id =? ',
(task,date,state,id))
        cur.close()
        conn.commit()
        conn.close()
        return redirect(url_for('task_list'))
```

GET 方法用于显示 HTML 页面,此时需要从数据库中查询 id 所在的数据记录,传送给网页端,作为默认值显示在表单中;POST 方法用于从表单获取数据并写入数据库中,从而达到提交更新数据的目的。

一个简单的 ToDoList 网站就做好了,如果想要让网站更美观,可以利用 HTML 中的图片插入、表格属性设置等功能,建议查询资料进行进一步的学习。

练习题

一、选择题

1. 本地 Flask Web 服务器的默认网址是(　　)。

A. 128.0.0.1:5000　　B. 127.0.0.1:5000

C. 127.0.0.1:80　　D. www.flask.com

2. 用 Flask 框架编写 Web 应用程序,有如下代码:

```
app=Flask(__name__)                                    ①
from flask import Flask                                ②
@app.rout('/') def index()      #  功能代码略          ③
app.run()                                              ④
```

为实现上述功能，上面语句执行的先后顺序是(　　)。

A. ①②③④　　B. ②①③④　　C. ①③②④　　D. ②①④③

3. 有如下程序：

```
from flask import Flask              #  导入 Flask 框架模块
app=Flask(__name__)                  #  创建应用实例
@app.route("/")                      #  路由
def index():                         #  视图函数
return "<p>Index Page</p>"
```

执行程序后，在浏览器中输入网址 127.0.0.1：5000/，网页显示的内容为(　　)。

A. <p>/</p>　　B. /

C. <p>Index Page</p>　　D. Index Page

4. 编写 B/S 架构的"室内环境监测系统"，主页模块编写完成后，访问主页 URL 为 http：//127.0.0.1：5000/get？ id=1。主页路由代码如下：

```
from flask import Flask              #  导入 Flask 库
app =Flask(__name__)
____①____                            #  使用 get 传输参数的路由
def first_flask(age):                #  视图必须有对应接收参数
#  显示网页内容部分,代码略
if __name__ =='__main__':
app.run()
```

其中下画线①处应填写的代码为(　　)。

A. app.route('/id=1')

B. @app.route('/id=1')

C. @app.route('/', methods=['GET'])

D. @app.route('/', methods=['post'])

5. 在 Flask Web 应用框架中，可以通过网页模板显示内存变量的值或对象等，以下在模板文件 index.html 中用于显示内存变量 mtxt 值的正确代码为(　　)。

A. {{mtxt}}　　B. {%mtxt%}

C. {{txt}}　　D. {%txt%}

二、上机实践题

请编写一个输入账号和密码的基于 Flask 开发的网站，可参考图 10-13。

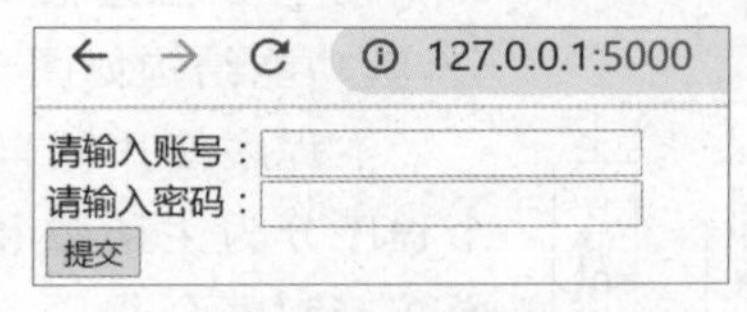

图 10-13　网站参考图

10.3 游戏开发应用

10.3　游戏开发应用

10.3.1 游戏介绍

五子棋是世界智力运动会竞技项目,是两人对弈的策略型棋类游戏。游戏双方分别使用黑、白两色棋子下在棋盘竖线与横线的交叉点上,先形成5子连线者获胜。标准棋盘横竖各15条线,互相交叉形成225个点作为棋子位置,如图10-14所示。

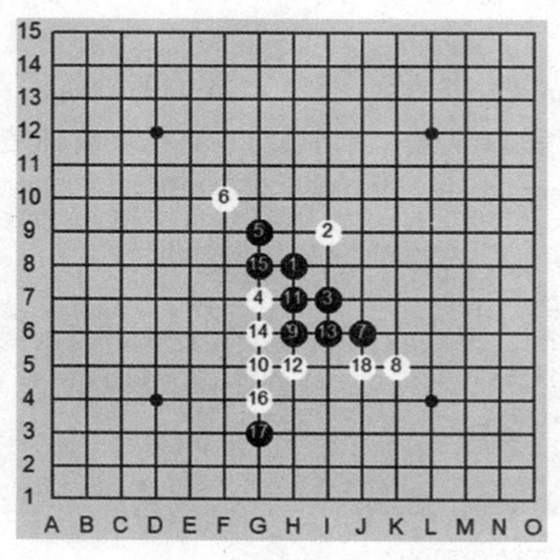

图10-14　五子棋游戏界面

Python提供了很多库用于游戏开发,如pygame、pyglet等。使用这些库,可以方便实现绘制窗口、用户界面事件处理、加载图像和动画等功能。Python内置的turtle(海龟绘图)模块也提供了动画控制和屏幕响应功能,可以实现与玩家的良好互动。

10.3.2 编程思路

本程序创建了一个五子棋对弈平台,主要提供下棋、判断胜负和存储棋谱功能。所有画面由turtle模块绘制而成,不需要使用附加的图片资源文件,只需要根据游戏逻辑,实现相关功能模块即可。

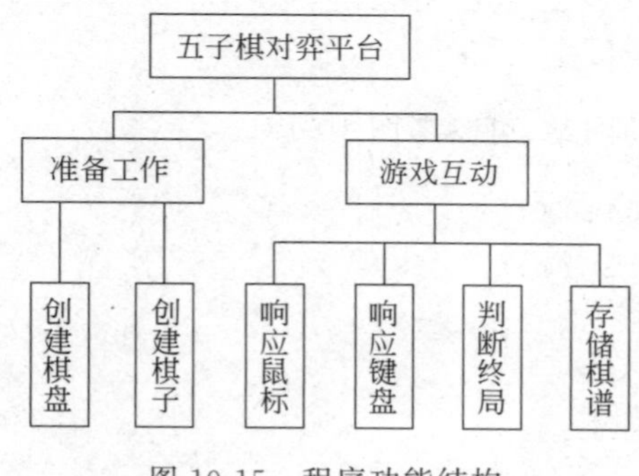

图10-15　程序功能结构

程序功能包括准备工作和游戏互动两个部分,其功能结构如图10-15所示。

本程序使用面向过程的模块化编程方法,整个程序分为主函数和功能模块两大部分,其中主函数控制整个程序流程,并通过调用各功能模块函数来实现游戏功能。其代码结构如图10-16所示。

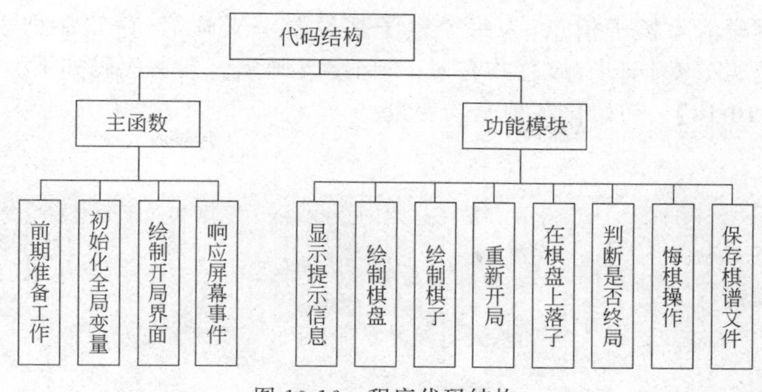

图 10-16　程序代码结构

10.3.3　编程实现之主函数

1. 前期准备

前期准备包括导入 turtle 和 time 模块、创建 Screen 对象、设置主画笔和文本画笔属性等。为方便绘图，除绘制棋盘的主画笔外，还有一支专用于绘制提示信息的文本画笔。参考代码如下。

【示例程序 10-13】　前期准备。

程序如下：

```
import turtle as *
import time
TurtleScreen._RUNNING =True              # 启动绘图,在 IDE 中运行时加这句可避免报错
game =Screen()
ht()                                     # 隐藏笔头
bgcolor('Khaki')
pensize(2)
tracer(0)
info_pen =Pen()                          # 为显示提示信息,设置一只画笔
info_pen.ht()
info_pen.color('red')
info_pen.pensize(2)
```

2. 初始化各种全局变量

为规范绘制棋盘，需要设置好棋盘的路数、格子宽度、左下角坐标和星位坐标。

列表 qp 记录当前棋谱，其元素值为一个元组，表示棋子在棋盘上的行列坐标。例如，当 qp=[('H', 8), ('I', 9), ('I', 7)]时，表示当前棋盘上下了 3 手棋，坐标依次是('H', 8), ('I', 9), ('I', 7)，刚好对应如图 10-14 所示的前 3 手棋。终局时将棋谱存储到文本文件中。

二维列表 gobang_map 存储棋盘上棋子信息，每一个棋盘交叉点都设置标记，行列下标对应棋子在棋盘上的坐标，元素值为元组(type,num)，type 表示棋子类别(0、1、2 分别表示白、黑、空)，num 表示落子序号。type 初始值为 2，num 值为 0，表示棋盘上还没有落子。

变量 gobang_num 记录走子编号，初值为 0，落子增 1，悔棋则减 1。

元组 gobang_color = ('white', 'black')存储棋子颜色，根据黑棋先行、双方交替落子的规则，可知编号为 gobang_num 棋子的颜色恰好是 gobang_color[gobang_num % 2]。

为方便悔棋时清除棋子信息,为每个棋子都设置一支画笔,存储在列表 gobang_pens 中。因为最多走 size×size 步,故总共有 size×size 支画笔。参考代码如下。

【示例程序 10-14】 初始化各种全局变量。

程序如下:

```
#  size、gobang_d、(x0, y0)分别存储了棋盘的路数、格子宽度和左下角坐标
size, gobang_d, x0, y0 =15, 30, -300, -200
star_pos =[('D', 4),('D', 12),('H', 8),('L', 4),('L', 12)]  #  星位
qp =[]                              #  存储当前棋谱
#  为每一个棋盘交叉点都设置标记,元组元素分别表示棋子类别和落子序号
gobang_map =[[(2, 0) for i in range(size)] for j in range(size)]
gobang_num =0                       #  记录走子编号
gobang_color =('white', 'black')
gobang_pens =[Pen() for i in range(size * size+1)]
                                    #  为每一次落子都设置一支画笔,最多走 size×size 步
for p in gobang_pens:
    p.ht()                          #  隐藏笔头
```

3. 绘制开局界面

在下棋之前需要先绘制开局界面,如图 10-17 所示。

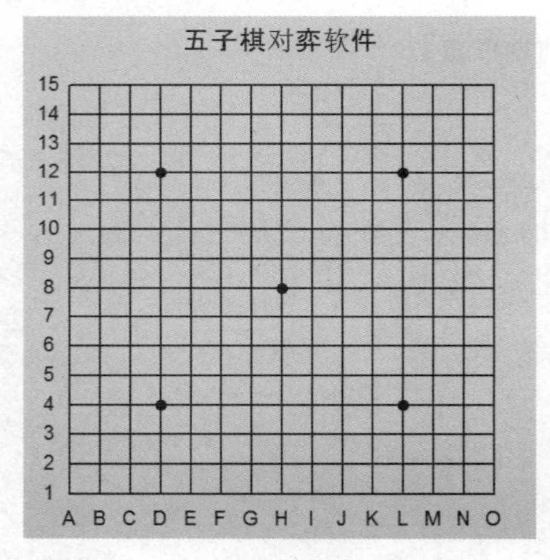

图 10-17　五子棋游戏开局界面

先调用 draw_info()函数绘制标题,再调用 draw_gobang_board()函数画棋盘,具体参数值在前面定义全局变量时已经设置好了。参考代码如下。

【示例程序 10-15】 绘制开局界面。

程序如下:

```
draw_info(x0+7 * gobang_d, y0+size * gobang_d, '五子棋对弈软件', tt)
draw_gobang_board(size, gobang_d, x0, y0, star_pos)        #  画 size 路棋盘
```

4. 响应屏幕事件

主函数的末尾实现响应屏幕事件功能,分别监听鼠标单击和键盘响应事件。其中左击时调用 play_gobang()函数表示落子,右击时调用 cancel_gobang()函数表示悔棋;按空格键时调

用 save_file()函数存储棋谱，按 Enter 键时调用 draw_start()函数重新开局。参考代码如下。

【示例程序 10-16】 响应屏幕事件。

程序如下：

```
onscreenclick(play_gobang, 1)          #  左击(落子)
onscreenclick(cancel_gobang, 3)        #  右击(撤销刚才的落子)
listen()
onkeypress(save_file, 'space')         #  键盘响应，按下空格键(存储棋谱)
onkeypress(regain_start, 'Return')     #  键盘响应，按下 Enter 键(重新开局)
done()
```

代码说明：turtle 使用 onclick(fun, btn=1, add=None)函数来响应单击鼠标事件，其中 fun 是该事件绑定的函数名。调用 fun 函数时，系统自动传入两个参数表示在画布上单击的坐标。btn 表示鼠标按钮编号，默认值为 1(鼠标左键)，也可以设置为 2(鼠标中间滚轮)或 3(鼠标右键)。

turtle 使用 onkeypress(fun, key=None)函数来响应按键事件，绑定 fun 指定的函数到指定键的按下事件，如未指定键则绑定到任意键的按下事件。为了能够注册按键事件，必须先调用 listen()函数得到焦点。

10.3.4 编程实现之功能模块

draw_gobang_board()、draw_gobang()和 play_gobang()等自定义函数主要完成各个功能模块，其中部分函数要用到 gobang_num 和 gobang_map 全局变量。

1. 显示提示信息

自定义函数 draw_info()显示标题和终局胜负等文字信息，函数头注释及参考代码如下。

【示例程序 10-17】 显示提示信息。

程序如下：

```
defdraw_info(x, y, text, mypen):     #  x、y 显示信息位置;text 显示信息内容;mypen 为
                                         当前画笔对象
    mypen.clear()
    mypen.penup()
    mypen.goto(x, y)
    mypen.pendown()
mypen.write(text, align='center', font=('Arial', 20, 'normal'))
```

代码说明：程序创建了一支专门的画笔 mypen 用来书写提示信息，每次写字之前先调用 turtle 模块的 clear()函数清除 mypen 已绘制的文字(如果有)，然后把笔移动到指定位置书写指定文本 text。

为避免移动过程中留下痕迹，需要先调用 penup()函数将画笔抬起来，等到达目的地(x,y)后，再调用 pendown()函数把笔放下，最后调用 write()函数书写文本内容。此处规定了字体样式，你也可以自行修改。

2. 绘制棋盘

对弈开局时需要绘制一个空白的五子棋棋盘(见图 10-17)，设置自定义函数 draw_

gobang_board()来完成此功能。规范的五子棋棋盘为 15×15 路,为了实现函数的通用性,可设置棋盘的路数为 n,以便绘制任意路数的棋盘;为了控制棋盘大小和位置,可以指定格子宽度和左下角坐标;为了绘制表示星位的黑点,还需要提供各星位的坐标。函数头注释及参考代码如下。

【示例程序 10-18】 绘制棋盘。

程序如下:

```
def draw_gobang_board(n, d, x0, y0, star_pos):    # n 表示棋盘的路数;d 表示棋盘格子宽度;x0、y0 表示棋盘左下角坐标;star_pos 表示存储了星位坐标的元组
    for command in ('写字母', '写数字'):
        if command =='写字母':
            x, y =x0, y0 -d * 1.2
            a ='ABCDEFGHIJKLMNOPQRSTUVWXYZ'
        else:
            x, y =x0 -d * 2 / 3, y0 -d / 3
            a =list(range(1,n+1))
        for c in a[:n]:
            penup()
            goto(x, y)
            pendown()
            write(c, align='center', font=('Arial', 15, 'normal'))
            if command =='写字母':
                x +=d
            else:
                y +=d
    for command in ('画横线', '画竖线'):
        x, y =x0, y0
        for i in range(n):
            penup()
            goto(x, y)
            pendown()
            forward(d * (n-1))
            if command =='画横线':
                y +=d
            else:
                x +=d
        right(-90)
    for x, y in star_pos:        # 画星位
        penup()
        x =x0 +d * (ord(x) -ord('A'))
        y =y0 +(y -1) * d
        goto(x, y)
        pendown()
        dot(12)
```

代码说明:程序分三步完成绘制棋盘功能,先以左下角为坐标原点,根据棋盘格子宽度,在指定位置书写坐标轴标记(横轴为大写字母 A~O,纵轴为数字 1~15);然后依次绘制 n 条横线和竖线,画出棋盘的格子;最后根据参数 star_pos 提供的星位坐标,在指定位置绘制圆点。此处规定圆点的大小为 12,你也可以自行修改,以获得最佳的视觉效果。

3. 绘制棋子

如果每次落子后都重新绘制整个棋盘，将耗费大量时间和资源。为提高程序效率，专门设置了一个绘制棋子的函数 draw_gobang()。根据下棋的顺序，为每个棋子都设置一个编号 num，每个棋子都对应一支画笔。这样无论是下棋还是悔棋，都可以单独绘制或清除该棋子，而不会影响其他棋子。程序使用大小适当的黑色(或白色)圆点表示棋子，并在棋子上书写编号。函数头注释及参考代码如下。

【示例程序 10-19】 绘制棋子。

程序如下：

```
defdraw_gobang(d, x, y, num, mypen, sleep_time):  # d表示棋盘格子宽度;x、y表示棋子中心坐标;num表示棋子编号;mypen 表示当前画笔对象;sleep_time表示暂停时间,以显示走子效果
    # 画棋子
    mypen.color(gobang_color[num%2])
    mypen.penup()
    mypen.goto(x, y)
    mypen.pendown()
    mypen.dot(d*4/5)
    # 显示手数编号
    mypen.color(gobang_color[(num+1)%2])
    mypen.penup()
    mypen.goto(x, y-d/4)
    mypen.pendown()
    mypen.write(num, align='center', font=('Arial', 13, 'normal'))
    time.sleep(sleep_time)
```

代码说明：程序先将画笔移动到棋子中心点所在位置，然后根据棋盘格子宽度绘制大小适当的圆点来表示棋子，其颜色由棋子编号决定(奇数为黑色，偶数为白色)；然后把笔移动到棋子中心略偏下位置书写棋子数字编号，数字的颜色与棋子颜色刚好相反。为了显示走子效果，绘制好棋子和编号后，程序暂停 sleep_time 秒。

4. 重新开局

当按下 Enter 键时，调用函数 regain_start()重新开局。为提高程序效率，不需要每次重新开局时都绘制整个棋盘，只需要清除所有的棋子即可。具体算法为遍历所有的棋子画笔，清除其绘制的棋子，然后还原棋盘矩阵各元素值为(2, 0)，并重新设置全局变量 gobang_num 的值为 0。函数头注释及参考代码如下。

【示例程序 10-20】 重新开局。

程序如下：

```
def regain_start():
    global gobang_map, gobang_num
    for p in gobang_pens:
        p.clear()
    gobang_map =[[(2, 0) for i in range(size)] for j in range(size)]
    gobang_num =0 #  记录当前落子的编号
```

5. 在棋盘上落子

单击时,调用 play_gobang(x, y)函数在棋盘上落子,其中参数 x 和 y 表示鼠标在屏幕上单击的坐标。为记录棋谱和绘制棋子,需要先把坐标(x,y)转换成棋盘矩阵的行列下标(i,j),并判断棋子是否落在棋盘上。若(i,j)处可以落子,则将落子信息添加到棋谱中,并修改棋盘矩阵和绘制棋子;若落下该棋子取得胜利,则在屏幕上显示终局信息。函数头注释及参考代码如下。

【示例程序 10-21】 在棋盘上落子。

程序如下:

```
def play_gobang(x, y):                              #  x、y表示鼠标在画布上单击的坐标
    global gobang_num, gobang_map
    i =int((y -y0) / gobang_d +0.5)                 #  四舍五入获得行号减 1 对应下标
    j =int((x -x0) / gobang_d +0.5)                 #  四舍五入获得列号减 1 对应下标
    if 0 <=i <size and 0 <=j <size:                 #  单击棋盘上的交叉点
        if gobang_map[i][j][0] ==2:                 #  该处没有棋子,可以落子
            qp.append((chr(j +ord('A')), i+1))      #  添加到棋谱列表中
            gobang_num +=1                          #  落子编号增 1
            gobang_map[i][j] =(gobang_num %2, gobang_num)
            pos_x, pos_y =x0 +j * gobang_d, y0 +i * gobang_d
            draw_gobang(gobang_d, pos_x, pos_y, gobang_num, gobang_pens[gobang_
num], 0)
            if is_win(i, j):
                draw_info(x0+ (size+ 2.5) * gobang_d, y0+ (size- 2) * gobang_d,
gobang_color[gobang_num %2] +'win!', info_pen)
```

代码说明:程序设置棋子编号 gobang_num 和棋盘矩阵 gobang_map 为全局变量。因为鼠标单击的位置不一定准确地落在棋盘交叉点上,所以需要四舍五入将坐标修正到离单击位置最近的交叉点上,并将画布坐标(x,y)转换成棋盘矩阵的行列下标(i,j)。注意棋盘矩阵中左下角的行列下标值为(0,0),其对应的棋谱坐标为('A',1)。

列表 qp 记录当前棋谱,其元素值为一个元组,表示棋子在棋盘上的行列坐标。其中行坐标为 i+1,列坐标需要使用 chr()函数将数字 j 转换成对应的大写字母。

为了在棋盘上绘制棋子,需要把棋盘矩阵的行列下标(i,j)转换成画布坐标(pos_x, pos_y),这其实就是前面将(x,y)转换成(i,j)的逆操作,只不过此时的(pos_x, pos_y)比(x,y)更精确地指向棋盘交叉点。计算出(pos_x, pos_y),就可以调用 draw_gobang()函数在指定位置绘制当前落子。

函数 is_win(i, j)用来判断在棋盘上(i, j)位置落子后是否能获胜,若能获胜则调用 draw_info()函数,在棋盘右侧显示终局信息,提示棋局结束。

6. 判断指定位置的棋子是否获胜

为了提高程序效率,不需要遍历整个棋盘去判断是否出现五子连珠棋形,只需要在每次落子后,以该棋子为中心判断获胜条件即可。函数头注释及参考代码如下。

【示例程序 10-22】 判断指定位置的棋子是否获胜。

程序如下:

```
defis_win(r, c):                                    #  r、c 棋子在棋盘矩阵中的行列坐标
    if gobang_map[r][c][0] ==2:                     #  该点为空子,直接返回 False
```

```
        return False
    direction = ((0,1), (1,1), (1,0), (1,-1), (0,-1), (-1,-1), (-1,0), (-1,1))
    counts =[0] * 8                    # 记录各个方向上连续相同的棋子数量
    for i, r_c in enumerate(direction):
        for k in range(1, 6):          # 某一方向上最多考虑 5 个子
            new_r, new_c =r +r_c[1] * k, c +r_c[0] * k  # 相邻交叉点位置
            if 0 <=new_r <size and 0 <=new_c <size and gobang_map[new_r][new_c]
[0] ==gobang_map[r][c][0]:
                counts[i] +=1          # 在棋盘范围内统计该方向上连续同色棋子数量
            else:
                break
    for i in range(4):                 # 形成五子连珠说明已经获胜(不考虑长连禁手)
        if counts[i] +counts[i+4] >=4:
            return True
    return False
```

代码说明：程序使用二维数组 direction 记录某棋盘位置 8 个方向上行列坐标的变化情况。例如，(0,1)表示行坐标不变，列坐标加 1，即正东方向；又如(1,1)表示行坐标加 1，列坐标加 1，即东北方向，其他以此类推，(−1,1)表示行坐标减 1，列坐标加 1，即东南方向。

程序使用列表 counts 记录 8 个方向上连续同色棋子数量，初始值均为 0，之后遍历各个方向，统计该方向上连续同色棋子数量，直到越界或遇到非同色棋子为止。最后遍历 4 条直线(每条直线有两个方向，分别用 i 和 i+4 表示)，判断是否出现五子连珠，若出现五子连珠则返回 True；若 4 条直线上都没有出现五子连珠棋形，则返回 False。

7. 悔棋(撤销最近落子)

下棋时玩家可能会出现误操作，可以允许玩家撤销最近一次的落子。当玩家把鼠标放到最近一次落子位置，并右击时，程序删除棋谱列表的尾元素，从棋盘中清除该落子，并让落子编号减 1，同时修改棋盘矩阵的值，将其还原为空子。函数头注释及参考代码如下。

【示例程序 10-23】 悔棋。

程序如下：

```
def cancel_gobang(x, y):                        # x、y 表示鼠标在画布上单击的坐标
    global gobang_num
    i =int((y -y0) / gobang_d +0.5)             # 四舍五入获得行号减 1 对应下标
    j =int((x -x0) / gobang_d +0.5)             # 四舍五入获得列号减 1 对应下标
    if 0 <=i <size and 0 <=j <size:
        if len(qp) >0 and (chr(j +ord('A')), i+1) ==qp[-1]:
            del qp[-1]                          # 将当前落子信息从棋谱列表中退栈
            gobang_pens[gobang_num].clear()#    清除当前落子
            gobang_num -=1                      # 落子编号减 1
            gobang_map[i][j] =(2, 0)            # 还原为空子
```

8. 保存棋谱文件

按下空格键时，调用函数 save_file()保存棋谱。如图 10-18 所示，调用内置函数 textinput(title, prompt)后会弹出一个对话框，用来输入字符串。形参 title 为对话框的标题，prompt 为提示文本。函数返回输入的字符串，如果对话框取消则返回 None。

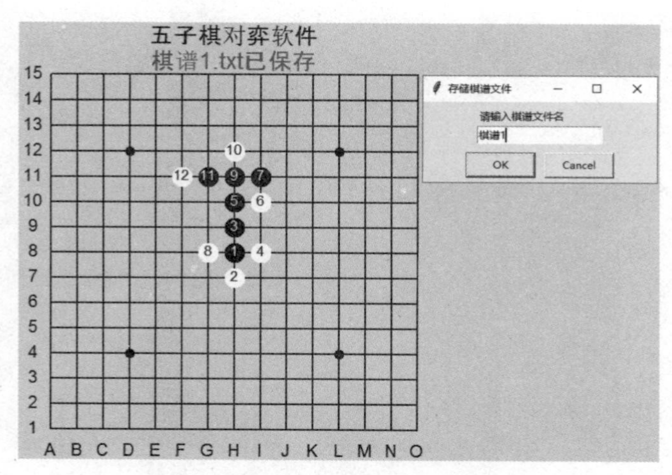

图 10-18　存储棋谱文件界面

从文本框中输入棋谱文件名,单击 OK 按钮后,函数返回该文件名,并判断其是否以“.txt”结尾,若不是则为其添加后缀名,以便创建文本文件。接下来程序自动打开棋谱文件,将棋谱列表 qp 写入该文件中,并在棋盘上方显示“*** 已保存”的提示信息。

函数头注释及参考代码如下。

【示例程序 10-24】 保存棋谱文件。

程序如下:

```
defsave_file():
    filename =textinput('存储棋谱文件', '请输入棋谱文件名')
    if filename:
        if '.txt' not in filename:
            filename +='.txt'
        with open(filename, 'w') as fp:
            fp.write(str(qp))        #  写入棋谱信息
            draw_info(x0+7*gobang_d, y0+(size-1)*gobang_d, filename+'已保存',
info_pen)                            #  显示已保存文件信息
    listen()                    #  因为利用键盘输入了字符,故需要重新监听键盘,否则失效
```

至此,五子棋对弈平台的全部代码就编写完成了。你可以运行程序,测试代码,找个朋友好好玩上一局。

练习题

上机实践题

1. 本书介绍的五子棋对弈平台功能仅提供了下棋、判断胜负和存储棋谱功能。存储棋谱是为了今后能够读取该棋谱,对棋局进行复盘,以提高棋手的对弈水平。

现在为该对弈平台增加更多功能,如“读取棋谱”功能,可以读取棋谱文件,并通过单击“前进”“后退”等按钮自动落子或撤销落子,也可以单击“终局”按钮,快速显示终局棋形。游

戏界面可以参考图 10-19，也可以自行设计更具个性的界面。

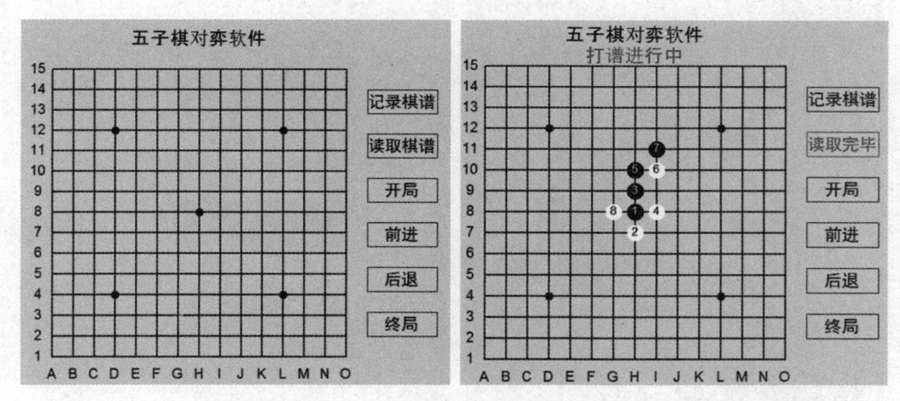

图 10-19　包含对弈和读取棋谱功能的五子棋对弈软件界面

2. 移动一根火柴棒使等式成立，是一种简单有趣的智力游戏。

如图 10-20 所示，移动火柴棒的方法有三种。

(1) 在数字内部移动火柴棒。例如，原始等式为 0＋2＝8，则可移动数字 0 的一根火柴棒，使其变成 6，从而获得正确等式 6＋2＝8。

(2) 在数字之间移动火柴棒。例如，原始等式为 9－7＝7，则可将中间数字 7 的一根火柴棒移到数字 9 上，使得 7 变成 1，9 变成 8，从而获得正确等式 8－1＝7。

(3) 在数字和运算符之间移动火柴棒。例如，原始等式为 2－3＝6，则可将数字 6 的一根火柴棒移到运算符上，使得－变成＋，6 变成 5，从而获得正确等式 2＋3＝5。

可以通过枚举不同运算符和操作数寻找所有可能的原始算术与答案，先创建题库，然后使用 turtle 模块绘制七段管数字模拟火柴棒算术式，再利用鼠标响应事件实现移动火柴棒功能。请你根据游戏规则编写程序，游戏界面可以参考图 10-21，也可以自行设计更具个性的界面。

0+2=8 ⇨ 6+2=8
9-7=7 ⇨ 8-1=7
2-3=6 ⇨ 2+3=5

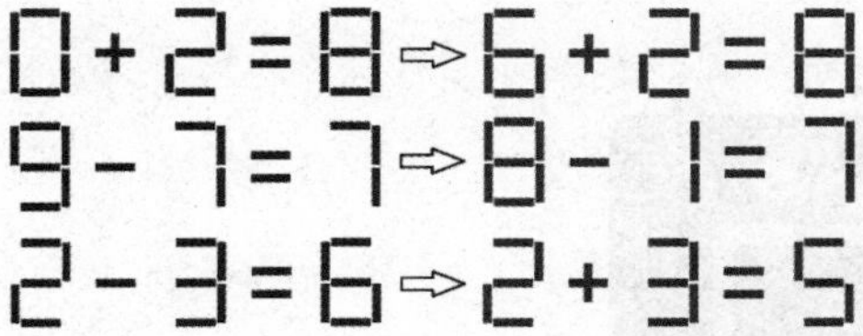

图 10-20　移动火柴算术游戏示例

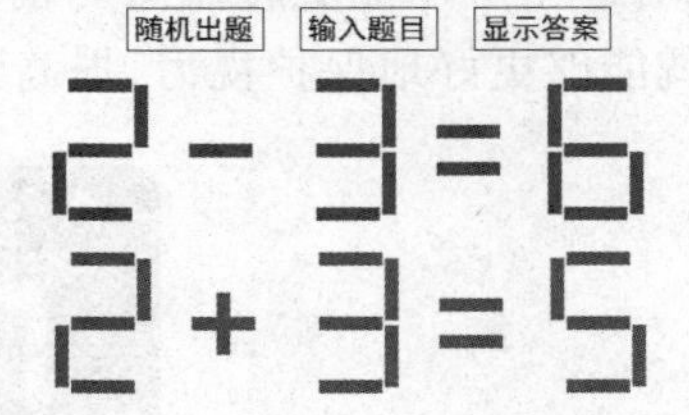

图 10-21　移动火柴算术游戏界面

3.“飞机大战”是一款非常经典的小游戏，常作为游戏编程的示范项目，游戏界面如图 10-22 所示。资源文件包含了“飞机大战”游戏的图片和字体素材，还提供了面向对象和面向过程两种不同风格的 Python 源代码。只需先下载安装 pygame 模块，就可以运行程序，尽享游戏的快乐。

程序提供了玩家鼠标操纵飞机和 AI 自动控制飞机两种模式，除了体验游戏，你可以修改代码，调整参数，替换图片，甚至增加功能模块，创作属于自己的“飞机大战”游戏。

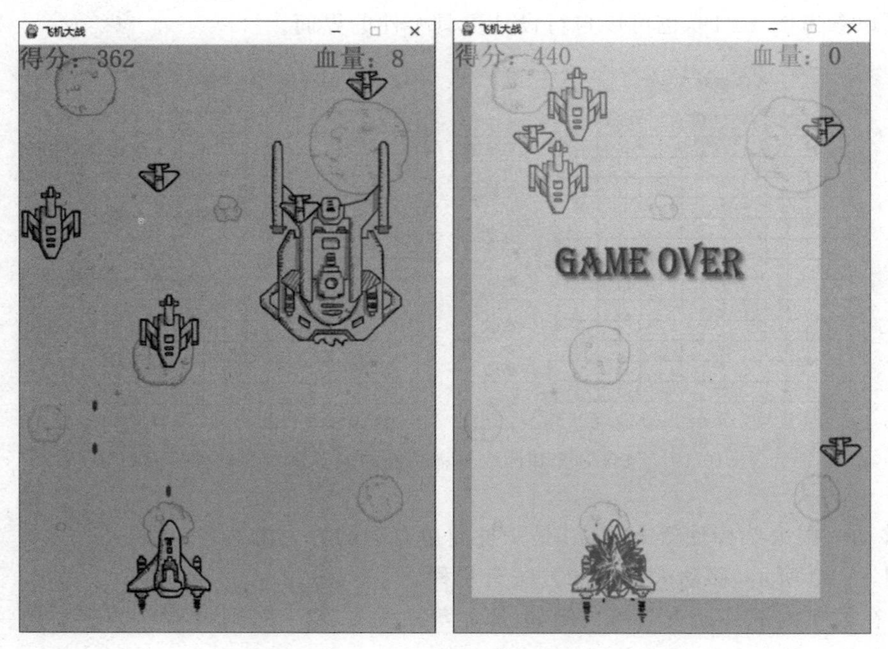

图 10-22 “飞机大战”游戏界面

10.4 信息系统应用

10.4 信息系统应用

10.4.1 应用介绍

Python 除了能够实现各种算法与应用，还能结合硬件，让创意物化，做出一个个新奇的创客作品。

环境光是影响视力的重要因素，学生长期在采光不适宜的环境中学习，会导致视力下降。如果有一个应用能实时监测当前环境中的光强度(见图 10-23)，并在强度不适宜时发出警告，就能够更好地保护视力，提高学习效率。

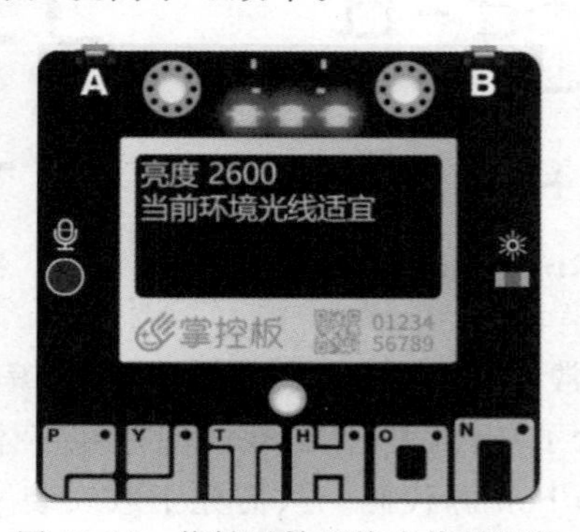

图 10-23 能够反馈环境光线的硬件

基于上述需求，本节将开发一个室内光线监测系统。在不搭载其他扩展板的情况下，借助一款名为掌控板的开源硬件就能完成整个应用。

10.4.2 知识基础

1. 开源硬件介绍

普通计算机不具备传感器和控制模块接口，一般要通过智能终端来实现。而在各种智能终端中，开源硬件(open source hardware)因其性价比高、易于编辑等优点，备受电子爱好者青睐。

开源硬件中的“硬件”，指的是计算机硬件，是计算机系统中由电子、机械和光电元件等组成的各种物理装置的总称。“开源”是指其遵循开源许可协议，将硬件电路原理图、材料清单、设计图以及相关工具等资料分享出来，供他人使用和再创作。

早在 1997 年，美国著名程序员布鲁斯·佩伦斯发起了“开源硬件认证计划”。开源硬件出现后，电子爱好者拥有了简单便宜的工具，可以自行开发程序与硬件实现创意。开源硬件代表着知识的传播，它是开源文化的一部分，能够让爱好者们拥有交流的平台，让使用、修正、开发程序的人越来越多。

开源硬件产品丰富、种类齐全。据不完全统计，当前市场上的开源硬件有上百种。如图 10-24 所示为三种较为常见的开源硬件。

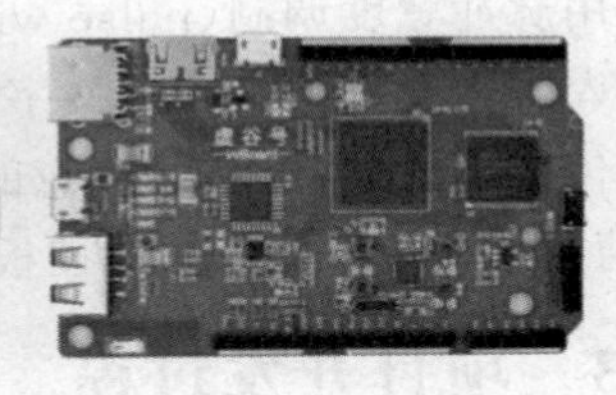

图 10-24 Arduino 电器板、2019 年发布的树莓派 4 和国产硬件虚谷号

2005 年，意大利某艺术学院的学生经常抱怨找不到便宜好用的微控制器，两位老师自主设计了 Arduino 电路板。经过多年的发展，该硬件已衍生出适用于不同开发需求的多个版本。2006 年，英国的 Eben Upton 等人创造了树莓派。它具备运行桌面操作系统的能力，只要外接输入硬件，就能成为一台微型计算机。虚谷号是一款具有中国特色的国产开源硬件。这款开源硬件继承了 Arduino、树莓派等开源硬件的优点。其开发目标是：能够满足不同阶段使用者的需求，支持 Python 和网络，性能和成本优于树莓派，能够兼容大部分 Arduino 项目。

本小节项目中使用的掌控板(见图 10-25)由国内教育团队开发，是面向创客教育的一款国产教学用的开源硬件。它支持 Wi-Fi 和蓝牙，配备 OLED 显示屏、RGB 灯等多种传感器，包含触摸开关、金手指外部拓展接口，使用 MicroPython 进行编程(运行于微处理器上的 Python 环境)。

2. 传感器理论知识

借助开源硬件接收传感器返回的信号。根据信号的去向，可以将开源硬件的信号分为输入信号和输出信号。信号分为模拟信号与数字信号，模拟信号以连续变化的物理量存在，数字信号则是离散的信号，二者间的区别就像水银温度计与电子温度计间的区别。

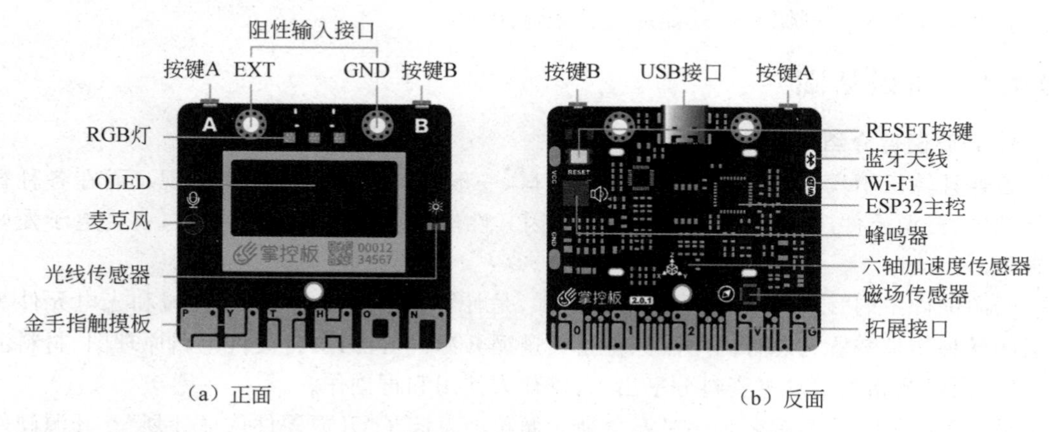

（a）正面　　（b）反面

图 10-25　掌控板

传感器的数字信号有 0 与 1 两种状态，常见的数字输入信号有开关的接通与断开以及按钮的按下和弹起。常见的数字输出信号可以被用于控制灯的亮与灭以及电动机的启动与关闭等。

模拟信号的取值是连续变化的，但开源硬件并不能直接返回真正意义上的模拟信号，因此会使用脉冲宽度调制（pulse width modulation，PWM）方案返回模拟值，在一些扩展板的信号输入口上看到 PWM 的文字标记，代表该口支持模拟信号通过。常见的模拟输入信号读取自传感器的数值，需要注意的是，不同硬件的量化精度不同，如有的硬件默认采用 10 位（模拟值范围是 0～1023），掌控板则是 12 位（模拟值范围是 0～4095）。

10.4.3　项目开发过程

1. 项目设计思路分析

要完成室内光线分析系统，需要使用光线传感器对室内光线进行测量，当光线不适宜时，可调用 LED 灯或 OLED 显示屏提醒用户，或是直接借助蜂鸣器进行警告。

硬件的具体位置可以参考图 10-25，或在掌控板官网进行查看。

2. 项目软件介绍：MicroPython 编辑程序

要对掌控板进行编程，可以使用图形化编程和纯文本代码编程。本小节使用纯文本代码编辑软件 BXY 进行编程，BXY 软件是一款运行于 Windows 平台的 MicroPython 编程 IDE，其界面简洁且提供了常见硬件的调试示例代码（见图 10-26）。资源包中提供了硬件连接及程序上传的教程。

为了方便调用掌控板上的传感器，BXY 软件中封装了许多函数。例如，light.read()函数能够读取掌控板上的光线传感器，返回模拟值；button_a.value()函数能够判断按钮 a 是否被按下，返回数字值，其他函数可以在示例代码中查询。

3. 项目硬件介绍：掌控板

（1）导入库。mPython 库中的内置函数可以实现基本的输入/输出功能，稍后用到的函数都来自该库。

```
from mPython import *
```

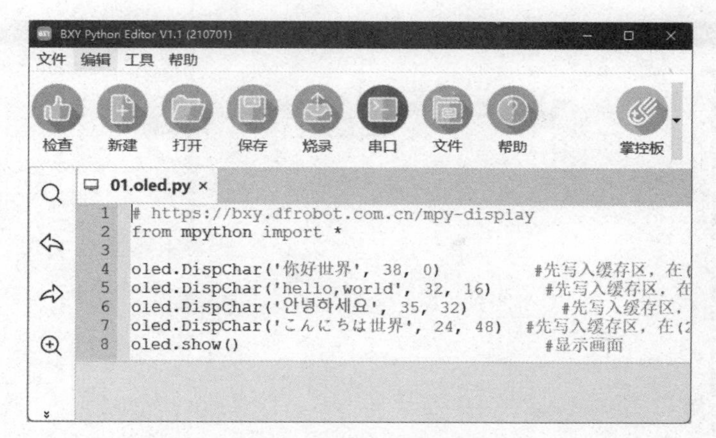

图 10-26　BXY 软件编程界面

（2）板载光线传感器。要读取掌控板附近的光线值，可以借助搭载于掌控板之上的光线传感器（见图 10-27），该传感器的返回值取值范围为 0～4095。通过 print() 函数输出后，单击“串口”按钮查看。

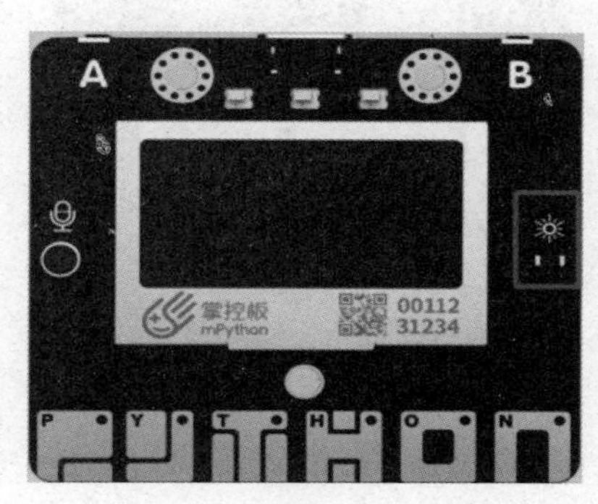

图 10-27　搭载于掌控板之上的光线传感器

（3）延时函数。延时函数最重要的就是时间参数，mPython 库中常用的延时函数有 sleep() 和 sleep_ms()，分别代表延时秒与延时毫秒。

（4）循环读取。借助循环函数，就能够实现每隔 1s 循环读取光强度的效果。

```
from mPython import *
while True:
    print(light.read())
sleep(1)
```

在菜单中单击串口后，运行结果如图 10-28 所示。

（5）板载 LED 灯。下方代码中的 rgb 是已预先定义好的 led 对象，只需要传入代表着 R、G、B 三种分量的数值，就可以控制 LED 的颜色与亮度。在定义好某个 LED 的颜色后，还需要调用 rgb.write() 函数才能亮起。位于掌控板上方的 LED 灯如图 10-29 所示。

图 10-28　在菜单中单击串口后弹出的界面

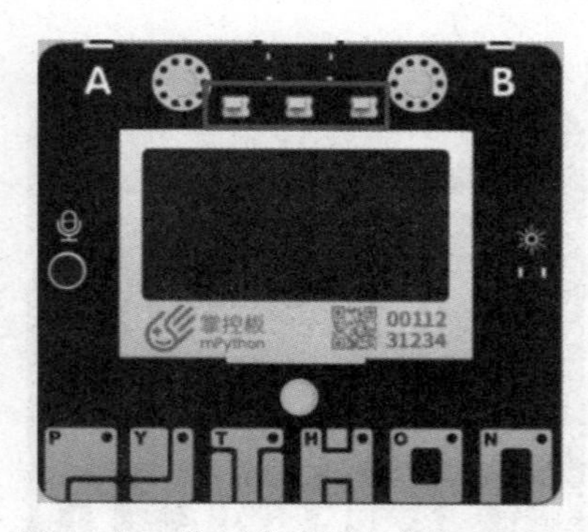

图 10-29　位于掌控板上方的 LED 灯

```
rgb[0] =(255, 0, 0)          #  设置为红色,全亮度
rgb[1] =(0, 128, 0)          #  设定为绿色,半亮度
rgb[2] =(0, 0, 64)           #  设置为蓝色,四分之一亮度
rgb.write()
```

(6) 板载 OLED 屏。在 OLED 中,可以显示线条、图形、文字等各种内容,其他显示线条的函数(如 oled.rline、oled.rect)可以在软件示例中查看,如图 10-30 所示。

```
oled.fill(0)                          #  清屏
oled.DispChar('你好世界', 38, 24)      #  先写入缓存区,在(38,24)处显示文字
oled.show()                           #  显示屏幕缓存中已有的内容
```

4. 项目源代码展示及分析

该程序能让掌控板持续亮灯,当光线超过上限时,LED 灯颜色由绿色变为红色,且亮度随光强度变化。注意 oled.fill()函数与 DispChar()函数之间的关系,错误的顺序可能导致文字被覆盖或不显示。程序实际运行效果如图 10-31 所示。

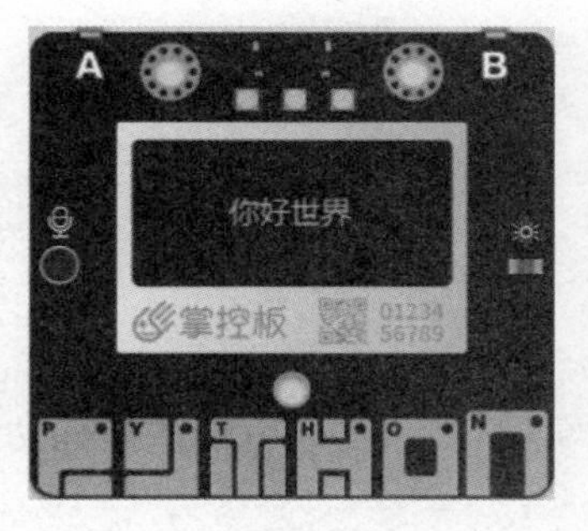

图 10-30　显示屏显示效果

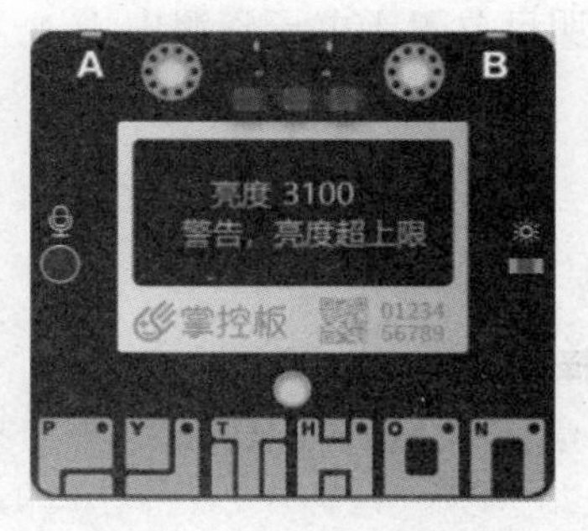

图 10-31　程序实际运行效果

【示例程序 10-25】 项目源代码展示及分析。

程序如下：

```
from mpython import *
while True:
    oled.fill(0)
    value=light.read()
    if value<3000:
        g=int(value/4095*255)
        r=0
    else:
        r=int(value/4095*255)
        g=0
        oled.DispChar('警告,亮度超上限', 30, 36)
    rgb[0]=(r, g, 0)
    rgb[1]=(r, g, 0)
    rgb[2]=(r, g, 0)
    rgb.write()
    oled.DispChar('亮度:',30,16)
    oled.DispChar('%d' %(value), 60, 16)
    oled.show()
sleep(1)
```

5. 项目成果展示及应用展望

源代码中，分支语句仅处理了环境亮度超过上限时的反馈，后续可以预设其他情况，如亮度不足时对于亮度下限的反馈等。

还可以将检测内容从光线值改为声音值，放置于教室中，如果在自习时出现了吵闹的情况，就能客观公正地做出反馈，提醒学生安静下来；为系统加上 RGB 灯，模拟交通路口的可交互信号灯；为系统连接 Wi-Fi，利用网络爬虫访问天气网站提供的 API，得到天气结果，并在显示屏中展示给用户。

除了在本应用中用到的板载传感器，还可以借助扩展板外接各类传感器，实现更好的数据收集功能。也可以搭建简单的物联网服务器，上传收集到的数据，汇总数据后进行分析呈现。要完成这样一个完整的信息系统，还需要实现数据的流转与分析，涉及的技术包括 flash、数据库、网络请求等。这些知识已在前面有所涉及，故此不再描述。完整系统的源代码及使用说明已放置于电子资源中。

练习题

一、选择题

1. 某同学使用 MicroPython 语言为某智能终端进行编程,以下说法正确的是(　　)。

```
from mPython import *                  #  导入 mPython 模块
import time
P5=MPythonPin(5,PinMode.IN)            #  将按键 a 引脚(P5)设置为'PinMode.IN'模式
while True:
    value=P5.read_digital()            #  读取 P5 引脚的数字输入
    oled.DispChar('Button_a:%d' %value,30,20)
                          #  将读取到的值显示至 oled 上,后两个参数为显示的坐标
    oled.show()                        #  刷新
    oled.fill(0)                       #  清屏
    time.sleep(0.1)                    #  等待,单位为秒
```

A. 屏幕刷新内容的时间为 1s

B. P5 引脚连接的应是模拟信号传感器

C. 当前程序的作用是循环读取 P5 引脚上传感器的数值

D. 将显示代码改为 oled.DispChar(value,30,20),数值也能正常显示

2. 图 10-32 是一款智能终端的扩展板,请根据图 10-32 判断关于该扩展板的说法正确的是(　　)。

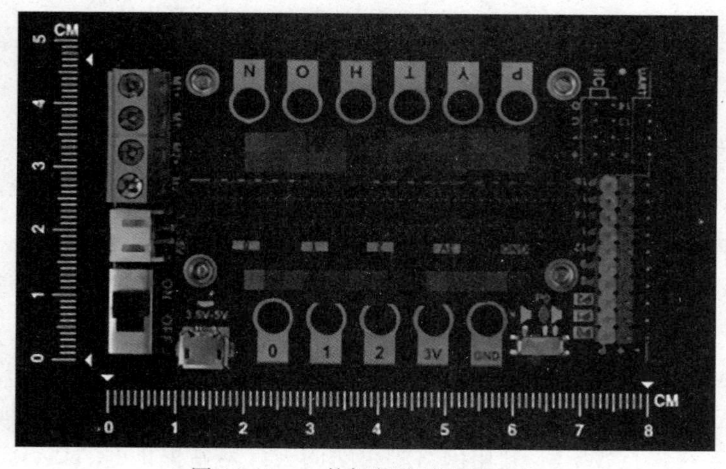

图 10-32　一款智能终端的扩展板

A. 体积过大,不易于携带

B. 能独立运行,采集传感器信息

C. 接通智能终端后,能够提升其运行速度

D. 提供引脚接口,便于外接传感器

二、填空题

阅读程序，已知 time.sleep 函数的单位为秒，可知第一遍输出 0 号口的数值后，程序隔________秒输出 0 号口的模拟量。

```
from mPython import *
import time
p0=MPythonPin(0,PinMode.ANALOG)
p1=MPythonPin(1,PinMode.ANALOG)
while True:
    print(p0.read_analog())
    time.sleep(0.2)
    print(p1.read_analog())
    time.sleep(0.2)
```

参考文献

[1] 裘宗燕. 数据结构与算法 Python 语言描述[M]. 北京：机械工业出版社，2018.

[2] 谢声涛. Python 趣味编程：从入门到人工智能[M]. 北京：清华大学出版社，2019.

[3] 董付国. Python 数据分析、挖掘与可视化[M]. 北京：人民邮电出版社，2020.

[4] 周志华. 机器学习[M]. 北京：清华大学出版社，2016.

[5] 孟兵，李杰臣. Python 爬虫、数据分析与可视化从入门到精通[M]. 北京：机械工业出版社，2020.